正常人体结构与功能
学习指导

主　编　张承玉　王　倩

副主编　王笑梅　华　超　蔡凤英

编　者（按姓氏笔画排序）

王　倩　王笑梅　史　芳　付淑芬
冯润荷　华　超　李金钟　张承玉
罗　萍　莎日娜　贾明昭　夏　青
葛宝健　景文莉　蔡凤英

人民卫生出版社

图书在版编目（CIP）数据

正常人体结构与功能学习指导 / 张承玉，王倩主编．—北京：人民卫生出版社，2018

ISBN 978-7-117-27043-4

Ⅰ. ①正… Ⅱ. ①张… ②王… Ⅲ. ①人体结构－高等职业教育－教学参考资料 Ⅳ. ①Q983

中国版本图书馆 CIP 数据核字（2018）第 191119 号

正常人体结构与功能学习指导

主　　编：张承玉　王　倩
出版发行：人民卫生出版社（中继线 010-59780011）
地　　址：北京市朝阳区潘家园南里 19 号
邮　　编：100021
E - mail：pmph @ pmph.com
购书热线：010-59787592　010-59787584　010-65264830
印　　刷：北京盛通数码印刷有限公司
经　　销：新华书店
开　　本：850×1168　1/16　　印张：16
字　　数：473 千字
版　　次：2018 年 9 月第 1 版　2024 年 8 月第 1 版第 4 次印刷
标准书号：ISBN 978-7-117-27043-4
定　　价：38.00 元

前　言

本书是高职高专医学类"十三五"创新教材，供临床医学、护理及医药类各专业使用，是《正常人体结构与功能》的配套教材。《正常人体结构与功能》是由《人体解剖学与组织胚胎学》和《人体生理学》两部分组成，是重要的医学基础课程，掌握和熟悉本课程的基本理论、基本知识和基本技能，将为进一步学习后续医学基础课程和相关专业课程奠定坚实的基础。为了帮助学生掌握正确的学习方法，巩固所学基本内容，熟悉考试题型，提高学习效果，我们编写了《正常人体结构与功能》配套教材《学习指导》一书。本书供医学高等专科学校及相关卫生职业院校使用。

本书分为《人体解剖学与组织胚胎学》和《人体生理学》两部分。《人体解剖学与组织胚胎学》包括"学习要点"、"自检测题"和"参考答案"三部分。"学习要点"简练的语言、归纳总结性图表和学习口诀概括了每章的重点和难点内容。"自检测题"包括名词解释、填空题、判断题、单项选择题(A、B型题)、多项选择题和问答题。《人体生理学》包括"重要知识点"、"思维导图"、"同步练习"和"参考答案"四部分。"重要知识点"是根据助理执业医师考纲所涉及的知识点。"同步练习"包括名词解释、填空题、判断题、选择题(A、B、X型题)、问答题。各种题型信息量大，涵盖了解剖学、组织学、胚胎学和生理学内容，覆盖面广，能测试学生的知识面以及分析问题和解决问题的能力。"参考答案"附在最后，供同学们自我测评时参阅。本学习指导可帮助学生检验自己对本课程知识的掌握程度，发现学习的薄弱环节，进一步巩固基本理论知识，提高应用能力，更好的应对各级各类考试。

本辅助教材的编者均为天津医学高等专科学校教学一线的骨干教师，编写过程中结合多年的教学工作经验，参阅了大量有关资料。但由于编者水平有限，加之编写周期短，难免有错漏和不妥之处，恳请同行和广大读者及时给予批评指正，以便再版时修订。

张承玉　王　倩

2018年6月

目录

人体解剖学与组织胚胎学

人体生理学

人体解剖学与组织胚胎学

绪　论

学习要点

课程的研究内容及在医学中的重要性。人体的分部及组成。人体解剖学常用术语。组织学常用研究技术和方法。

自检测题:

一、名词解释

1. 组织　2. 器官　3. 系统　4. 解剖学姿势　5. 正中矢状面　6. 光镜结构

二、填空题

1. 按解剖学姿势,近________者为上,近________者为下。
2. 在医学上,近体表者称为________,空腔器官远腔者称为________。
3. 前臂的内侧又称________,外侧又称________。
4. 小腿的内侧又称________,外侧又称________。
5. 沿器官长轴所做的切面为________切面,与其长轴垂直的切面为________切面。
6. 人体的分部包括________、________、________和________四部分。

三、判断题

1. 以身体的中线为准,距中线近者为内,离中线相对远者为外。　(　　)
2. 冠状轴为前后方向的轴。　(　　)
3. 组织学中最常用的染色法是HE染色。　(　　)

四、单项选择题

A型题:

1. 人体形态结构和生理功能的基本单位是(　　)
   A. 组织　B. 细胞　C. 核糖体　D. 蛋白质　E. 器官
2. 关于解剖学姿势,下列描述<u>不正确</u>的是(　　)
   A. 身体直立　B. 两眼平视正前方　C. 手背和足尖向前
   D. 手掌和足尖朝前　E. 上肢下垂于躯干两侧
3. 更靠近人体正中矢状面的方位称为(　　)
   A. 前　B. 内　C. 内侧　D. 近侧　E. 上
4. 在前臂两点中,近肘关节的一点为(　　)

A. 内侧　　B. 外侧　　C. 近侧　　D. 远侧　　E. 尾侧

5. 在躯体两点中,近足的一点为(　　)

A. 内　　B. 上　　C. 近侧　　D. 下　　E. 外

6. 将人体分为左右对称两部分的面为(　　)

A. 纵切面　　B. 冠状面　　C. 水平面

D. 额状面　　E. 正中矢状面

7. 常用来描述空腔器官的方位(　　)

A. 上和下　　B. 前和后　　C. 内和外

D. 近侧和远侧　　E. 深和浅

8. 光学显微镜最高的分辨率为(　　)

A. 2nm　　B. 0.2μm　　C. 0.2nm　　D. 2μm　　E. 5μm

B 型题:

(9~13 题共用备选答案)

A. 器官　　B. 系统　　C. 细胞　　D. 组织　　E. 细胞间质

9. 构成人体的基本结构和功能单位的是(　　)

10. 由细胞和细胞间质构成的是(　　)

11. 由不同组织构成,具有一定形态和功能的是(　　)

12. 由彼此相互关联的器官共同构成的是(　　)

13. 由细胞产生,位于细胞之间的是(　　)

(14~18 题共用备选答案)

A. 内　　B. 内侧　　C. 浅　　D. 腹侧　　E. 近侧

14. 距正中矢状面较近的方位术语(　　)

15. 距空腔器官腔面较近的方位术语(　　)

16. 距四肢根部较近的方位术语(　　)

17. 距皮肤较近的方位术语(　　)

18. 距身体前面较近的方位术语(　　)

(19~23 题共用备选答案)

A. 正中矢状面　　B. 冠状面　　C. 水平面

D. 纵切面　　E. 垂直轴

19. 垂直于水平面,上下方向穿过人体的是(　　)

20. 平行于地面,将人体分成上下两部分的是(　　)

21. 垂直于水平面,将人体分成前后两部分的是(　　)

22. 垂直于水平面,将人体分成左右对称两部分的是(　　)

23. 沿器官的长轴做的切面是(　　)

五、多项选择题

1. 人体的基本组织有(　　)

A. 结缔组织　　B. 肌组织　　C. 上皮组织

D. 神经组织　　E. 骨组织

2. 关于解剖学姿势,正确的是(　　)

A. 身体直立　　B. 两眼平视正前方　　C. 手掌和足尖朝前

D. 上肢下垂于躯干两侧　　E. 下肢并拢

3. 关于 HE 染色,正确的是(　　)

A. 细胞核染成蓝紫色　　B. 细胞质着红色
C. 胞质内嗜碱性物质着蓝紫色　　D. 嗜酸性物质着红色
E. 组织学中最常用的染色方法

六、问答题

1. 简述人体的分部和组成。
2. 人体解剖学的常用术语有哪些？

（夏　青）

第一章 细胞与基本组织

学习要点

细胞的结构。上皮组织的组成、特点和分类；被覆上皮的分类及各类被覆上皮的结构特点和分布。结缔组织的组成特点和分类，疏松结缔组织各细胞的形态特点和功能；血液的组成，各种血细胞的形态结构特点及正常值；软骨的分类和分布。肌组织的一般结构特点、分类及分布；三种肌组织光镜结构特点。神经组织的组成，神经元的结构，神经元的分类及功能；突触的概念，化学性突触电镜下结构；神经纤维的概念及分类；神经末梢的概念和分类。

第一节 上皮组织

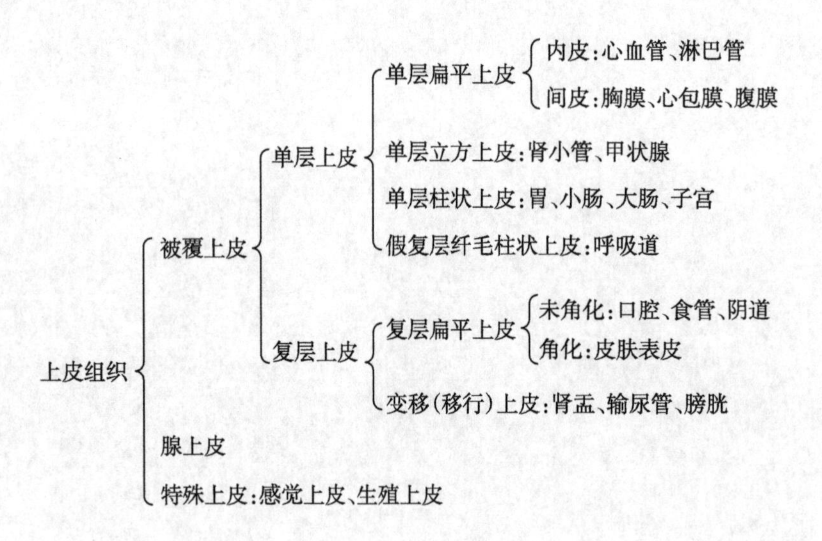

第二节 结缔组织

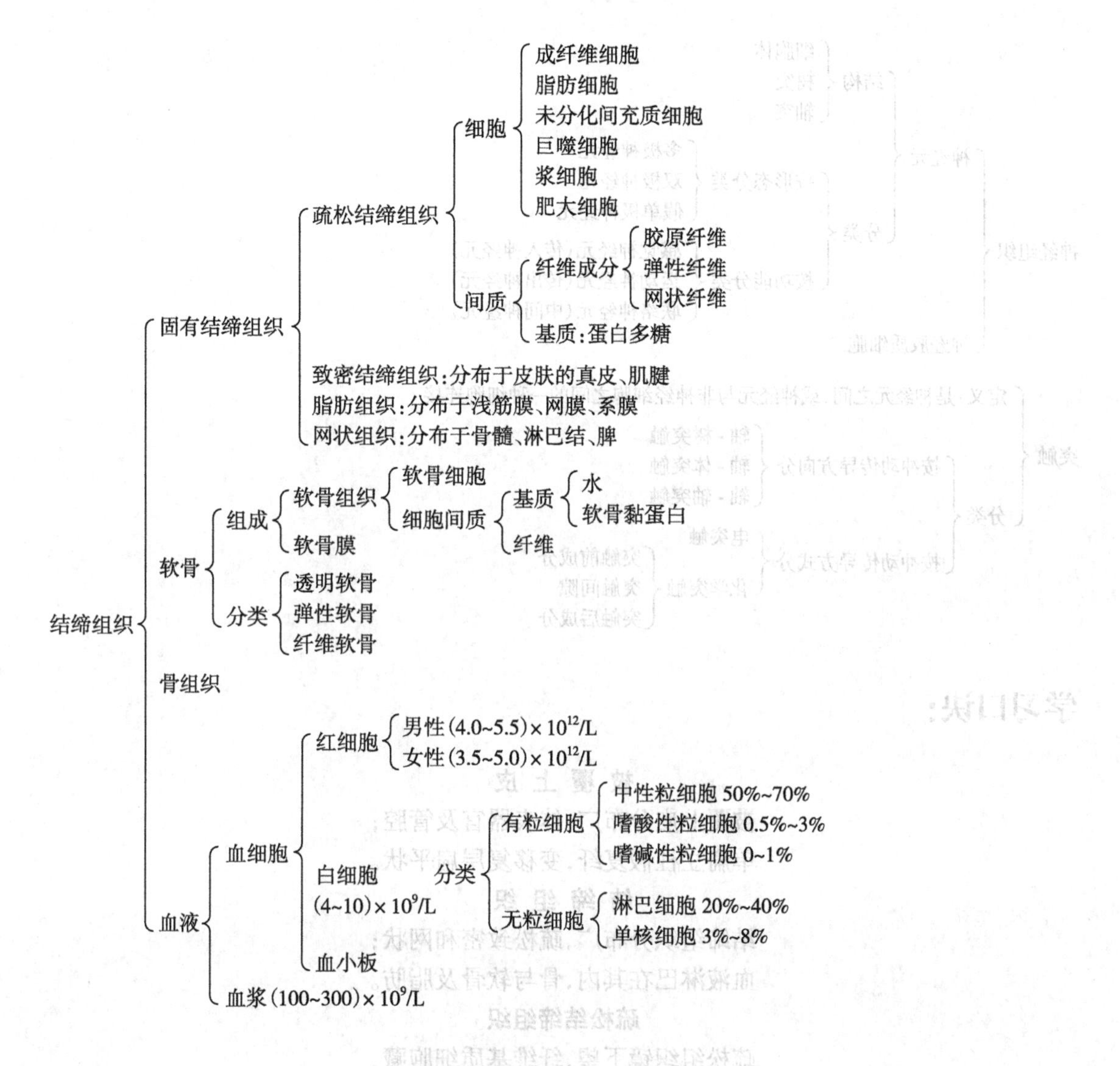

第三节 肌 组 织

	平滑肌	骨骼肌	心肌
肌纤维形态	长梭形	长圆柱状	短柱状、有分支
核	椭圆形、1个、位于中央	椭圆形、数十个、靠近肌膜	椭圆形、1~2个、位于中央
横纹	无	有、明显	有、不明显
闰盘	无	无	有
分布	内脏和血管壁	骨骼	心脏
神经支配	自主神经	躯体性神经	自主神经

第四节 神经组织

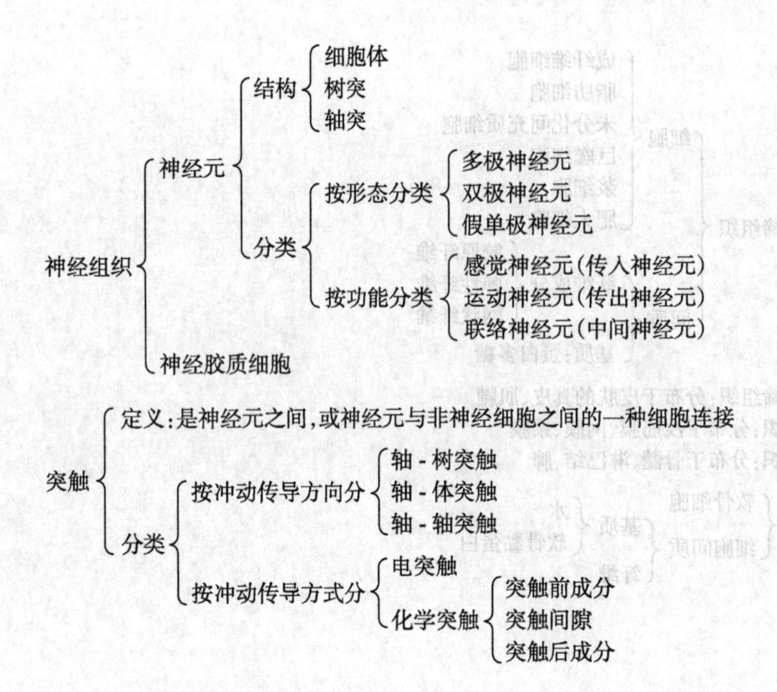

学习口诀：

被 覆 上 皮

被覆上皮分布广，体表器官及管腔；
单扁立柱假复纤，变移复层扁平状。

结 缔 组 织

结缔组织分布广，疏松致密和网状；
血液淋巴在其内，骨与软骨及脂肪。

疏松结缔组织

疏松组织镜下望，纤维基质细胞藏，
胶原弹性网纤维，细胞虽少种类广，
胞大巨噬成纤维，浆未分化血脂肪。

成纤维细胞

成纤细胞边不清，核大色浅显分明。
生成纤维和基质，生长修复有本领。

脂 肪 细 胞

脂肪细胞大而圆，大量脂滴里面填；
核被挤成扁圆形，占据细胞某一边。

神 经 元

神经细胞亦称元，核大形圆染色浅，
质内富有嗜染质，接受刺激冲动传。

自检测题：

一、名词解释

1. 内皮 2. 间皮 3. 组织液 4. 突触 5. 肌节 6. 闰盘 7. 神经 8. 神经末梢 9. 血-脑屏障 10. 尼氏体

二、填空题

1. 上皮细胞侧面的特殊连接包括________、________、________和________。

2. 复层扁平上皮分布于皮肤表面的称________复层扁平上皮，分布于________、________等处的称未角化复层扁平上皮。

3. 假复层纤毛柱状上皮由________、________、________和________等四种细胞构成，主要分布在________。

4. 机体内以分泌功能为主的上皮称________，以腺上皮为主所构成的器官称为________，构成腺的分泌细胞称________。

5. 内分泌腺不同于外分泌腺的特点是无________，腺细胞之间有丰富的________，腺细胞的分泌物称 ______。

6. 根据外分泌腺的结构和分泌物的不同分为________、________和________三种类型。

7. 固有结缔组织包括疏松结缔组织、致密结缔组织________和________。

8. 疏松结缔组织中参与免疫功能的细胞是________、________、________。

9. 除固有结缔组织外，结缔组织还有________、________和________。

10. 肥大细胞释放的________和________可使细支气管平滑肌收缩及毛细血管扩张，________具有抗凝血作用。

11. 肌腱是由大量平行排列的________组成，腱细胞是一种特殊的________。

12. 红细胞数量少于________或血红蛋白低于________，则为贫血。

13. 当机体受到细菌感染时，外周血液中的________数量增多，其中尤以________比例为高。

14. 根据淋巴细胞________和________不同，主要可分为 ______和________两类。

15. 成熟红细胞无________和________，胞质内充满________。红细胞对________很敏感，其高低变化可使红细胞细胞膜破坏。

16. 血小板是骨髓内________细胞脱下来的________；在________过程中起重要作用。

17. 靠近软骨周边的软骨细胞较________、________存在，中央部分的软骨细胞多为 2~8 个细胞位于一个软骨陷窝内，称________。

18. 三种软骨中________较多见，耳廓内的软骨是________，椎间盘的软骨是________。

19. 骨发生的两种方式是________和________。

20. 肌细胞又称________，肌细胞膜又称________，肌细胞质又称________，肌细胞内质网又称________。

21. 每条肌纤维的周围有一薄层结缔组织称为________。由数条或数十条肌纤维组成________，其外表包有较厚的结缔组织，称________。

22. 肌组织按其结构和功能分为________、________和________三类。

23. 按神经元功能的不同，可将神经元分成________，________和________三类。

24. 无髓神经纤维无________，也无________，其传导速度比有髓神经纤维慢。

25. 根据细胞形态结构的不同，中枢神经系统的胶质细胞可分为________、________、________和________四种。

26. 感受痛觉的感受器是________，感受肌肉牵张刺激的感受器是________，感受触觉的感受器是________。

三、判断题

1. 细胞膜、线粒体、叶绿体、溶酶体、细胞核、内质网与高尔基复合体等都是膜结构的细胞器。( )
2. 染色质与染色体是细胞中同一物质在不同时期呈现的两种不同形态。( )
3. 上皮组织一般无血管，神经末梢丰富。( )
4. 内皮是分布于胸、腹膜的上皮，而间皮是指分布于心血管和淋巴管的上皮。( )
5. 主要由腺细胞所组成的上皮称腺上皮，而主要由腺上皮所组成的器官称腺。( )
6. 人体的肌组织可分为3类，即骨骼肌、平滑肌和心肌。( )
7. 神经元胞体的重要特征是有尼氏体和神经原纤维。( )
8. 感觉神经元和运动神经元是根据神经元的功能进行分类和命名的。( )

四、单项选择题

A型题：

1. 游离面有纤毛的上皮细胞分布于( )
A. 近曲小管上皮 B. 远曲小管上皮 C. 支气管黏膜上皮
D. 小肠黏膜上皮 E. 胃黏膜上皮

2. 夹有杯状细胞的单层柱状上皮主要分布于( )
A. 胃 B. 小肠 C. 子宫 D. 气管 E. 肾小管

3. 皮肤被割破，但未见出血，说明伤口到哪层结构( )
A. 表皮 B. 真皮 C. 皮下组织 D. 肌组织 E. 骨膜

4. 下列为单层立方上皮的是( )
A. 支气管黏膜上皮 B. 肾远曲小管上皮 C. 膀胱黏膜上皮
D. 肠黏膜上皮 E. 子宫内膜上皮

5. 下列关于上皮组织的描述，哪项是<u>错误</u>的( )
A. 由密集的细胞组成 B. 富含毛细血管 C. 神经末梢丰富
D. 有极性 E. 具有保护、吸收、分泌功能

6. 假复层纤毛柱状上皮分布于( )
A. 食管 B. 小肠 C. 膀胱 D. 气管 E. 外耳道

7. 组织内一般<u>不含</u>血管的是( )
A. 上皮组织 B. 结缔组织 C. 肌组织
D. 神经组织 E. 骨组织

8. 食管上皮属于( )
A. 单层柱状上皮 B. 复层扁平上皮
C. 假复层纤毛柱状上皮 D. 内皮
E. 变移上皮

9. 单层立方上皮分布于( )
A. 血管内表面 B. 食管 C. 胃
D. 肠 E. 小叶间胆管

10. 分布于膀胱和输尿管的上皮是( )
A. 腺上皮 B. 变移上皮 C. 单层立方上皮
D. 单层柱状上皮 E. 复层扁平上皮

11. 内分泌腺属于( )

A. 黏液腺　B. 浆液腺　C. 混合腺　D. 有管腺　E. 无管腺

12. 复层扁平上皮分布于(　　)

A. 胃　B. 气管　C. 膀胱　D. 小肠　E. 食管

13. 含有柱状细胞的上皮是(　　)

A. 内皮　B. 间皮　C. 复层扁平上皮

D. 假复层纤毛柱状上皮　E. 变移上皮

14. 以吸收功能为主的上皮是(　　)

A. 单层扁平上皮　B. 单层柱状上皮　C. 单层立方上皮

D. 复层扁平上皮　E. 假复层纤毛柱状上皮

15. 关于呼吸道假复层纤毛柱状上皮的特点,哪项错误(　　)

A. 细胞游离面均有纤毛　B. 所有细胞都附于基膜上

C. 可归为单层上皮　D. 细胞形状高矮不一,核不在同一平面上

E. 具有分泌和保护功能

16. 关于被覆上皮组织的特点,哪项错误(　　)

A. 细胞排列紧密,细胞间质少　B. 覆盖于体表或衬于有腔器官的腔面

C. 腺上皮由被覆上皮衍生而来　D. 上皮有极性,可分游离面和基底面

E. 上皮组织内有毛细血管和神经末梢分布

17. 杯状细胞见于下列哪些上皮内(　　)

A. 单层柱状上皮和复层扁平上皮

B. 变移上皮和单层立方上皮

C. 单层立方上皮和假复层纤毛柱状上皮

D. 假复层纤毛柱状上皮和复层扁平上皮

E. 单层柱状上皮和假复层纤毛柱状上皮

18. 巨噬细胞的前身是(　　)

A. 间充质细胞　B. 网状细胞　C. 内皮细胞

D. 单核细胞　E. 中性粒细胞

19. 以下哪两种细胞不参与机体免疫反应(　　)

A. 成纤维细胞和脂肪细胞　B. 脂肪细胞和浆细胞

C. 浆细胞和肥大细胞　D. 肥大细胞和巨噬细胞

E. 巨噬细胞和成纤维细胞

20. 合成和分泌免疫球蛋白的细胞是(　　)

A. 肥大细胞　B. 嗜酸性粒细胞　C. 浆细胞

D. 成纤维细胞　E. 巨噬细胞

21. 下列哪项不是网状组织的分布部位(　　)

A. 骨膜　B. 骨髓　C. 胸腺　D. 脾　E. 淋巴结

22. 下列哪项不是致密结缔组织的分布部位(　　)

A. 真皮　B. 巩膜　C. 骨密质　D. 骨膜　E. 肌腱

23. 脂肪组织主要分布于(　　)

A. 皮下组织　B. 网膜　C. 系膜

D. 黄骨髓　E. 以上都是

24. 依功能状态的不同而有不同名称的细胞是(　　)

A. 巨噬细胞　B. 肥大细胞　C. 浆细胞

D. 成纤维细胞　　E. 间充质细胞

25. 同一类型细胞因所在的器官组织不同而名称也不同的细胞是(　　)
A. 巨噬细胞　　B. 肥大细胞　　C. 浆细胞
D. 成纤维细胞　　E. 间充质细胞

26. 致密结缔组织分布于(　　)
A. 淋巴结　　B. 骨髓　　C. 肌腱　　D. 肝　　E. 脾

27. 成纤维细胞的功能是(　　)
A. 合成纤维和基质　　B. 分泌免疫球蛋白　　C. 产生肝素和组胺
D. 具有吞噬功能　　E. 转运营养物质

28. 产生肝素和组胺的细胞是(　　)
A. 浆细胞　　B. 成纤维细胞　　C. 肥大细胞
D. 脂肪细胞　　E. 巨噬细胞

29. 网状组织分布于(　　)
A. 肝和胆　　B. 骨及软骨　　C. 肌腱和韧带
D. 脾和淋巴结　　E. 骨松质

30. 血液中数量最多和最少的白细胞分别是(　　)
A. 中性粒细胞和单核细胞　　B. 淋巴细胞和嗜碱性粒细胞
C. 中性粒细胞和嗜酸性粒细胞　　D. 中性粒细胞和嗜碱性粒细胞
E. 淋巴细胞和单核细胞

31. 区别有粒白细胞和无粒白细胞的主要依据是(　　)
A. 细胞大小　　B. 有无特殊颗粒　　C. 细胞核形态
D. 有无吞噬功能　　E. 有无嗜天青颗粒

32. 下列哪项与红细胞<u>不符</u>(　　)
A. 细胞本身呈红色　　B. 无细胞核　　C. 无细胞器
D. 能携带氧气　　E. 膜表面有 ABO 血型抗原

33. 淋巴细胞的特点包括(　　)
A. 细胞大小不等　　B. 可分为不同类型
C. 占白细胞总数的 20%~40%　　D. 胞质内有少量的嗜天青颗粒
E. 以上都是

34. 下列哪项与中性粒细胞<u>不符</u>(　　)
A. 是白细胞中最多的一种　　B. 核可分叶,以三叶居多
C. 核可不分叶,称杆状核　　D. 杆状核是衰老的细胞
E. 杆状核是较幼稚的细胞

35. 血液中的有形成分<u>不包括</u>(　　)
A. 纤维蛋白原　　B. 红细胞　　C. 有粒白细胞
D. 无粒白细胞　　E. 血小板

36. 患过敏性疾病和寄生虫病时,增多的是(　　)
A. 单核细胞　　B. 中性粒细胞　　C. 嗜碱性粒细胞
D. 嗜酸性粒细胞　　E. 淋巴细胞

37. 中性粒细胞,细胞核形态多为(　　)
A. S 形　　B. 双叶核　　C. 2~5 个叶
D. 肾形　　E. 马蹄形

38. 血液的组成是（　　）
A. 血细胞、血清　B. 白细胞、红细胞、血小板　C. 血细胞、血浆
D. 血浆、血小板　E. 血浆、血清

39. 中性粒细胞占白细胞总数的百分比为（　　）
A. 20%~40%　B. 50%~70%　C. 3%~8%
D. 0.5%~3%　E. 0~1%

40. 浆细胞的功能是（　　）
A. 产生基质和纤维　B. 合成组胺　C. 合成免疫球蛋白
D. 具有吞噬功能　E. 分泌肝素

41. 淋巴细胞在白细胞总数中占（　　）
A. 20%~40%　B. 50%~70%　C. 0~1%
D. 0.5%~3%　E. 3%~8%

42. 细胞为球形，核双叶胞质中含有橘红色颗粒的血细胞是（　　）
A. 中性粒细胞　B. 嗜酸性粒细胞　C. 嗜酸性粒细胞
D. 淋巴细胞　E. 单核细胞

43. 单核细胞占白细胞总数的百分比是（　　）
A. 0~1%　B. 0.5%~3%　C. 3%~8%
D. 20%~40%　E. 50%~70%

44. 弹性软骨与透明软骨的主要区别是（　　）
A. 纤维类型不同　B. 纤维数量和排列不同　C. 基质成分不同
D. 软骨细胞分布不同　E. 软骨膜不同

45. 透明软骨内的纤维在光镜下不明显是因为（　　）
A. 胶原纤维细小　B. 胶原纤维少
C. 纤维的折光率与间质相同　D. 纤维的折光率与基质相同
E. 以上都是

46. 三种软骨分类的主要依据是（　　）
A. 分布部位不同　B. 细胞成分不同　C. 纤维成分不同
D. 基质成分不同　E. 间质的密度不同

47. 透明软骨位于（　　）
A. 鼻　B. 喉　C. 气管　D. 支气管　E. 以上都是

48. 弹性软骨分布于（　　）
A. 关节面软骨　B. 椎间盘　C. 舌骨
D. 耻骨联合　E. 会厌

49. 纤维软骨分布于（　　）
A. 肋软骨　B. 甲状软骨　C. 椎间盘　D. 耳廓　E. 关节面软骨

50. 纤维软骨内的纤维成分为（　　）
A. 胶原纤维　B. 弹性纤维　C. 网状纤维
D. 肌原纤维　E. 胶原原纤维

51. 下列哪种细胞与骨组织<u>无关</u>（　　）
A. 破骨细胞　B. 成骨细胞　C. 骨细胞
D. 骨原细胞　E. 成纤维细胞

52. 心肌纤维特有结构是（　　）

A. 有明显的横纹　B. 有闰盘　C. 有多核
D. 细胞为长柱形　E. 无肌节

53. 分布于内脏和血管壁的是（　　）
A. 平滑肌　B. 心肌　C. 骨骼肌　D. 随意肌　E. 间皮

54. 平滑肌细胞特点是（　　）
A. 细胞呈长梭形　B. 有 1~2 个核　C. 横纹不明显
D. 肌浆内含肌原纤维　E. 有肌节

55. 骨骼肌纤维有（　　）
A. 一个长杆状核位于中央　B. 多个椭圆形核位于中央
C. 一个椭圆形核位于肌膜下方　D. 多个椭圆形核位于肌膜下方
E. 一个螺旋形核位于中央

56. 骨骼肌纤维的 Z 线位于肌原纤维的（　　）
A. H 带内　B. H 带和 A 带之间　C. A 带内
D. A 带和 I 带之间　E. I 带内

57. 骨骼肌细胞的形态特点是（　　）
A. 呈细长圆柱形，长短不一　B. 呈短柱状，分支吻合成网　C. 有 1~2 个细胞核
D. 呈长梭形，无横纹　E. 以上都不对

58. 骨骼肌纤维是（　　）
A. 细胞间质　B. 肌细胞　C. 细胞内的丝状结构
D. 纤维成分　E. 以上都不是

59. 当肌纤维收缩时，下列哪项是错误的（　　）
A. 细肌丝牵拉粗肌丝向 Z 线方向滑行
B. H 带宽度变窄
C. 明带宽度变窄
D. 暗带宽度不变
E. 两 Z 线间距离不变

60. 心肌细胞的形态特点为（　　）
A. 呈长梭形，无横纹　B. 呈短柱状，分支吻合成网
C. 有数十个至数百个细胞　D. 无闰盘
E. 横纹比骨骼肌明显

61. 神经元特有细胞器是（　　）
A. 尼氏体　B. 溶酶体　C. 线粒体　D. 中心体　E. 神经纤维

62. 神经元尼氏体分布在（　　）
A. 树突和胞体内　B. 轴突和胞体内　C. 轴突和树突内
D. 微丝　E. 突触小泡

63. 化学性突触的突触前成分内与信息传递直接相关的结构是（　　）
A. 线粒体　B. 微管　C. 神经丝　D. 微丝　E. 突触小泡

64. 具有吞噬功能的神经胶质细胞是（　　）
A. 少突胶质细胞　B. 星形胶质细胞　C. 小胶质细胞
D. 施万细胞　E. 卫星细胞

65. 形成周围神经系统有髓神经纤维髓鞘的细胞是（　　）
A. 星形胶质细胞　B. 小胶质细胞　C. 少突胶质细胞

D. 施万细胞　　E. 卫星细胞

66. 根据神经元功能和突起多少分类，数量最多的神经元是（　　）
A. 感觉神经元，假单极神经元　　B. 运动神经元，多极神经元
C. 中间神经元，多极神经元　　D. 运动神经元，双极神经元
E. 中间神经元，假单极神经元

67. 关于环层小体的结构和功能，哪点是正确的（　　）
A. 分布于皮肤真皮乳头内　　B. 感受压觉和振动觉
C. 圆形，与触觉小体大小相似　　D. 有髓神经纤维穿行于中央
E. 薄层结缔组织组成被囊

68. 有髓神经纤维传导速度快是由于（　　）
A. 神经元胞体大　　B. 轴突较粗
C. 有郎飞结　　D. 轴突内含突触小泡多
E. 轴突内有大量神经原纤维

69. 形成中枢神经系统有髓神经纤维髓鞘的细胞是（　　）
A. 原浆性星形胶质细胞　　B. 纤维性星形胶质细胞
C. 小胶质细胞　　D. 少突胶质细胞
E. 施万细胞

70. 环绕脑毛细血管形成胶质膜的细胞是（　　）
A. 神经膜细胞　　B. 星形胶质细胞　　C. 小胶质细胞
D. 少突胶质细胞　　E. 室管膜细胞

71. 关于光镜下神经元的特征，哪项是**错误**的（　　）
A. 细胞形态多种多样均有突起　　B. 分为细胞体、突起和轴突 3 部分
C. 核大而圆，异染色质少，核仁明显　　D. 胞体及树突内都有尼氏体
E. 胞体及突起内都有神经原纤维

72. 有关假单极神经元的叙述，哪项是**错误**的（　　）
A. 细胞体位于脊神经节内　　B. 细胞体发出一个突起
C. 是联络神经元　　D. 周围突的末梢形成感受器
E. 突起离胞体不远处，即分为两个小支

73. 神经组织包括（　　）
A. 神经元和神经胶质细胞　　B. 神经元和细胞间质
C. 神经元和神经纤维　　D. 神经元突触和神经末梢
E. 神经元和感受器

74. 关于神经胶质细胞，哪项是**错误**的（　　）
A. 广泛分布于神经系统各处　　B. 胞质内无尼氏体
C. 有支持营养保护神经元的作用　　D. 有分裂增殖能力
E. 释放和接受一定的神经递质

75. 下列哪种**不属于**感受器（　　）
A. 触觉小体　　B. 肌梭　　C. 环层小体
D. 运动终板　　E. 游离神经末梢

76. 参与血 - 脑屏障的胶质细胞是（　　）
A. 星形胶质细胞　　B. 少突胶质细胞　　C. 小胶质细胞
D. 施万细胞　　E. 室管膜细胞

B 型题：

(77~83 题共用备选答案)

A. 复层扁平上皮 B. 单层柱状上皮 C. 变移上皮
D. 假复层纤毛柱状上皮 E. 单层扁平上皮

77. 膀胱的黏膜上皮属于(　　)
78. 血管内皮属于(　　)
79. 气管的黏膜上皮属于(　　)
80. 肠绒毛上皮属于(　　)
81. 食管的黏膜上皮(　　)
82. 胸膜的上皮属于(　　)
83. 胃黏膜的上皮属于(　　)

(84~88 题共用备选答案)

A. 浆细胞 B. 血小板 C. 肥大细胞
D. 中性粒细胞 E. 嗜酸性粒细胞

84. 产生肝素和组胺的细胞是(　　)
85. 在凝血和止血中起主要作用(　　)
86. 产生免疫球蛋白的细胞是(　　)
87. 杀死细菌，自身坏死成为脓细胞的细胞是(　　)
88. 能吞噬抗原抗体复合体，杀伤寄生虫的细胞是(　　)

(89~91 题共用备选答案)

A. 20%~40% B. 50%~70% C. 3%~8% D. 0.5%~3% E. 0~1%

89. 中性粒细胞占白细胞总数的百分比为(　　)
90. 淋巴细胞占白细胞总数的百分比为(　　)
91. 单核细胞占白细胞总数的百分比是(　　)

(92~93 题共用备选答案)

A. 弹性纤维 B. 胶原纤维 C. 网状纤维 D. 胶原原纤维 E. 嗜银纤维

92. 纤维软骨中的纤维是(　　)
93. 弹性软骨中的纤维是(　　)

(94~95 题共用备选答案)

A. 尼氏体 B. 溶酶体 C. 线粒体 D. 横纹 E. 闰盘

94. 心肌纤维特有结构是(　　)
95. 属于神经元特有细胞器的是(　　)

(96~100 题共用备选答案)

A. 轴丘 B. 树突棘 C. 郎飞结 D. 尼氏体 E. 运动终板

96. 神经元轴突起始部位是(　　)
97. 有髓神经纤维传导冲动的部位是(　　)
98. 运动神经末梢与骨骼肌纤维形成的突触是(　　)
99. 神经元合成蛋白质的结构是(　　)
100. 树突上形成突触的部位是(　　)

五、多项选择题

1. 单层扁平上皮分布于(　　)

A. 心包膜 B. 淋巴管 C. 肺泡 D. 腹膜 E. 子宫腔面

2. 关于纤毛描述正确的是(　　)
   A. 与微绒毛的长度相同　　B. 光镜下可看到
   C. 内有纵向配布的微丝　　D. 形成光镜下的纹状缘
   E. 可按一定的节律定向摆动
3. 关于质膜内褶描述正确的是(　　)
   A. 存在于上皮细胞的侧面　　B. 附近常有纵行排列的内质网
   C. 光镜下显纵纹　　D. 参与水和电解质的转运
   E. 邻近的线粒体为质膜提供所需的能量
4. 上皮组织的结构特点(　　)
   A. 细胞多而密集排列　　B. 细胞间质含量少
   C. 一般不含血管　　D. 按功能分为单层上皮和复层上皮
   E. 分布于内脏和血管壁
5. 上皮组织按功能分为(　　)
   A. 被覆上皮　　B. 单层上皮　　C. 复层上皮
   D. 腺上皮　　E. 感觉上皮
6. 间皮分布于(　　)
   A. 胸膜　　B. 腹膜　　C. 心包
   D. 动脉内表面　　E. 静脉内表面
7. 杯状细胞见于(　　)
   A. 胃黏膜上皮　　B. 小肠黏膜上皮　　C. 食管黏膜上皮
   D. 假复层纤毛柱状上皮　　E. 气管黏膜上皮
8. 上皮细胞游离面特殊结构包括(　　)
   A. 微绒毛　　B. 纤毛　　C. 细胞衣　　D. 半桥粒　　E. 质膜内褶
9. 上皮组织借什么附着于基膜(　　)
   A. 缝隙连接　　B. 桥粒　　C. 半桥粒
   D. 基膜固有的黏着性　　E. 中间连接
10. 被覆上皮分类的依据是(　　)
   A. 上皮所在的部位　　B. 上皮细胞的层次　　C. 上皮的功能
   D. 细胞的形状　　E. 细胞的结构
11. 细胞连接存在于(　　)
   A. 骨细胞之间　　B. 肌细胞之间　　C. 神经元之间
   D. 上皮细胞之间　　E. 以上都不对
12. 关于疏松结缔组织描述正确的是(　　)
   A. 细胞种类多　　B. 细胞排列有极性　　C. 基质具有屏障作用
   D. 细胞间质少　　E. 分布广泛
13. 固有结缔组织中除疏松结缔组织外还包括(　　)
   A. 血液　　B. 软骨组织　　C. 网状组织　　D. 骨组织　　E. 脂肪组织
14. 未分化的间充质细胞可分化为(　　)
   A. 成纤维细胞　　B. 脂肪细胞　　C. 血细胞
   D. 平滑肌细胞　　E. 血管内皮细胞
15. 关于成纤维细胞描述正确的是(　　)
   A. 数量多,分布广　　B. 能分裂增生　　C. 星形、多突起

D. 胞质内含粗面内质网　　E. 功能活跃时称纤维细胞

16. 关于浆细胞描述正确的是(　　)
A. 多出现在慢性炎症部位　　B. 形态不规则,有突起　　C. 胞质嗜碱性
D. 胞质内含丰富粗面内质网　　E. 分裂增殖能力强

17. 巨噬细胞的形态结构是(　　)
A. 圆形,卵圆形或不规则形　　B. 胞质丰富,一般呈嗜酸性
C. 胞质内含许多溶酶体和吞噬体　　D. 胞质内含丰富滑面内质网
E. 核淡染,核仁明显

18. 网状纤维多分布于(　　)
A. 基膜　　B. 消化道黏膜固有层　　C. 肾小管周围
D. 毛细血管周围　　E. 造血器官

19. 巨噬细胞的功能为(　　)
A. 变形运动　　B. 吞噬衰老死亡的细胞　　C. 合成和分泌干扰素
D. 呈递抗原　　E. 杀伤肿瘤细胞

20. 疏松结缔组织的纤维成分是(　　)
A. 胶原纤维　　B. 弹性纤维　　C. 肌原纤维　　D. 神经纤维　　E. 网状纤维

21. 致密结缔组织分布于(　　)
A. 肌腱　　B. 韧带　　C. 骨膜　　D. 真皮　　E. 固有筋膜

22. 能合成肝素和组胺的细胞是(　　)
A. 浆细胞　　B. 肥大细胞　　C. 嗜碱性粒细胞
D. 中性粒细胞　　E. 单核细胞

23. 构成网状组织的主要成分(　　)
A. 网状纤维　　B. 胶原纤维　　C. 成纤维细胞
D. 网状细胞　　E. 脂肪细胞

24. 疏松结缔组织的细胞有(　　)
A. 成纤维细胞　　B. 浆细胞　　C. 肥大细胞
D. 巨噬细胞　　E. 脂肪细胞

25. 关于成熟红细胞描述正确的是(　　)
A. 无细胞核,但有残留的核糖体　　B. 无细胞器
C. 无能量供应物质　　D. 胞质内充满血红蛋白
E. 有弹性和可塑性

26. 关于嗜酸性粒细胞描述正确的是(　　)
A. 比嗜碱性粒细胞数量多　　B. 其特殊颗粒是一种溶酶体
C. 释放的一种物质可灭活组胺　　D. 具有抗过敏和抗寄生虫作用
E. 在患过敏性疾病和寄生虫病时,细胞数量减少

27. 关于中性粒细胞描述正确的是(　　)
A. 细胞核分叶越多,表明细胞越衰老
B. 胞质内的特殊颗粒多于嗜天青颗粒
C. 特殊颗粒是一种溶酶体
D. 向肥大细胞释放的物质处趋化聚集
E. 能不断分裂增生

28. 纤维软骨的分布范围是(　　)

A. 椎间盘　B. 关节盘　C. 关节软骨　D. 会厌　E. 耻骨联合

29. 三种软骨的共同点是(　　)
A. 均有软骨膜　B. 纤维均相互交织分布　C. 均可见同源细胞群
D. 均有少量毛细血管　E. 软骨细胞均可分裂增生

30. 骨细胞的特征是(　　)
A. 位于骨陷窝内　B. 核多　C. 有长的突起
D. 呈柱状　E. 细胞间存在缝隙连接

31. 骨骼肌纤维的粗肌丝位于肌节的(　　)
A. Z 线　B. I 带　C. M 线　D. A 带　E. H 带

32. 骨骼肌纤维的细肌丝位于肌节的(　　)
A. Z 线　B. I 带　C. H 带
D. H 带以外的 A 带　E. M 线

33. 关于肌节描述正确的是(　　)
A. 是肌原纤维的结构单位　B. 是肌原纤维的功能单位
C. 位于相邻的两个 Z 线之间　D. 包括两个明带和一个暗带
E. 只存在于骨骼肌和心肌纤维

34. 平滑肌分布于(　　)
A. 舌　B. 子宫　C. 膀胱　D. 胃　E. 动脉

35. 化学性突触电镜下结构有(　　)
A. 突触前膜　B. 突触后膜　C. 突触间隙　D. 突触小泡　E. 神经介质

36. 神经元按功能分为(　　)
A. 假单极神经元　B. 双极神经元　C. 感觉神经元
D. 联络神经元　E. 运动神经元

37. 神经元按形态分为(　　)
A. 传入神经元　B. 传出神经元　C. 假单极神经元
D. 双极神经元　E. 多极神经元

38. 神经元特有细胞器(　　)
A. 线粒体　B. 尼氏体　C. 溶酶体
D. 神经原纤维　E. 树突和轴突

39. 关于神经元描述正确的是(　　)
A. 胞体大小差异较大
B. 突起长短不一
C. 中枢神经内的神经元胞体越大,其轴突越长
D. 胞体均位于脑和脊髓内
E. 部分神经元具有内分泌功能

40. HE 染色切片中辨认神经元胞体的主要依据是(　　)
A. 胞体较大　B. 可见许多细长突起　C. 胞质内有尼氏体
D. 胞质内有神经原纤维　E. 核大而圆,染色浅,核仁明显

41. 神经元的轴突说法正确的是(　　)
A. 均很长　B. 没有分支　C. 不能合成蛋白质
D. 轴浆内无细胞器　E. 每个神经元只有一个

42. 神经胶质细胞正确的是(　　)

A. 数量比神经元少
B. 均有突起
C. HE 染色切片中可见细胞全貌
D. 广泛分布于中枢和周围神经系统
E. 无分裂增殖能力

43. 周围神经有髓神经纤维( )
A. 髓鞘是由施万细胞包卷轴突而形成
B. 每个结间体有两个施万细胞包卷
C. 郎氏结处有薄层髓鞘
D. 施万细胞核贴近轴突
E. 轴突越粗,髓鞘越厚,结间体越长

44. 关于肌梭描述正确的是( )
A. 分布于骨骼肌和心肌
B. 结缔组织被囊包裹几条细小肌纤维
C. 感觉神经纤维的轴突进入其内包绕肌纤维
D. 其内无运动神经纤维轴突终末
E. 感受肌纤维痛觉刺激

45. 关于运动终板描述正确的是( )
A. 为长轴突多极运动神经元的末梢
B. 无髓神经纤维的轴突终末形成
C. 仅分布于骨骼肌
D. 一个肌纤维通常只受一个神经元的轴突支配
E. 轴突终末释放乙酰胆碱

46. 关于突触描述正确的是( )
A. 是神经纤维的终末
B. 由突触前成分、突触间隙和突触后成分组成
C. 是由有髓和无髓神经纤维组成
D. 突触前成分含突触小泡
E. 有抑制性和兴奋性突触

六、问答题

1. 简述上皮组织的基本结构特征,分类依据及主要功能。
2. 简述疏松结缔组织的细胞种类、功能和纤维成分。
3. 简述白细胞总数的正常值及各类白细胞占白细胞总数的百分比和功能。
4. 简述三种软骨的纤维成分及分布。
5. 比较三种肌组织的结构特点和分布。
6. 以多极神经元为例,简述神经元的结构特点。

(史 芳)

第二章 运动系统

学习要点

运动系统的组成。骨的形态；骨的构造；骨的化学成分和物理特性。躯干骨的组成；椎骨的一般形态；各部椎骨的形态特征。上肢骨的组成及主要骨性标志。下肢骨的组成及主要骨性标志。颅骨的组成及下颌骨的主要结构。关节的基本结构；关节的辅助结构。椎骨间的连结；脊柱的整体观；胸廓的组成。颅骨的连结；颅的整体观。肩关节的组成、特点；肘关节的组成、特点。骨盆的界线、分部；骨盆的组成及性别特征。髋关节的组成、特点；膝关节的组成、特点。斜方肌、背阔肌、竖脊肌的位置及作用。胸大肌的位置、作用。胸固有肌的组成及作用。膈肌的裂孔及其通过的内容。腹肌的肌间结构。头肌的组成。三角肌、冈上肌、肱二头肌、肱三头肌的位置和功能。髂腰肌的组成、作用。臀大肌、梨状肌、缝匠肌的作用。股四头肌的组成及作用。大腿后群肌的组成及作用。小腿三头肌的组成及作用。

第一节 骨 学

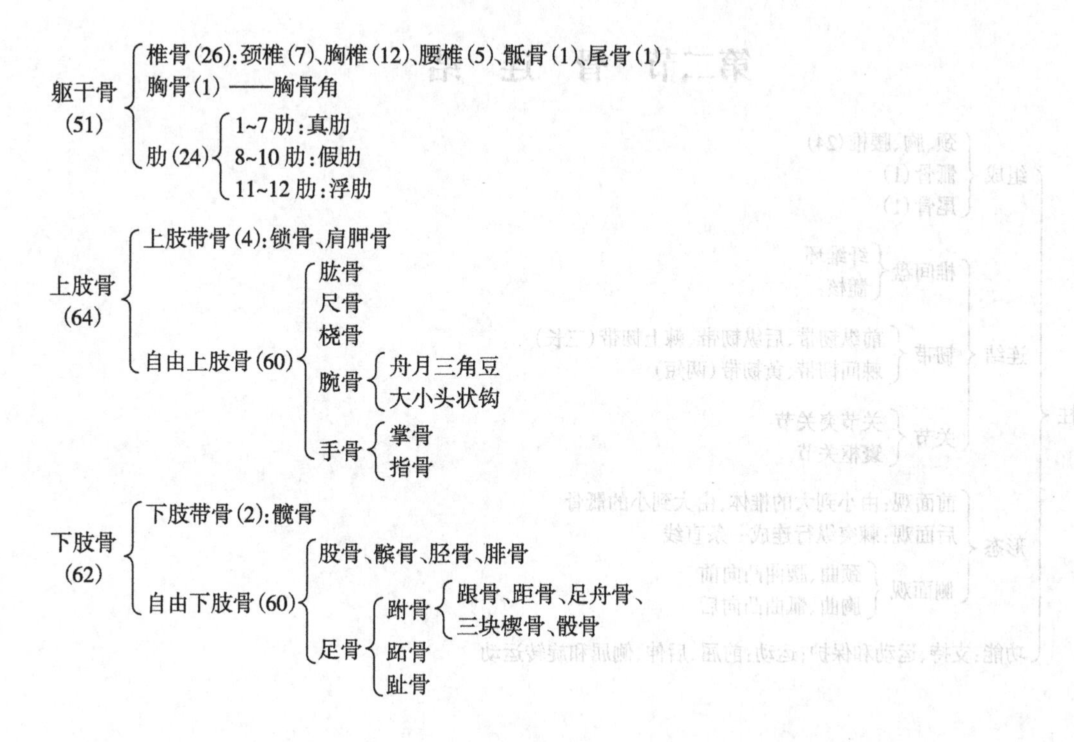

- 颅骨(23)
  - 脑颅骨(8)
    - 单块:额骨、枕骨、筛骨、蝶骨
    - 成对:顶骨、颞骨
  - 面颅骨(15)
    - 单块:下颌骨、犁骨、舌骨
    - 成对:上颌骨、鼻骨、泪骨、颧骨、下鼻骨、腭骨
- 听小骨(6):锤骨、砧骨、镫骨

1. 椎骨
   - 椎体
   - 椎孔
   - 椎弓
     - 椎弓根
       - 上切迹、下切迹 → 椎间孔
     - 椎弓板——突起
       - 棘突(1):伸向后方
       - 横突(1对):伸向两侧
       - 上关节突(1对):向上
       - 下关节突(1对):向下

2. 肩胛骨
   - 两面
     - 前面:肩胛下窝
     - 后面:肩胛冈
       - 冈上窝
       - 肩胛冈、肩峰
       - 冈下窝
   - 三缘
     - 上缘:短而薄,外侧有肩胛切迹,喙突
     - 外侧缘:又名腋缘
     - 内侧缘:又名脊柱缘
   - 三角
     - 上角:平第2肋
     - 外侧角:关节盂
     - 下角:平第7肋

3. 下颌骨
   - 下颌体
     - 牙槽弓
     - 牙槽
     - 颏孔
   - 下颌支
     - 冠突
     - 髁突
     - 下颌孔:下颌管
   - 下颌角:体的后缘与支的下缘交界处

第二节 骨 连 结

1. 脊柱
   - 组成
     - 颈、胸、腰椎(24)
     - 骶骨(1)
     - 尾骨(1)
   - 连结
     - 椎间盘
       - 纤维环
       - 髓核
     - 韧带
       - 前纵韧带、后纵韧带、棘上韧带(三长)
       - 棘间韧带、黄韧带(两短)
     - 关节
       - 关节突关节
       - 寰枢关节
   - 形态
     - 前面观:由小到大的椎体,由大到小的骶骨
     - 后面观:棘突纵行连成一条直线
     - 侧面观
       - 颈曲、腰曲凸向前
       - 胸曲、骶曲凸向后
   - 功能:支持、运动和保护;运动:前屈、后伸、侧屈和旋转运动

2. 胸廓
- 组成
  - 胸椎(12)
  - 胸骨(1)
  - 肋(12对)
- 功能
  - 支持
  - 保护胸、腹腔内的器官
  - 参与呼吸运动

第三节 肌 学

肌的命名原则
- 根据肌的功能:屈肌、伸肌
- 根据肌的形态:三角肌、方肌
- 根据肌纤维的方向:直肌、横肌
- 根据肌的起止点:胸锁乳突肌
- 根据肌的所在部位:胸肌、额肌
- 将几种命名法综合起来命名:旋前方肌

1. 膈
- 形态:向上隆起呈穹隆状扁肌,中央部为中心腱
- 位置:胸、腹腔之间
- 起止
  - 起点:剑突,下位6肋的内面和腰椎的前面
  - 止点:中心腱
- 三个裂孔
  - 主动脉裂孔:主动脉、胸导管
  - 食管裂孔:食管、迷走神经
  - 腔静脉孔:下腔静脉
- 作用:重要的呼吸肌
  - 收缩时,膈肌下降,协助吸气
  - 舒张时,膈顶上升,协助吸气

2. 腹肌
- 共同形成的结构
  - 腹直肌鞘
    - 前层
      - 腹外斜肌腱膜
      - 腹内斜肌腱膜前层
    - 后层
      - 腹内斜肌腱膜后层
      - 腹横肌腱膜
  - 腹白线、脐环
  - 半环线:由鞘后层形成的游离下缘
  - 腹股沟管
    - 前壁:腹外斜肌腱膜
    - 后壁:联合腱
    - 上壁:腹内斜肌、腹横肌弓形下缘
    - 下壁:腹股沟韧带
- 分别形成的结构
  - 腹外斜肌
    - 腹股沟韧带
    - 皮下环
  - 腹内斜肌、腹横肌 → 腹股沟镰、提睾肌(联合腱)

学习口诀:

运 动 系 统

运动系统骨连骨,支持运动加保护;
肌肉动力骨杠杆,关节枢纽连邻骨;
体表标志要记牢,临床应用有帮助。
注:骨连骨指骨、骨连结、骨骼肌。

全　身　骨

全身骨头虽难记，抓住要点就容易；
头颅躯干加四肢，二百零六分开记；
脑面颅骨二十三，躯干总共五十一；
四肢一百二十六，全身骨头基本齐；
还有六块体积小，藏在中耳鼓室里。

各部椎骨特点

椎骨外形不规范，各有特点记心间；
颈椎体小棘发叉，横突有孔很明显；
胸椎两侧有肋凹，棘突叠瓦下斜尖；
腰椎特点体积大，棘突后伸宽双扁。

胸　骨

胸骨形似一把剑，上柄中体下刀尖；
柄体交界胸骨角，平对二肋是特点。

脊柱的韧带

脊柱韧带，三长两短；
腰椎穿刺，棘上棘间；
再透黄韧，进入椎管。

肩　关　节

肩关节有特点，肱骨头大盂较浅；
运动灵活欠稳固，脱位最易向下前。

肘　关　节

肘关节很特殊，一个囊内包三组；
肱桡肱尺桡尺近，桡环韧带尺桡副；
屈肘三角伸直线，脱位改变能查出。

腕　骨

舟月三角豆，大小头状钩；
摔跤若易折，先查舟月骨；
掌骨底体头，指骨近中远。

膝　关　节

膝关节最复杂，全身关节它最大；
内含两块半月板，前后韧带相交叉；
下肢运动很重要，能屈能伸实可夸。

跗　骨

一二三楔骰内舟，上距下跟后出头。

膈　肌

膈肌圆圆顶膨隆，上下分隔腹和胸；
收缩下降肋吸气，舒张呼气向上升；
膈肌上有三个孔，想想各有谁贯通？

自检测题:

一、名词解释

1. 胸骨角 2. 翼点 3. 椎间孔 4. 肋弓 5. 椎间盘 6. 腹股沟韧带 7. 腹直肌鞘 8. 白线 9. 腹股沟(海氏)三角 10. 股三角

二、填空题

1. 运动系统由________、________和________组成。
2. 骨按形态可分为________、________、________和________四类。
3. 骨质分为________和________两种。
4. 椎骨的基本形态结构包括________、________和________三部分。
5. 胸骨由________、________和________三部分组成。
6. 胸骨角平对第________肋,肩胛下角平对第________肋。
7. 不成对的脑颅骨包括________、________、________和________,成对的脑颅骨包括________和________。
8. 面颅骨共________块,不成对的有________、________和________骨。
9. 作为计数椎骨标志的颈椎叫________,中医称为________。
10. 髋骨是由________、________、________三块骨合成,汇合处形成________。
11. 髂嵴的最高点约平对________棘突,是________穿刺时确定穿刺部位的标志。
12. 上肢骨中全长在体表最易摸到的骨是________。
13. 躯干骨包括________、________、________、________和________。
14. 上肢带骨包括________和________。
15. 颈椎________块,胸椎________块,腰椎________块。
16. 直立时不易引流的鼻窦是________。
17. 颅底内面观由前向后分为________、________和________三个窝。
18. 骨连结形式有________和________两类。
19. 肘关节属于________关节,其中包括________、________和________三个关节。
20. 胸廓的骨性组成是________、________和________。
21. 全部椎骨借________、________和________等连结成脊柱。
22. 椎间盘由外周部的________和位于中央部的________构成。
23. 椎体间的连结包括________、________和________。
24. 椎孔是由________和________围成的。
25. 脊柱的生理性弯曲有________、________、________和________。
26. 前纵韧带可防止脊柱过度________。后纵韧带防止脊柱过度________。
27. 位于棘突末端的韧带是________,位于椎弓板间的韧带是________。
28. 颞下颌关节由________和________构成。
29. 肩关节的骨性组成是________和________。
30. 膝关节的骨性组成是________、________和________。
31. 膝关节的囊内韧带是________和________。关节内软骨是________和________。
32. 腕关节的骨性组成是________、________和________、________、________。
33. 骨盆是由________、________和________及其连结构成的。
34. 头肌包括________和________两部分。

35. 胸锁乳突肌的作用是一侧收缩时________;两侧收缩时________。
36. 膈肌位于________和________之间,是重要的________。
37. 腹壁三层扁肌由浅至深分别是________、________和________。
38. 腹直肌位于________内,全长有3~4条横行的腱性结构称________。
39. 三角肌位于________周围,主要作用是________。
40. 肱二头肌的主要作用是________,肱三头肌的主要作用是________。
41. 股四头肌由________、________、________和________组成,主要作用是________。
42. 伸髋屈膝的肌肉共有三块,它们分别是________、________和________。
43. 大腿肌位于股骨周围,可分为________、________和________三群。
44. 髂肌起自________,腰大肌起自________,两肌合称为________。
45. 小腿三头肌包括浅层的________和深面的________,可使足________屈。

三、判断题

1. 颅的内面有三窝,其中最深的窝为颅前窝,最浅为颅后窝。( )
2. 髋关节的关节囊厚而坚韧,关节囊内有股骨头韧带。( )
3. 股四头肌收缩可屈小腿,抬大腿。( )
4. 小腿三头肌收缩能屈小腿,伸踝关节。( )
5. 背阔肌的作用是使肱骨内收、旋内和后伸。( )
6. 膈的主动脉裂孔、食管裂孔和腔静脉孔仅有同名结构通过。( )
7. 椎间盘由髓核和纤维环两部分组成,具有连结椎体和起弹性垫的作用。( )
8. 胸大肌收缩使肱骨内收、旋内。若上肢固定,可向上提肋,扩大胸廓,以助吸气。( )
9. 臀大肌的作用是伸髋关节和防止躯干前倾。( )
10. 髂腰肌是由腰方肌和髂肌组成。( )

四、单项选择题

A型题:

1. 骨密质主要分布于( )
   A. 跟骨　B. 髂骨　C. 骺端　D. 长骨骨干　E. 椎骨
2. 骨小梁构成下列哪项结构( )
   A. 骨膜　B. 骨密质　C. 骨松质　D. 骨内膜　E. 骨髓
3. 骨髓穿刺常选部位( )
   A. 椎骨　B. 股骨　C. 肋骨　D. 肱骨　E. 髂骨
4. 有关成人躯干骨的描述<u>错误</u>的是( )
   A. 32块椎骨　B. 1块骶骨　C. 1块尾骨
   D. 1块胸骨　E. 12对肋骨
5. 参与形成翼点的骨是( )
   A. 额骨、颧骨、顶骨、颞骨　B. 额骨、枕骨、顶骨、颞骨
   C. 颧骨、枕骨、顶骨、颞骨　D. 额骨、蝶骨、顶骨、颞骨
   E. 额骨、颧骨、顶骨、枕骨
6. 属于不成对的面颅骨是( )
   A. 泪骨　B. 颧骨　C. 下颌骨　D. 鼻骨　E. 腭骨
7. 腰椎的特点是( )
   A. 有横突肋凹　B. 有横突孔
   C. 棘突宽短呈板状,水平伸向后方　D. 关节突关节面几乎呈水平位

E. 椎体呈心形

8. 胸椎的特点是有（　　）
A. 横突肋凹　　B. 横突孔　　C. 棘突宽短呈板状
D. 棘突末端分叉　　E. 椎孔呈三角形

9. 典型椎骨都具有（　　）
A. 横突肋凹　　B. 横突孔　　C. 棘突宽短呈板状
D. 横突、棘突、上下关节突　　E. 前弓、后弓及侧块

10. 计数椎骨棘突的标志是（　　）
A. 枢椎的齿突　　B. 隆椎的棘突　　C. 胸骨角
D. 颈动脉结节　　E. 肩胛骨下角

11. 自由上肢骨是（　　）
A. 肩胛骨　　B. 锁骨　　C. 尺骨　　D. 胫骨　　E. 腓骨

12. 胸骨角叙述正确的是（　　）
A. 为胸骨柄与剑突的连接处　　B. 向后平对第 5 胸椎体下缘
C. 两侧平对第 2 肋　　D. 为胸骨体与剑突的连接处
E. 临床计数椎骨序数的标志

13. 颈椎的特点是具有（　　）
A. 横突肋凹　　B. 横突孔　　C. 棘突宽短呈板状
D. 椎体大呈心形　　E. 棘突斜向后下

14. 尺神经沟位于（　　）
A. 胫骨　　B. 腓骨　　C. 尺骨　　D. 肱骨　　E. 桡骨

15. 桡神经沟位于（　　）
A. 肱骨　　B. 尺骨　　C. 桡骨　　D. 胫骨　　E. 腓骨

16. 骨髓腔位于（　　）
A. 长骨　　B. 短骨　　C. 扁骨　　D. 不规则骨　　E. 籽骨

17. 成人的红骨髓存在于（　　）
A. 椎骨　　B. 尺骨　　C. 桡骨　　D. 胫骨　　E. 腓骨

18. 属于上肢带骨的是（　　）
A. 肱骨　　B. 锁骨　　C. 尺骨　　D. 桡骨　　E. 耻骨

19. 属于自由下肢骨远侧部的是（　　）
A. 胫骨　　B. 腓骨　　C. 跗骨　　D. 髌骨　　E. 股骨

20. <u>不属于</u>髋骨体表标志的是（　　）
A. 髂前上棘　　B. 髂窝　　C. 耻骨结节　　D. 髂结节　　E. 坐骨结节

21. 关节盂位于下列哪块骨上（　　）
A. 锁骨　　B. 肩胛骨　　C. 肱骨　　D. 尺骨　　E. 桡骨

22. 近端自由下肢骨是（　　）
A. 髋骨　　B. 股骨　　C. 跗骨　　D. 趾骨　　E. 髌骨

23. 关节辅助结构<u>除外</u>（　　）
A. 关节唇　　B. 关节盘　　C. 囊内韧带　　D. 囊外韧带　　E. 关节腔

24. 从肩关节囊内通过的肌腱是（　　）
A. 喙肱肌肌腱　　B. 肱肌肌腱　　C. 肱二头肌长头腱
D. 肱二头肌短头腱　　E. 肱三头肌长头腱

25. 髋关节描述正确的是（ ）
A. 由髋臼和股骨头构成　B. 关节囊薄而且松弛　C. 囊内有髂股韧带
D. 囊内有交叉韧带　E. 运动幅度大于肩关节
26. 腰椎穿刺时针尖经过的结构是（ ）
A. 前纵韧带　B. 后纵韧带　C. 黄韧带　D. 纤维环　E. 髓核
27. 两侧顶骨和枕骨连接成（ ）
A. 人字缝　B. 矢状缝　C. 冠状缝　D. 前囟　E. 后囟
28. 骨盆界线的围成<u>除外</u>（ ）
A. 骶岬　B. 耻骨联合上缘　C. 弓状线
D. 耻骨梳　E. 耻骨上支
29. 关节的辅助结构是（ ）
A. 关节面　B. 关节盘　C. 关节腔　D. 纤维膜　E. 滑膜
30. 防止脊柱过度后伸的韧带是（ ）
A. 纤维环　B. 髓核　C. 黄韧带　D. 前纵韧带　E. 后纵韧带
31. 肩关节描述正确的是（ ）
A. 由肱骨头和肩胛骨的关节盂构成　B. 关节囊的后壁有喙肱韧带
C. 囊的前壁没有韧带加强　D. 囊的后壁最薄弱
E. 不能作环转运动
32. 肘关节描述正确的是（ ）
A. 包括桡尺近侧关节和肱尺关节
B. 包括肱桡关节和桡尺关节
C. 由肱骨下端和尺桡骨的上端构成的复关节
D. 关节囊的尺侧桡侧无韧带加强
E. 可沿三个轴运动
33. 连接相邻椎弓板间的韧带是（ ）
A. 棘上韧带　B. 黄韧带　C. 后纵韧带　D. 前纵韧带　E. 纤维环
34. 构成骨性鼻中隔的是（ ）
A. 筛板　B. 筛骨垂直板和犁骨　C. 上颌骨和腭骨
D. 上颌骨、下鼻甲和腭骨　E. 筛骨迷路
35. 位于项部和背上部的浅层肌是（ ）
A. 背阔肌　B. 斜方肌　C. 竖脊肌
D. 肩胛提肌　E. 胸锁乳突肌
36. 伸肘关节的肌肉是（ ）
A. 肱二头肌　B. 胸大肌　C. 前锯肌　D. 肱三头肌　E. 三角肌
37. 屈肘关节的肌肉是（ ）
A. 肱二头肌　B. 肱三头肌　C. 三角肌　D. 背阔肌　E. 斜方肌
38. 使肩胛骨向脊柱靠拢的肌肉是（ ）
A. 前锯肌　B. 背阔肌　C. 竖脊肌　D. 肩胛下肌　E. 斜方肌
39. 腹股沟韧带由哪块肌肉的腱膜形成（ ）
A. 腹外斜肌　B. 腹内斜肌　C. 腹横肌　D. 髂腰肌　E. 腹直肌
40. 位于胸上部最表浅的肌是（ ）
A. 前锯肌　B. 胸大肌　C. 胸小肌　D. 肋间内肌　E. 肋间外肌

41. 膈肌上的腔静脉孔有何结构通过（　　）
A. 主动脉　B. 下腔静脉　C. 迷走神经
D. 食管　E. 胸导管

42. 属于咀嚼肌的是（　　）
A. 颞肌　B. 颅顶肌　C. 眼轮匝肌
D. 口轮匝肌　E. 颊肌

43. 中心腱位于（　　）
A. 腹直肌　B. 腹外斜肌　C. 腹内斜肌
D. 膈肌　E. 腹横肌

44. 既能运动上肢又能运动躯干的肌肉是（　　）
A. 胸大肌　B. 三角肌　C. 斜方肌
D. 胸锁乳突肌　E. 竖脊肌

45. 全身最大的扁肌是（　　）
A. 胸大肌　B. 斜方肌　C. 背阔肌　D. 臀大肌　E. 腹外斜肌

46. 属于腹肌前群的肌肉是（　　）
A. 腹外斜肌　B. 腹内斜肌　C. 腹直肌　D. 腹横肌　E. 腰方肌

47. 属于表情肌的是（　　）
A. 颞肌　B. 翼外肌　C. 翼内肌　D. 枕额肌　E. 咬肌

48. 最强大的脊柱伸肌是（　　）
A. 背阔肌　B. 竖脊肌　C. 斜方肌　D. 腰大肌　E. 腹直肌

49. 三角肌的作用<u>除外</u>（　　）
A. 外展肩关节　B. 前屈肩关节　C. 内收肩关节
D. 后伸肩关节　E. 旋内旋外肩关节

50. 使肩胛骨下角旋外的主要肌是（　　）
A. 菱形肌　B. 前锯肌　C. 肩胛提肌　D. 斜方肌　E. 大圆肌

51. 伸膝关节的肌肉是（　　）
A. 缝匠肌　B. 股四头肌　C. 股二头肌　D. 半膜肌　E. 半腱肌

52. 屈髋屈膝的肌肉是（　　）
A. 股四头肌　B. 股二头肌　C. 缝匠肌　D. 半膜肌　E. 臀大肌

B 型题：

（53~55 题共用备选答案）
A. 椎骨　B. 指骨　C. 骰骨　D. 髌骨　E. 髋骨

53. 属于长骨的是（　　）
54. 属于短骨的是（　　）
55. 属于籽骨的是（　　）

（56~58 题共用备选答案）
A. 肩胛骨　B. 肱骨　C. 尺骨　D. 胫骨　E. 髋骨

56. 关节盂位于（　　）
57. 三角肌粗隆位于（　　）
58. 尺神经沟位于（　　）

（59~62 题共用备选答案）
A. 胸大肌　B. 背阔肌　C. 冈上肌　D. 小圆肌　E. 三角肌

59. 外展并参与屈、伸肩关节的是( )
60. 主要内收和内旋肩关节的是( )
61. 只能外展肩关节的是( )
62. 能旋内和后伸肩关节的是( )
(63~65 题共用备选答案)
A. 缝匠肌 B. 股四头肌 C. 股二头肌 D. 梨状肌 E. 臀大肌
63. 髋关节外展和旋外的是( )
64. 屈髋关节、膝关节并使膝关节旋内的是( )
65. 伸髋关节、屈膝关节的是( )

五、多项选择题

1. 运动系统的组成是( )
A. 骨 B. 软骨 C. 骨连结 D. 骨骼肌 E. 关节
2. 骨髓存在于( )
A. 骨髓腔 B. 密质骨 C. 松质骨
D. 骨骺的内部 E. 滋养孔
3. 自由上肢骨包括( )
A. 锁骨 B. 肩胛骨 C. 肱骨 D. 尺骨 E. 桡骨
4. 自由下肢骨包括( )
A. 跗骨 B. 股骨 C. 胫骨 D. 腓骨 E. 髋骨
5. 关节的辅助结构包括( )
A. 关节盘 B. 关节面 C. 关节唇 D. 关节韧带 E. 关节囊
6. 椎骨间的连结包括( )
A. 椎间盘 B. 前纵韧带 C. 后纵韧带
D. 关节突关节 E. 棘上韧带
7. 关节的基本结构是( )
A. 关节盘 B. 关节面 C. 关节腔 D. 关节韧带 E. 关节囊
8. 关于关节描述正确的是( )
A. 属间接连结 B. 属直接连结
C. 均有关节面、关节囊、关节腔 D. 运动灵活
E. 其运动形式与轴相关
9. 骨盆的骨性组成是( )
A. 骶骨 B. 髋骨 C. 第五腰椎 D. 髂骨 E. 尾骨
10. 膝关节的骨性组成是( )
A. 股骨 B. 胫骨 C. 腓骨 D. 髌骨 E. 髋骨
11. 骨由下列哪些组织构成( )
A. 骨质 B. 骨膜 C. 骨髓 D. 骨骼肌 E. 血管和神经
12. 躯干骨包括( )
A. 椎骨 B. 胸骨 C. 肋骨 D. 锁骨 E. 胫骨
13. 属于腕骨的是( )
A. 掌骨 B. 手舟骨 C. 三角骨 D. 钩骨 E. 头状骨
14. 脑颅骨包括( )
A. 额骨 B. 蝶骨 C. 筛骨 D. 上颌骨 E. 下颌骨

15. 椎骨间的韧带包括（　　）
A. 前纵韧带　B. 后纵韧带　C. 黄韧带
D. 棘上韧带　E. 骶棘韧带
16. 关于肩关节正确的是（　　）
A. 由肱骨头和关节盂组成　B. 稳固性大于灵活性　C. 不能做环转运动
D. 关节囊周围有韧带加强　E. 关节脱位常发生在前下壁
17. 参与组成桡腕关节的有（　　）
A. 尺骨下端的关节盘　B. 桡骨下端　C. 豌豆骨
D. 三角骨　E. 月骨
18. 躯干肌包括（　　）
A. 膈肌　B. 胸肌　C. 腹肌　D. 肩肌　E. 背肌
19. 汇合成跟腱的是（　　）
A. 腓肠肌　B. 腓骨长肌　C. 比目鱼肌
D. 腓骨短肌　E. 胫骨后肌
20. 主动脉裂孔通过内容（　　）
A. 主动脉　B. 下腔静脉　C. 迷走神经
D. 胸导管　E. 食管
21. 食管裂孔通过的内容（　　）
A. 主动脉　B. 下腔静脉　C. 食管
D. 胸导管　E. 迷走神经
22. 屈膝关节的肌肉是（　　）
A. 缝匠肌　B. 股四头肌　C. 股二头肌
D. 小腿三头肌　E. 梨状肌
23. 梨状肌的作用是（　　）
A. 后伸髋关节　B. 旋外髋关节　C. 外展髋关节
D. 前屈髋关节　E. 内收髋关节
24. 伸髋屈膝的肌肉是（　　）
A. 臀大肌　B. 臀中肌　C. 股二头肌　D. 股四头肌　E. 半膜肌
25. 下列哪些肌参与呼吸运动（　　）
A. 肋间内肌　B. 肋间外肌　C. 膈肌　D. 斜方肌　E. 背阔肌
26. 属于髋肌后群的是（　　）
A. 股四头肌　B. 梨状肌　C. 髂腰肌　D. 臀大肌　E. 臀小肌
27. 屈髋关节的肌肉有（　　）
A. 缝匠肌　B. 股直肌　C. 股二头肌　D. 半膜肌　E. 半腱肌
28. 小腿三头肌包括（　　）
A. 腓肠肌　B. 胫骨后肌　C. 比目鱼肌　D. 腓骨长肌　E. 腓骨短肌

六、问答题

1. 试述骨的构造。
2. 试述关节的基本结构及关节的辅助结构。
3. 叙述上肢骨和下肢骨的组成。
4. 比较男性和女性骨盆的性特征。
5. 简述肩关节的组成及结构特点。

6. 简述肘关节的组成及结构特点。
7. 简述髋关节的组成及结构特点。
8. 简述膝关节的组成及结构特点。
9. 叙述膈肌上的裂孔及通过的内容物。
10. 论述腹股沟管的位置、长度、结构、内容物及临床意义。
11. 简述胸骨角、肩胛下角、骶角、第七颈椎棘突、髂结节各有何临床意义。

（贾明昭）

第三章 消化系统

学习要点

消化系统的组成和功能。消化管壁的一般结构。牙的分类和排列；牙的分部和构造；牙周组织的组成。唾液腺的位置及开口部位。食管的位置和形态。胃的位置和形态；胃底腺的细胞构成和各种细胞的分泌物。十二指肠的分部和形态。盲肠、阑尾的位置和形态。结肠的位置和形态。直肠的位置和形态。肛管的形态。肝的形态、位置及组织结构。输胆管道的组成；胆囊的位置、形态和功能；胆汁的产生部位和排泄途径。胰的位置和形态；胰的组织结构。腹膜的概念和分布；腹膜与器官的关系；腹膜形成结构。

一、消化系统的组成

- 消化系统
  - 消化管
    - 上消化道：口腔、咽、食管、胃、十二指肠
    - 下消化道：空肠、回肠、大肠（盲肠、阑尾、结肠、直肠、肛管）
  - 消化腺
    - 唾液腺
      - 腮腺：开口于平对上颌第二磨牙颊黏膜处
      - 下颌下腺：开口于舌下阜
      - 舌下腺：小管开口于舌下襞、大管开口于舌下阜
    - 肝
    - 胰
    - 消化管壁上的小消化腺

二、食管

- 食管
  - 长度：25cm
  - 分部
    - 颈部：5cm
    - 胸部：18~20cm
    - 腹部：1~2cm
  - 三个狭窄
    1. 起始处，距切牙约 15cm
    2. 与左主支气管交叉处，距切牙约 25cm
    3. 穿膈处，距切牙约 40cm
  - 组织结构
    - 上皮：未角化复层扁平上皮
    - 黏膜下层：食管腺（黏液腺）
    - 肌层
      - 上份为骨骼肌
      - 中份为骨骼肌和平滑肌
      - 下份为平滑肌
    - 外膜：纤维膜

三、胃

- 胃
  - 容积:1000~3000ml
  - 形态
    - 二口
      - 入口:贲门
      - 出口:幽门
    - 二缘
      - 上缘:胃小弯
      - 下缘:胃大弯
    - 二壁
      - 前壁:与肝左叶、膈、腹前外侧壁相贴
      - 后壁:与膈、左肾上半、左肾上腺、网膜囊、胰等相邻
  - 分部
    - 贲门部:位于贲门附近的部分
    - 胃底部:贲门左侧向左上方凸出的部分
    - 胃体部:胃的中部
    - 幽门部(胃窦)
      - 左侧:幽门窦
      - 右侧:幽门管
  - 位置:中等充盈情况下,大部分位于左季肋区,小部分位于腹上区

- 胃的组织结构
  - 上皮:单层柱状上皮
  - 固有层:胃腺
    - 贲门腺:分泌黏液与溶菌酶
    - 幽门腺:分泌黏液与促胃泌素
    - 胃底腺
      - 主细胞:分泌胃蛋白酶原
      - 壁细胞:分泌盐酸和内因子
      - 颈黏液细胞:分泌黏液
  - 肌层:平滑肌
    - 内斜
    - 中环
    - 外纵
  - 外膜:浆膜

四、肝

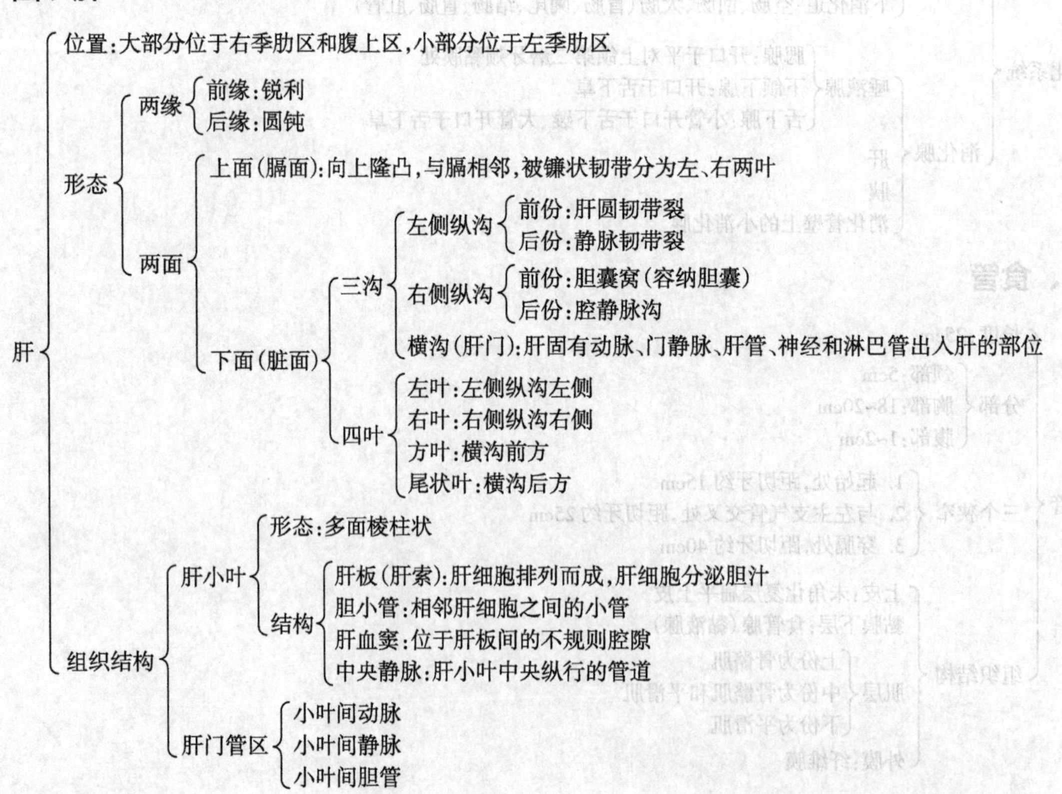

- 肝
  - 位置:大部分位于右季肋区和腹上区,小部分位于左季肋区
  - 形态
    - 两缘
      - 前缘:锐利
      - 后缘:圆钝
    - 两面
      - 上面(膈面):向上隆凸,与膈相邻,被镰状韧带分为左、右两叶
      - 下面(脏面)
        - 三沟
          - 左侧纵沟
            - 前份:肝圆韧带裂
            - 后份:静脉韧带裂
          - 右侧纵沟
            - 前份:胆囊窝(容纳胆囊)
            - 后份:腔静脉沟
          - 横沟(肝门):肝固有动脉、门静脉、肝管、神经和淋巴管出入肝的部位
        - 四叶
          - 左叶:左侧纵沟左侧
          - 右叶:右侧纵沟右侧
          - 方叶:横沟前方
          - 尾状叶:横沟后方
  - 组织结构
    - 肝小叶
      - 形态:多面棱柱状
      - 结构
        - 肝板(肝索):肝细胞排列而成,肝细胞分泌胆汁
        - 胆小管:相邻肝细胞之间的小管
        - 肝血窦:位于肝板间的不规则腔隙
        - 中央静脉:肝小叶中央纵行的管道
    - 肝门管区
      - 小叶间动脉
      - 小叶间静脉
      - 小叶间胆管

五、消化管道的连续关系

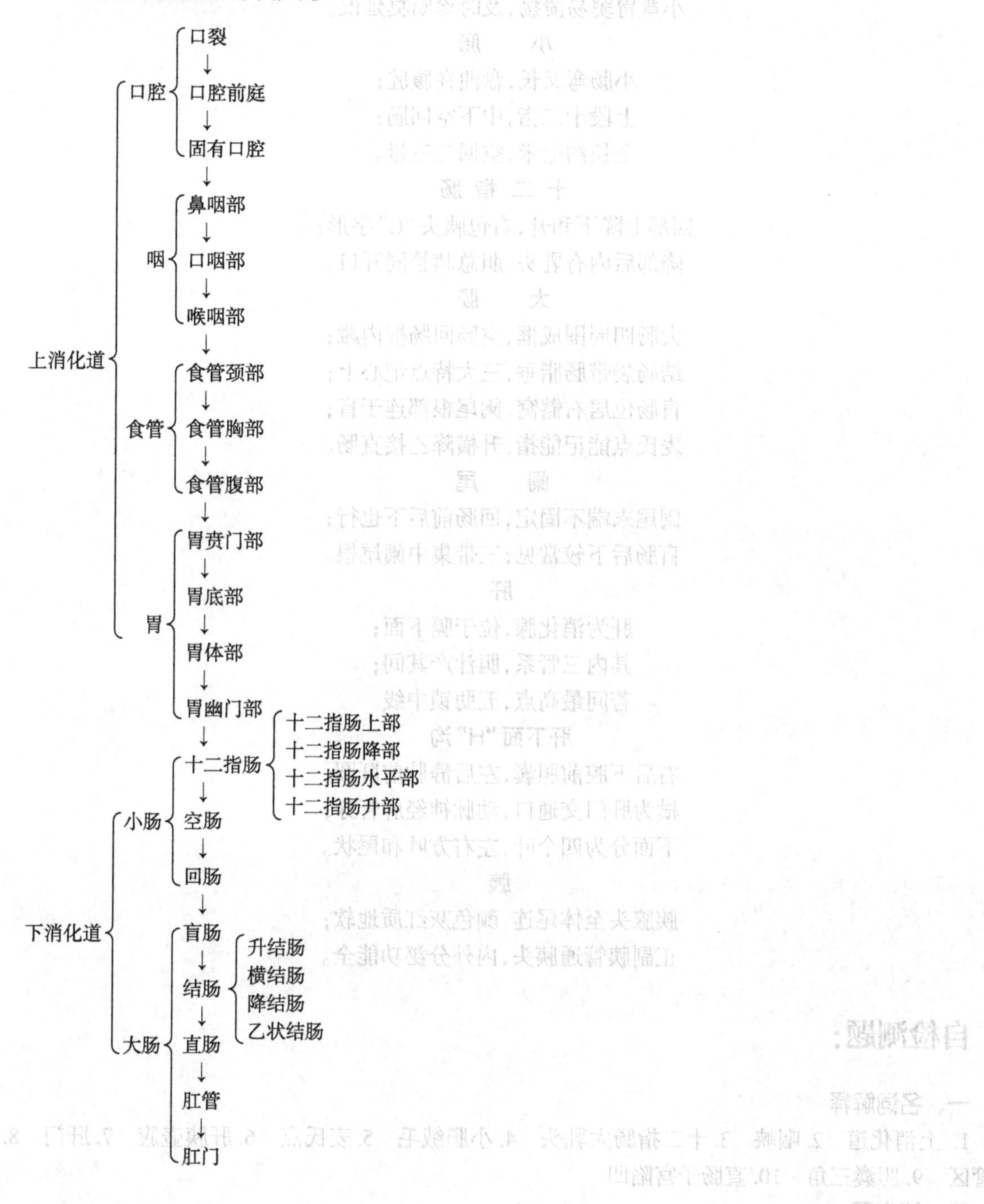

学习口诀:

咽

咽部分三鼻口喉，前壁开口气食流；

上通鼓室下通喉，吞咽闭气不用愁。

食 管 与 胃

食管三段颈胸腹，三个狭窄要记住；

胃居剑下左上腹，二门二弯又四部；

贲门幽门大小弯，胃底胃体两门部；
小弯胃窦易溃疡，及时诊断莫延误。

小　肠

小肠弯又长，盘曲在腹腔；
上段十二指，中下空回肠；
全长约七米，空回二三量。

十 二 指 肠

四部上降下和升，右包胰头“C”字形；
降部后内有乳头，胆总胰管同开口。

大　肠

大肠四周围成框，空肠回肠框内藏；
结肠袋带肠脂垂，三大特点记心上；
盲肠位居右髂窝，阑尾根部连于盲；
麦氏点能记能指，升横降乙接直肠。

阑　尾

阑尾末端不固定，回肠前后下也行；
盲肠后下较常见，三带集中阑尾根。

肝

肝为消化腺，位于膈下面；
其内三管系，胆汁产其间；
若问最高点，五肋锁中线。

肝下面“H”沟

右后下腔前胆囊，左后静脉前肝圆；
横为肝门交通口，动脉神经肝管穿；
下面分为四个叶，左右方叶和尾状。

胰

胰腺头至体尾连，颜色灰红质地软；
正副胰管通胰头，内外分泌功能全。

自检测题：

一、名词解释

1. 上消化道　2. 咽峡　3. 十二指肠大乳头　4. 小肠绒毛　5. 麦氏点　6. 肝胰壶腹　7. 肝门　8. 肝门管区　9. 胆囊三角　10. 直肠子宫陷凹

二、填空题

1. 消化系统由______和______两部分组成。前者包括______、______、______、______、______、______；后者主要包括______、______、______。

2. 消化管壁的一般结构由内向外依次为______、______、______、______四层。其中，黏膜层由内向外包括______、______和______三层。

3. 咽峡由______、______和______围成。

4. 牙可分为______、______和______三部分。牙由______、______、______和______构成。牙周组织包括______、______和______。

5. 乳牙有____颗,恒牙有____颗,恒牙按形态和功能分为________、________、________、________。

6. 腮腺导管开口于平对________的颊黏膜上。下颌下腺开口于________。舌下腺小管开口于________,大管开口于________。

7. 咽分为________、________和________三部分。经________与鼻腔相通,经________与口腔相通,经________与鼓室相通,经________与喉腔相通,向下续________。

8. 食管全长________cm,上端在________起始于咽,下端连于胃的________。

9. 食管按所在部位不同可分为________、________和________三部,其中________部最短。

10. 食管全长有____处生理性狭窄,分别位于________、________和________。

11. 在中等充盈时,胃大部分位于________,小部分位于________。

12. 胃的入口称________,与________相接;出口称________,与________相通;上缘称________,下缘称________。胃分为________、________、________、________四部分。

13. 胃底腺的主细胞分泌________。壁细胞分泌________和________。

14. 十二指肠分为________、________、________、________四部分。十二指肠大乳头位于________部的________壁。

15. 盲肠和结肠所具有的特征性结构是________、________和________。

16. 阑尾根部的体表投影位于________。

17. 胆囊位于________,其作用是________,胆囊底的体表投影在________。

18. 肝大部分位于________和________,小部分位于________。

19. 肝小叶的主要结构是________、________和________。

20. 肝门管区中的结构包括结缔组织及________、________和________三种管道。

21. 胆总管由________和________合成,在________内下降。

22. 肝胰壶腹由________和________汇合而成,开口于________。

23. 胰在第________腰椎水平横贴于腹后壁。胰分为________、________、________三部分。

24. 胰的外分泌部分泌________;内分泌部又称________,主要分泌________和________。

25. 小网膜分为________和________韧带。

三、判断题

1. 消化管壁的组织结构由内向外一般为黏膜、黏膜下层、黏膜肌层和外膜四层。 ( )
2. 临床上常把口腔到胃的一段消化管称上消化道。 ( )
3. 牙在外形上可分牙冠、牙颈和牙根三部分。 ( )
4. $\overline{\ \ |}$ 下方 7|表示右下颌第2磨牙。 ( )
5. 一侧颏舌肌收缩,舌尖偏向对侧。 ( )
6. 咽扁桃体位于口咽。 ( )
7. 喉咽向前下移行于喉腔。 ( )
8. 胃底腺的主细胞分泌的胃蛋白酶原,能分解蛋白质。 ( )
9. 胆囊底的体表投影在右锁骨中线与右肋弓相交处。 ( )
10. 喉是消化系统和呼吸系统的共同通道。 ( )
11. 胆囊的功能是产生胆汁。 ( )
12. 肝的上面借冠状韧带分为左、右两叶。 ( )
13. 肝血窦内的血液为动、静脉混合血。 ( )
14. 胰由外分泌部和内分泌部组成,分泌物都经胰管排出。 ( )
15. 腹膜炎病人多采用半卧位,使炎性渗出液流向盆腔,以减少毒素的吸收。 ( )
16. 肝静脉出肝门注入下腔静脉。 ( )

四、单项选择题

A 型题：

1. 不属于内脏的系统是（　　）
   A. 泌尿系统　B. 脉管系统　C. 生殖系统　D. 呼吸系统　E. 消化系统
2. 上消化道是指（　　）
   A. 从口腔到胃　B. 从口腔到十二指肠　C. 从口腔到空肠
   D. 从口腔到食管　E. 从口腔到咽
3. 下列不属于消化腺的是（　　）
   A. 胃底腺　B. 肠腺　C. 唾液腺　D. 肝　E. 胸腺
4. 关于口腔的描述错误的是（　　）
   A. 向前经口裂通外界
   B. 向后经咽峡与咽相通
   C. 口腔两侧为颊
   D. 口底由黏膜、肌和皮肤组成
   E. 当上、下牙咬合时，口腔前庭与固有口腔互不相通
5. 围成咽峡的结构是（　　）
   A. 腭垂、舌扁桃体和舌根
   B. 腭舌弓、腭咽弓及舌根
   C. 腭垂、两侧腭舌弓及舌根
   D. 腭垂、腭舌弓和腭咽弓
   E. 腭垂、腭扁桃体及舌根
6. 关于颏舌肌的描述错误的是（　　）
   A. 属于骨骼肌
   B. 属于舌内肌
   C. 左、右各一
   D. 一侧瘫痪，伸舌时舌尖偏向瘫痪侧
   E. 两侧同时收缩使舌前伸
7. 构成牙冠浅层的结构是（　　）
   A. 牙釉质　B. 牙髓　C. 牙颈　D. 牙骨质　E. 牙周膜
8. $\frac{\quad|\quad}{5\,|\quad}$表示（　　）
   A. 右下颌第 2 前磨牙　B. 左下颌第 2 前磨牙　C. 右下颌第 2 乳磨牙
   D. 左下颌第 2 乳磨牙　E. 左下颌第 2 磨牙
9. 关于牙的描述正确的是（　　）
   A. 可分牙冠和牙根两部
   B. 牙腔内有牙髓
   C. 牙完全由牙本质构成
   D. 乳牙和恒牙均有前磨牙
   E. 牙冠和牙根的表面均覆有釉质
10. 下列不属于唾液腺的是（　　）
    A. 腮腺　B. 唇腺　C. 舌下腺　D. 下颌下腺　E. 胰腺
11. 腮腺导管开口处平对（　　）
    A. 上颌第 2 磨牙相对的颊黏膜
    B. 上颌第 2 前磨牙相对的颊黏膜
    C. 下颌第 2 磨牙相对的颊黏膜
    D. 下颌第 2 前磨牙相对的颊黏膜
    E. 上颌第 1 磨牙相对的颊黏膜
12. 关于咽的描述错误的是（　　）
    A. 咽是消化和呼吸的共同通道
    B. 上端附着于颅底
    C. 下端在第 6 颈椎体下缘处与食管相续
    D. 后壁及两侧壁完整
    E. 前壁与鼻腔、口腔和气管直接相通

13. 关于咽的描述正确的是( )
A. 鼻咽部有梨状隐窝
B. 咽鼓管咽口位于鼻咽部侧壁相当于下鼻甲后方约 1.5cm 处
C. 咽隐窝为咽鼓管圆枕前方的深窝
D. 口咽部为会厌上缘以上的咽腔
E. 喉咽部于第 6 颈椎体下缘处移行于喉腔
14. 关于食管的描述**错误**的是( )
A. 成人的食管长约 25cm
B. 第一狭窄距中切牙约 15cm
C. 第二狭窄位于与右支气管交叉处
D. 腹部最短
E. 第三狭窄位于穿膈的食管裂孔处
15. 关于食管的描述正确的是( )
A. 上端在第六颈椎下缘平面起于喉
B. 全长分为颈、胸两部分
C. 肌层全部为平滑肌
D. 三处狭窄距切牙分别是 15、25、50cm
E. 食管位于气管的后方
16. 中等充盈的胃位于( )
A. 左季肋区
B. 右季肋区和腹上区
C. 右季肋区
D. 左季肋区和腹上区
E. 脐区
17. 关于胃的描述正确的是( )
A. 中等充盈时,大部分位于左季肋区和腹上区
B. 幽门窦又称幽门部
C. 胃底位于胃的最低部
D. 幽门管位于幽门窦的右侧部
E. 角切迹位于胃大弯的最低处
18. 关于胃的描述**错误**的是( )
A. 胃的入口称贲门、出口称幽门
B. 分贲门部、胃底、胃体和幽门部
C. 胃是腹膜内位器官
D. 胃肌层分三层均是平滑肌
E. 中等充盈的胃大部分位于右季肋区
19. 角切迹位于( )
A. 胃大弯的最低处
B. 贲门处
C. 胃与十二指肠的分界处
D. 胃小弯的最低处
E. 胃底与胃体的分界处
20. 关于胃底腺的描述哪项**错误**( )
A. 位于胃体及胃底部的黏膜下层
B. 为外分泌腺
C. 每个腺可分为颈、体及底三部
D. 胃底腺主要由主细胞、壁细胞和颈黏液细胞构成
E. 其分泌物构成胃液的重要成分
21. 关于十二指肠描述错误的是( )
A. 为小肠的起始段
B. 呈"C"形从右侧包绕胰头
C. 分为四部分
D. 降部前外侧壁有十二指肠大乳头
E. 升部续空肠
22. 十二指肠大乳头位于( )

A. 十二指肠降部的前外侧壁　　B. 十二指肠降部的内侧壁
C. 十二指肠降部的后壁　　D. 十二指肠降部的后内侧壁
E. 十二指肠降部的后外侧壁

23. 临床上判断空肠起始部的重要标志是（　　）
A. 十二指肠悬韧带　　B. 小肠系膜　　C. 肝十二指肠韧带
D. 空肠粗管壁厚　　E. 空肠位于左上腹部

24. 中央乳糜管存在于（　　）
A. 小肠绒毛内　　B. 乳糜池内　　C. 胸导管内
D. 肝小叶内　　E. 淋巴结内

25. 关于大肠的描述正确的是（　　）
A. 各部均有结肠带、结肠袋和肠脂垂
B. 盲肠为大肠的起始部，位于右髂窝
C. 结肠可分为升结肠、横结肠和降结肠三部分
D. 直肠的会阴曲凸向后
E. 阑尾的末端连于盲肠

26. 以下哪段肠管无结肠带（　　）
A. 升结肠　　B. 盲肠　　C. 降结肠　　D. 直肠　　E. 乙状结肠

27. 关于盲肠描述**错误**的是（　　）
A. 是大肠的起始部　　B. 为腹膜内位器官　　C. 位于左髂窝内
D. 左侧接回肠　　E. 长约 6~8cm

28. 阑尾手术时寻找阑尾的标志是（　　）
A. 阑尾系膜　　B. 盲肠　　C. 阑尾动脉　　D. 结肠带　　E. 麦氏点

29. 阑尾根部的体表投影位于（　　）
A. 脐与右髂前上棘连线的中、外 1/3 交点处
B. 脐与右髂前上棘连线的中、内 1/3 交点处
C. 脐与左髂前上棘连线的中、外 1/3 交点处
D. 脐与髂结节连结的中、外 1/3 交点处
E. 脐与右髂嵴最高点连线的中、内 1/3 交点处

30. 关于结肠描述**错误**的是（　　）
A. 有结肠带、结肠袋和肠脂垂　　B. 与直肠相续
C. 为大肠的一部分　　D. 分升结肠、横结肠、降结肠和直肠四部
E. 其中横结肠是腹膜内位器官

31. 区分内外痔的标志是（　　）
A. 齿状线　　B. 白线　　C. 肛窦　　D. 肛瓣　　E. 肛梳

32. 肝镰状韧带位于（　　）
A. 肝左侧纵沟前部　　B. 肝左侧纵沟后部　　C. 肝右侧纵沟前部
D. 肝右侧纵沟后部　　E. 肝膈面的左、右叶之间

33. 肝下面的横沟称为（　　）
A. 胆囊窝　　B. 腔静脉沟　　C. 肝门　　D. 方叶　　E. 尾状叶

34. 肝的大部分位于（　　）
A. 腹上区　　B. 左季肋区和腹上区　　C. 右季肋区
D. 脐区　　E. 右季肋区和腹上区

35. 以下哪项**不是**出入肝门的结构（　　）
A. 肝左管和肝右管　B. 肝固有动脉　C. 肝静脉
D. 肝门静脉　E. 肝的神经和淋巴管
36. 关于成人的肝，以下描述**错误**的是（　　）
A. 在腹上区其下界可达剑突下 3~5cm
B. 下界右侧与右肋弓相一致
C. 上界与膈穹隆一致
D. 可随膈的运动而上下运动
E. 上界最高点左侧相当于左锁骨中线与第 4 肋交叉处
37. 肝血窦的血液来自（　　）
A. 小叶间动脉和小叶间静脉　B. 小叶间静脉和小叶下静脉
C. 小叶间下静脉和肝静脉　D. 中央静脉和小叶间静脉
E. 中央静脉和小叶间动脉
38. 肝巨噬细胞位于（　　）
A. 肝血窦　B. 中央静脉　C. 肝板　D. 胆小管　E. 小叶间动脉
39. **不属于**肝小叶的结构是（　　）
A. 胆小管　B. 中央静脉　C. 肝板　D. 肝血窦　E. 小叶间动脉
40. 以下哪项**不是**肝门管区内的结构（　　）
A. 小叶间动脉　B. 小叶间静脉　C. 结缔组织
D. 小叶间胆管　E. 肝管
41. 以下关于胆囊的描述正确的是（　　）
A. 为分泌胆汁的器官　B. 位于肝下面的胆囊窝内
C. 后端圆钝为胆囊底　D. 胆囊管和肝总管合成胆总管
E. 胆囊底的体表投影位于锁骨中线与肋弓相交处
42. 关于胆总管的描述正确的是（　　）
A. 由肝左、右管汇合而成　B. 由胆囊管与胰管汇合而成
C. 由肝总管与胆囊管汇合而成　D. 在肝胃韧带内下行
E. 由肝总管与胰管汇合而成
43. 关于胆总管的描述**错误**的是（　　）
A. 走行在肝十二指肠韧带内　B. 下降于十二指肠与胰头之间
C. 斜穿十二指肠降部后内侧壁　D. 与胰管汇合，形成略膨大的肝胰壶腹
E. 与胰管汇合，开口于十二指肠小乳头
44. 关于胰的描述正确的是（　　）
A. 是人体第二大消化腺　B. 由外分泌部和内分泌部组成
C. 位于胃的后方　D. 在第 1~2 腰椎高度横贴于腹后壁
E. 以上都正确
45. 关于胰的描述**错误**的是（　　）
A. 横贴于腹后壁相当于第 1~2 腰椎水平
B. 胰头被十二指肠环抱
C. 胰管纵贯胰的全长
D. 是腹膜内位器官
E. 胰管与胆总管汇合成肝胰壶腹

46. 构成小网膜的结构有(　　)
A. 静脉韧带和镰状韧带　　B. 肝胃韧带和肝十二指肠韧带
C. 动脉韧带和肝圆韧带　　D. 肝十二指肠韧带和静脉韧带
E. 肝胃韧带和肝圆韧带
47. 大网膜连于(　　)
A. 肝与肾之间　　B. 胃与空肠之间
C. 胃大弯与横结肠之间　　D. 肝与胃之间
E. 肝与膈之间
48. 以下不属于腹膜形成的结构的是(　　)
A. 大网膜　B. 小肠系膜　C. 肝圆韧带　D. 镰状韧带　E. 小网膜
49. 由四层腹膜形成的结构是(　　)
A. 大网膜　B. 小肠系膜　C. 肝胃韧带　D. 镰状韧带　E. 小网膜
50. 关于直肠子宫陷凹的描述,错误的是(　　)
A. 位于女性盆腔的直肠与子宫之间
B. 为女性腹膜腔最低处
C. 与阴道后穹关系密切
D. 半卧位时腹腔积液可积聚于此
E. 此陷凹积液或积脓时,可经直肠穿刺抽取

B 型题:

(51~55 题共用备选答案)
A. 复层扁平上皮　B. 单层扁平上皮　C. 单层柱状上皮
D. 单层立方上皮　E. 变移上皮
51. 口腔黏膜的上皮属于(　　)
52. 食管黏膜的上皮属于(　　)
53. 胃黏膜的上皮属于(　　)
54. 小肠黏膜的上皮属于(　　)
55. 胆小管的管壁属于(　　)

(56~58 题共用备选答案)
A. 壁细胞　B. 浆细胞　C. 主细胞　D. 颈黏液细胞　E. 肥大细胞
56. 分泌胃蛋白酶原的细胞是(　　)
57. 分泌盐酸的细胞是(　　)
58. 分泌内因子的细胞是(　　)

(59~62 题共用备选答案)
A. 十二指肠空肠曲　B. 十二指肠降部　C. 十二指肠水平部
D. 十二指肠升部　E. 十二指肠球部
59. 十二指肠溃疡最好发部位是(　　)
60. 胆总管和胰管开口于(　　)
61. 十二指肠悬韧带附于(　　)
62. 肠系膜上血管的后方为(　　)

五、多项选择题

1. 属于内脏的器官是(　　)
A. 十二指肠　B. 心　C. 肺　D. 脾　E. 膀胱

2. 属于实质性器官的是（　　）
A. 肝　B. 胰　C. 肺　D. 肾　E. 膀胱
3. 属于腹上部分区的是（　　）
A. 左、右腹外侧区　B. 左、右季肋区　C. 腹上区
D. 脐区　E. 耻区
4. 不属于上消化道的器官是（　　）
A. 脾　B. 回肠　C. 十二指肠　D. 空肠　E. 胃
5. 属于消化腺的是（　　）
A. 肝　B. 脾　C. 胰　D. 腮腺　E. 肾上腺
6. 下列消化管中衬有复层扁平上皮的是（　　）
A. 空、回肠　B. 胃　C. 食管　D. 结肠、盲肠　E. 口腔
7. 含味蕾的舌乳头有（　　）
A. 轮廓乳头　B. 叶状乳头　C. 丝状乳头　D. 菌状乳头　E. 舌扁桃体
8. 牙周组织包括（　　）
A. 牙龈　B. 牙周膜　C. 牙骨质　D. 牙髓　E. 牙槽骨
9. 关于唾液腺描述正确的是（　　）
A. 属于大消化腺　B. 腮腺管在颧弓下两横指处紧贴咬肌表面前行
C. 下颌下腺位于下颌支内面　D. 舌下腺有数条小管，一条大管
E. 三对唾液腺的腺管均开口于舌下阜
10. 位于鼻咽部的结构有（　　）
A. 咽扁桃体　B. 咽鼓管咽口　C. 腭扁桃体
D. 梨状隐窝　E. 咽隐窝
11. 关于咽的交通，正确的是（　　）
A. 与口腔相通　B. 与鼻腔相通　C. 与喉腔相通
D. 与食管相通　E. 与中耳鼓室相通
12. 关于食管的描述正确的是（　　）
A. 第二狭窄在与左主支气管交叉处　B. 第二狭窄与右主支气管交叉处
C. 全长 25cm　D. 黏膜上皮为复层扁平上皮
E. 第一狭窄距切牙 15cm
13 关于胃的描述正确的是（　　）
A. 属于上消化道　B. 在中等充盈时，大部分位于腹上区
C. 入口附近称贲门部　D. 胃的中间部分称胃体
E. 幽门部又分为幽门窦和幽门管
14. 关于空肠正确的描述是（　　）
A. 位于腹腔的左上部　B. 占空回肠全长近 2/5
C. 空肠肠腔较粗，壁较厚　D. 无皱襞
E. 无绒毛
15. 有结肠带、结肠袋和肠脂垂的是（　　）
A. 盲肠　B. 直肠　C. 结肠　D. 阑尾　E. 回肠
16. 关于肝的描述正确的是（　　）
A. 是贮存和浓缩胆汁的器官　B. 前缘圆钝，后缘锐利
C. 右侧纵沟后半有腔静脉沟　D. 肝、动静脉均通过肝门

E. 肝上界在右锁骨中线与第 5 肋交点处

17. 进出肝门的结构有(　　)
A. 肝门静脉　B. 肝固有动脉　C. 肝管
D. 肝静脉　E. 淋巴管、神经

18. 肝外胆道包括(　　)
A. 胆囊　B. 肝左管和肝右管　C. 胰管
D. 肝总管　E. 胆总管

19. 关于胆囊描述正确的是(　　)
A. 位于肝下面的胆囊窝内　B. 分泌胆汁
C. 分底、体、颈、管 4 部分　D. 胆囊管与胰管汇合成肝胰壶腹
E. 胆结石易嵌顿于胆囊颈和胆囊管内

20. 腹膜的正确描述是(　　)
A. 为薄而光滑的浆膜　B. 可分为脏腹膜与壁腹膜
C. 女性腹膜腔是封闭的　D. 男性腹膜腔是封闭的
E. 腹膜腔的最低位是腹膜陷凹

21. 构成小网膜的韧带是(　　)
A. 胃脾韧带　B. 肝胃韧带　C. 镰状韧带
D. 肝圆韧带　E. 肝十二指肠韧带

22. 属于腹膜外位器官的是(　　)
A. 肝　B. 胃　C. 肾　D. 胰　E. 子宫

六、问答题

1. 一幼儿误食硬币,两天后在粪便中发现,请按顺序写出该硬币都经过哪些器官排出体外?
2. 人体有哪些唾液腺,它们各开口于何处?
3. 试述咽的分部及其与周围器官的连通关系。
4. 请说出食管三处生理狭窄的位置、距中切牙的距离和意义。
5. 画图说明胃的形态及分部。
6. 描述肝的位置及体表投影。
7. 试述肝的血液循环。
8. 简述肝的组织结构。
9. 叙述胆囊的位置、分部及胆囊底的体表投影。
10. 写出胆汁的产生及排泄途径。
11. 急性阑尾炎时明显的压痛部位在何处,手术时如何寻找阑尾?
12. 简述消化管壁的一般结构。
13. 临床上进行胆道造影检查法,需将导管从口腔送至十二指肠大乳头处,向胆总管注造影剂。请问:此导管需经哪些器官、哪些生理狭窄(具体部位)才能到达十二指肠大乳头?

(王　倩)

第四章 呼吸系统

学习要点

呼吸系统的组成及上、下呼吸道的概念。鼻中隔的构成。鼻窦的位置及开口。喉的位置和毗邻；喉软骨的组成和结构特点。气管、主支气管的形态和位置；左、右主支气管的区别及临床意义。肺的位置和形态，左、右肺的区别；肺的组织结构。胸膜、胸膜腔及胸腔的概念；肋膈隐窝的概念和临床意义。肺下界及胸膜下界的体表投影。纵隔的概念、分部。

一、呼吸道的连续关系

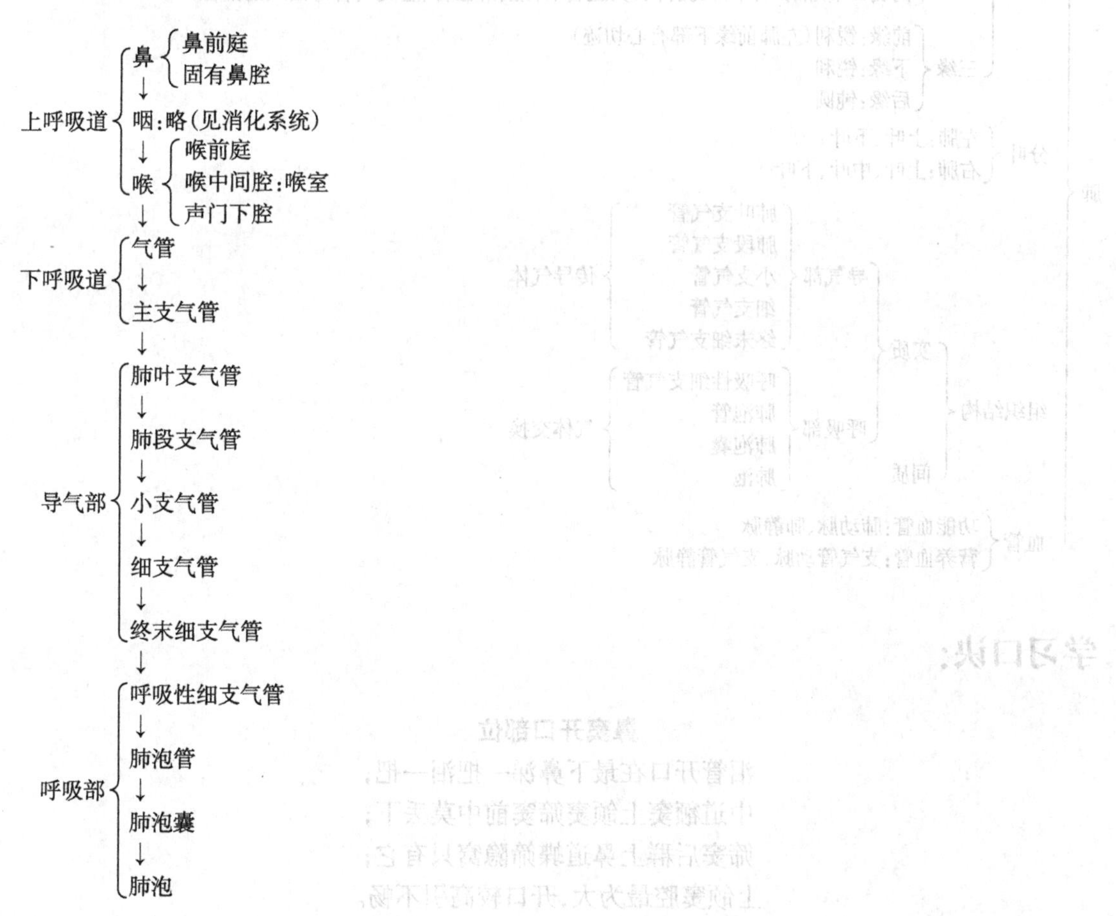

二、喉

喉
- 位置:颈前部正中,上平对第3颈椎体,下平第6颈椎体下缘
- 组成
  - 软骨:甲状软骨、环状软骨、会厌软骨各1块,杓状软骨1对
  - 关节:环甲关节、环杓关节
  - 喉肌
    - 一群作用于环杓关节:扩大或缩小声门裂
    - 一群作用于环甲关节:紧张或松弛声韧带
- 喉腔
  - 二口:上口(喉口):喉的入口,朝向后上方;下口:通气管
  - 二襞:前庭襞、声襞
  - 二裂
    - 前庭裂:两侧前庭襞之间的裂隙
    - 声门裂:两侧声襞之间的裂隙,为喉腔最狭窄处
  - 三部
    - 喉前庭
    - 喉中间腔
    - 声门下腔
  - 一室:喉室

三、肺

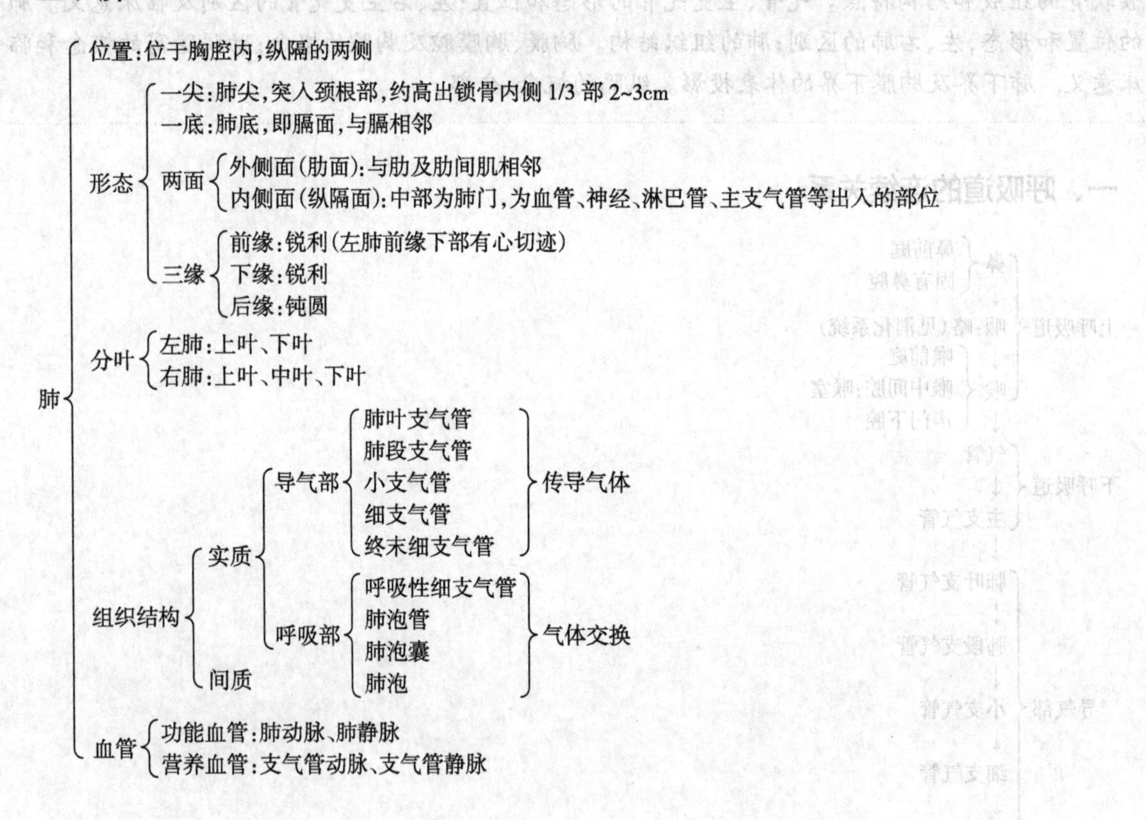

肺
位置:位于胸腔内,纵隔的两侧
形态
一尖:肺尖,突入颈根部,约高出锁骨内侧1/3部2~3cm
一底:肺底,即膈面,与膈相邻
两面
外侧面(肋面):与肋及肋间肌相邻
内侧面(纵隔面):中部为肺门,为血管、神经、淋巴管、主支气管等出入的部位
三缘
前缘:锐利(左肺前缘下部有心切迹)
下缘:锐利
后缘:钝圆
分叶
左肺:上叶、下叶
右肺:上叶、中叶、下叶
组织结构
实质
导气部
肺叶支气管
肺段支气管
小支气管
细支气管
终末细支气管
传导气体
呼吸部
呼吸性细支气管
肺泡管
肺泡囊
肺泡
气体交换
间质
血管
功能血管:肺动脉、肺静脉
营养血管:支气管动脉、支气管静脉

学习口诀:

鼻窦开口部位

泪管开口在最下鼻涕一把泪一把;
中道额窦上颌窦筛窦前中莫丢下;
筛窦后群上鼻道蝶筛隐窝只有它;
上颌窦腔最为大,开口较高引不畅。

咽的分部与连通

鼻咽口咽和喉咽，鼻口喉腔相通连；
咽鼓管口通中耳，六颈下缘续食管。

喉

甲环软骨杓会厌，喉结向前标志显；
环甲环杓两关节，两组喉肌功能全；
喉腔分为前中下，黏膜与咽相续连；
中腔最窄下腔松，水肿阻塞很危险；
环甲韧带掌握准，及时切开莫迟延。

会厌软骨

会厌软骨树叶状，防止食物入喉腔；
进食切莫谈和笑，误入气管可遭殃。

喉腔分部及特点

喉腔分为前中下，黏膜与咽相续连；
中腔最窄下腔松，水肿阻塞很危险；
环甲韧带掌握准，及时切开莫迟延。

左、右主支气管特点、意义

支气管分两边，左支细长右粗短；
左近水平右垂直，异物坠落向右转。

肺的形态

左肺狭长右粗短，三缘两面一底尖；
外面邻接肋和肌，内面肺门较凹陷；
锁骨内上二三厘，颈根深部有肺尖。

胸膜及胸膜腔

胸膜脏壁分两层，肺根周围相移行；
负压密闭胸膜腔，左右各一互不通；
肋膈胸膜转折处，肋膈隐窝半环形；
炎症渗液向下流，隐窝变钝称液胸。

纵隔

两侧纵隔胸膜间，所有组织和器官；
胸骨角处分上下，下纵又被分为三；
心包前后两纵隔，心脏包在最中间。

自检测题：

一、名词解释

1. 上呼吸道 2. 鼻窦 3. 肺门 4. 肺小叶 5. 气 - 血屏障 6. 胸膜腔 7. 肋膈隐窝 8. 纵隔

二、填空题

1. 上呼吸道包括________、________、________。

2. 开口于中鼻道的鼻窦有________、________和________。开口于上鼻道的鼻窦有________。开口于蝶筛隐窝的鼻窦有________。

3. 喉软骨主要包括________、________、________和________。

4. 构成喉支架的软骨,不成对的是________、________和________。
5. 喉腔分为________、________和________三部分,喉炎时易引起水肿的部位是________。
6. 气管与主支气管的管壁可分为________、________和________三层,黏膜上皮为________。
7. 胸膜属于________,分________和________两部分。
8. 壁胸膜可分为________、________、________和________。
9. 根据功能不同,肺实质分为________部和________部。
10. 肺的导气部包括________、________、________、________和________。
11. 肺的呼吸部包括________、________、________和________。
12. 呼吸性细支气管是________的分支,管壁不完整,连有少量________,有________功能。
13. 肺巨噬细胞(尘细胞)由________演变而来,具有活跃的________。
14. 纵隔通常以胸骨角与第 4 椎体下缘之间的连线为界,分为________和________两部分。
15. 下纵隔以心包为界,分为________、________和________三部分。

三、判断题

1. 鼻是呼吸道起始部,也是嗅觉器官。 ( )
2. 左、右肺均可分上、中、下叶。 ( )
3. 甲状软骨是唯一完整的环形喉软骨。 ( )
4. 喉腔最狭窄的部位是声门裂。 ( )
5. 从气管进入的异物容易落入右主支气管。 ( )
6. 肺位于胸膜腔内,纵隔两侧,左、右各一。 ( )
7. 肺尖高于锁骨内侧 1/3 上方约 3~5cm。 ( )
8. 在深吸气时,肺叶的下缘会充满肋膈隐窝。 ( )
9. 临床上通常把鼻和喉叫上呼吸道。 ( )
10. 鼻腔向后经鼻后孔通鼻咽部。 ( )
11. 连结喉软骨的关节有环杓关节和环甲关节。 ( )
12. Ⅰ型肺泡细胞的功能是分泌肺泡表面活性物质。 ( )

四、单项选择题

A 型题:

1. 上、下呼吸道的分界器官是( )
   A. 喉　B. 咽　C. 气管　D. 主支气管　E. 气管杈
2. 属于下呼吸道的是( )
   A. 口腔　B. 鼻　C. 咽　D. 喉　E. 气管
3. 上呼吸道是指( )
   A. 鼻和咽　B. 鼻、咽、喉　C. 鼻、咽、喉和气管
   D. 气管和主支气管　E. 主支气管以上的呼吸道
4. 鼻黏膜出血的常见部位是( )
   A. 上鼻甲黏膜　B. 中鼻甲黏膜　C. 下鼻甲黏膜
   D. 鼻中隔前下部黏膜　E. 与上鼻甲相对的鼻中隔的黏膜
5. 不参与构成鼻中隔的是( )
   A. 鼻中隔软骨　B. 筛骨垂直板　C. 犁骨
   D. 鼻骨　E. 黏膜
6. 站立时腔内分泌物不易流出的鼻窦是( )
   A. 蝶窦　B. 额窦　C. 上颌窦　D. 筛窦前中群　E. 筛窦后群

7. 开口于蝶筛隐窝的鼻窦是（　　）
A. 额窦　B. 上颌窦　C. 蝶窦
D. 筛窦前中群　E. 筛窦后群
8. 开口于上鼻道的鼻窦（　　）
A. 额窦　B. 上颌窦　C. 筛窦前群和中群
D. 筛窦后群　E. 蝶窦
9. 成年人喉介于（　　）
A. 第 2~5 颈椎之间　B. 第 3~6 颈椎之间　C. 第 2~7 颈椎之间
D. 第 3~6 胸椎之间　E. 第 3~7 胸椎之间
10. 喉腔最狭窄的部位是（　　）
A. 喉口　B. 喉前庭　C. 喉室　D. 声门裂　E. 前庭裂
11. 成对的喉软骨是（　　）
A. 甲状软骨　B. 环状软骨　C. 会厌软骨　D. 杓状软骨　E. 气管软骨
12. 形成喉结的软骨是（　　）
A. 甲状软骨　B. 环状软骨　C. 会厌软骨　D. 杓状软骨　E. 气管软骨
13. 呼吸道中完整的环形软骨是（　　）
A. 甲状软骨　B. 环状软骨　C. 会厌软骨　D. 气管软骨　E. 杓状软骨
14. 呼吸道中最狭窄的部位是（　　）
A. 鼻孔　B. 鼻后孔　C. 喉口　D. 前庭裂　E. 声门裂
15. 喉炎时容易水肿的部位是（　　）
A. 喉口黏膜　B. 喉前庭黏膜　C. 喉中间腔黏膜
D. 喉室黏膜　E. 声门下腔黏膜
16. 分布于气管黏膜的上皮是（　　）
A. 单层扁平上皮　B. 单层立方上皮　C. 单层柱状上皮
D. 假复层柱状纤毛上皮　E. 复层扁平上皮
17. 关于右主支气管描述正确的是（　　）
A. 细而长　B. 粗而短，走行较垂直　C. 全长 4~5cm
D. 气管异物不易进入　E. 分两个肺叶支气管
18. 关于左主支气管描述正确的是（　　）
A. 细而长，走行较水平　B. 粗而短，走行较垂直　C. 气管异物易落入
D. 全长 2~3cm　E. 分三个肺叶支气管
19. 不参与构成肺根的是（　　）
A. 肺动脉　B. 肺静脉　C. 肺叶支气管　D. 神经　E. 淋巴管
20. 有关肺的描述正确的是（　　）
A. 位于胸膜腔内　B. 肺尖位于胸廓内　C. 膈面有肺门
D. 肺的后缘锐利　E. 右肺较宽短，左肺较狭长
21. 关于右肺的描述正确的是（　　）
A. 较狭长　B. 较宽短　C. 前缘下部有心切迹
D. 仅有一斜裂　E. 分上、下两叶
22. 关于左肺描述正确的是（　　）
A. 有三个叶　B. 前缘下部有心切迹　C. 比右肺较粗短
D. 有斜裂和横裂　E. 肋面为纵隔面

23. 肺小叶是指（　　）
A. 小支气管及其各级分支和肺泡
B. 细支气管及其各级分支和肺泡
C. 终末细支气管及其分支和肺泡
D. 呼吸性细支气管及其分支和肺泡
E. 肺泡管及其各级分支和肺泡

24. 气体交换的主要场所是（　　）
A. 肺泡管　B. 肺泡囊　C. 肺泡
D. 呼吸性细支气管　E. 终末细支气管

25. 终末细支气管的特征哪项错误（　　）
A. 上皮内无杯状细胞
B. 管壁有环形的平滑肌层
C. 管壁有肺泡开口，可进行气体交换
D. 管壁无腺体和软骨
E. 上皮为单层纤毛柱状

26. 能进行气体交换的管道是（　　）
A. 肺段支气管　B. 小支气管　C. 终末细支气管
D. 肺泡管　E. 细支气管

27. 支气管哮喘时，与何处平滑肌发生痉挛有关（　　）
A. 支气管和小支气管
B. 小支气管和细支气管
C. 细支气管和终末细支气管
D. 呼吸性细支气管和肺泡管
E. 终末细支气管和呼吸性细支气管

28. 肺的导气部是指从肺叶支气管到（　　）
A. 细支气管　B. 终末细支气管　C. 小支气管
D. 呼吸性细支气管　E. 肺泡管

29. 肺内支气管各级分支中，管壁内有明显环行平滑肌的管道主要是（　　）
A. 段支气管和小支气管
B. 小支气管和细支气管
C. 细支气管和终末细支气管
D. 终末细支气管和呼吸细支气管
E. 终末细支气管和肺泡管

30. 属于肺呼吸部的结构是（　　）
A. 肺段支气管　B. 肺泡管　C. 细支气管
D. 终末细支气管　E. 小支气管

31. 关于呼吸性细支气管的结构特点，以下哪项是正确的（　　）
A. 是气管的分支
B. 由许多肺泡围成，无纤毛细胞和分泌细胞
C. 管壁内无平滑肌
D. 可见少量腺体
E. 管壁内衬有单层立方上皮

32. 分泌肺泡表面活性物质的细胞是（　　）
A. 尘细胞　B. Ⅰ型肺泡细胞　C. Ⅱ型肺泡细胞
D. 巨噬细胞　E. 间质细胞

33. 执行气体交换功能的细胞是（　　）
A. Ⅰ型肺泡细胞　B. Ⅱ型肺泡细胞　C. 巨噬细胞
D. 间质细胞　E. 尘细胞

34. 构成气血屏障的结构应除外（　　）
A. Ⅰ型肺泡细胞
B. 肺泡上皮的基膜
C. Ⅱ型肺泡细胞
D. 毛细血管的内皮细胞
E. 肺泡上皮和毛细血管内皮之间的结缔组织

35. 关于Ⅰ型肺泡细胞的特征哪项**错误**(　　)
A. 肺泡表面大部分由Ⅰ型细胞覆盖
B. 细胞为扁平形,胞质极薄
C. 胞质内细胞器少,但含有大量的吞饮小泡
D. 细胞表面有大量的微绒毛,可扩大气体交换面
E. 相邻的上皮细胞间有紧密连接
36. 关于Ⅱ型肺泡细胞的特征哪项**错误**(　　)
A. 细胞无分裂能力
B. 能分泌表面活性物质
C. 胞质内有嗜锇性板层小体
D. 胞质内有发达的粗面内质网和高尔基复合体
E. 细胞呈立方形或椭圆形,嵌于Ⅰ型细胞之间
37. 心力衰竭患者肺内出现心衰细胞是(　　)
A. 功能活跃的成纤维细胞
B. 功能活跃的淋巴细胞
C. 吞噬心肌纤维分解产物的巨噬细胞
D. 吞噬血红蛋白分解产物的巨噬细胞
E. 吞噬血红蛋白分解产物的中性粒细胞
38. 胸膜下界体表投影在腋中线处与(　　)
A. 第6肋相交　B. 第8肋相交　C. 第10肋相交
D. 第11肋相交　E. 第12肋相交
39. 下列关于胸膜描述正确的是(　　)
A. 覆盖于左右肺表面的黏膜　B. 衬在胸壁内面的纤维膜
C. 仅覆盖在膈上面的浆膜　D. 脏胸膜和壁胸膜的总称
E. 指衬在纵隔面的浆膜
40. 壁胸膜和脏胸膜在哪个部位相移行(　　)
A. 在胸膜顶处相移行　B. 在肺裂处相移行　C. 在肺根处相移行
D. 在肋膈隐窝处相移行　E. 在肺底处相移行
41. 下列结构**不属于**壁胸膜的是(　　)
A. 膈胸膜　B. 肺胸膜　C. 胸膜顶　D. 肋胸膜　E. 纵隔胸膜
42. 关于肋膈隐窝描述正确的是(　　)
A. 由脏、壁两层胸膜围成　B. 位于肺根处
C. 深吸气时,肺的下缘可伸入其中　D. 为胸腔最低处
E. 炎症时渗出液首先积聚与此
43. 平静呼吸时肺下界的体表投影在腋中线相交于(　　)
A. 第5肋　B. 第6肋　C. 第7肋　D. 第8肋　E. 第9肋
44. 有关胸膜腔叙述**错误**的是(　　)
A. 由脏、壁胸膜形成　B. 为密闭的腔隙
C. 最低处是肋膈隐窝　D. 腔内呈负压,有少量浆液
E. 左、右两个胸膜腔是相通的
45. 胸膜腔位于(　　)
A. 胸壁和膈之间　B. 胸膜和肺之间　C. 胸壁和纵隔之间

D. 肋胸膜和纵隔胸膜之间　　E. 壁胸膜和脏胸膜之间

46. 纵隔的上界是(　　)

A. 胸廓上口　　B. 肺尖　　C. 胸膜顶

D. 胸骨角平面　　E. 纵隔胸膜

47. 纵隔境界中，错误的是(　　)

A. 前界为肋骨　　B. 后界为脊柱胸段　　C. 上达胸廓上口

D. 向下至膈　　E. 两侧界为纵隔胸膜

B 型题：

(48~49 题共用备选答案)

A. 上鼻道　　B. 中鼻道　　C. 下鼻道　　D. 鼻后孔　　E. 蝶筛隐窝

48. 额窦开口于(　　)

49. 鼻泪管开口于(　　)

(50~52 题共用备选答案)

A. 喉腔的上口　　B. 两侧前庭襞之间　　C. 两侧声襞之间

D. 每侧前庭襞和声襞之间　　E. 声门下腔

50. 前庭裂位于(　　)

51. 声门裂位于(　　)

52. 喉室位于(　　)

(53~55 题共用备选答案)

A. 环甲关节　　B. 环杓关节　　C. 弹性圆锥

D. 甲状舌骨膜　　E. 环气管韧带

53. 环状软骨、甲状软骨之间的连结是(　　)

54. 环状软骨、杓状软骨之间的连结是(　　)

55. 环状软骨、甲状软骨、杓状软骨之间的连结是(　　)

(56~58 题共用备选答案)

A. 第 3 颈椎下缘平面　　B. 第 6 颈椎下缘平面　　C. 颈静脉切迹平面

D. 胸骨角平面　　E. 第 6 胸椎平面

56. 气管起始处位于(　　)

57. 气管分杈处位于(　　)

58. 上、下纵隔分界处位于(　　)

(59~61 题共用备选答案)

A. 胸膜顶　　B. 肋胸膜　　C. 膈胸膜　　D. 纵隔　　E. 肋膈隐窝

59. 高出锁骨内侧 1/3 上方 2~3cm 的是(　　)

60. 两侧纵隔胸膜之间所有的结构总称(　　)

61. 胸膜腔的最低部位是(　　)

(62~63 题共用备选答案)

A. 第 6 肋　　B. 第 8 肋　　C. 第 10 肋　　D. 第 11 肋　　E. 第 12 肋

62. 肺下界的体表投影在锁骨中线与第几肋相交(　　)

63. 胸膜下界的体表投影在肩胛线与第几肋相交(　　)

五、多项选择题

1. 上呼吸道包括(　　　)

A. 鼻　　B. 咽　　C. 喉　　D. 气管　　E. 主支气管

2. 开口于中鼻道的有（ ）
A. 上颌窦 B. 额窦 C. 筛窦前群 D. 筛窦中群 E. 筛窦后群
3. 与咽腔直接相通的有（ ）
A. 鼻腔 B. 口腔 C. 喉腔 D. 食管 E. 咽鼓管
4. 喉黏膜形成的结构是（ ）
A. 会厌 B. 弹性圆锥 C. 前庭襞 D. 声韧带 E. 声襞
5. 关于声门裂的描述，正确的是（ ）
A. 位于喉口
B. 介于两侧前庭襞之间
C. 介于两侧声襞之间
D. 介于两侧喉室之间
E. 是喉腔中最狭窄的部位
6. 关于气管的叙述，正确的是（ ）
A. 上接环状软骨
B. 位于食管前方
C. 可分为颈部、胸部两部分
D. 甲状腺峡部位于第2~4气管软骨前方
E. 气管切开术常在第3~5气管软骨处进行
7. 关于肺，正确的描述是（ ）
A. 肺尖突至颈根部
B. 肺底中部有肺门
C. 肺的结构单位是肺小叶
D. 左肺有斜裂和水平裂
E. 右肺有斜裂
8. 肺根内含有（ ）
A. 气管 B. 神经 C. 主支气管 D. 肺血管 E. 淋巴管
9. 肺泡隔内主要含有（ ）
A. 弹性纤维
B. 丰富的毛细血管
C. 巨噬细胞
D. Ⅱ型肺泡细胞
E. 肺泡表面活性物质
10. 下列关于肺泡的叙述错误的是（ ）
A. 是肺进行气体交换的部位
B. 肺泡上皮由Ⅰ型肺泡细胞和Ⅱ型肺泡细胞构成
C. Ⅰ型肺泡细胞分泌表面活性物质
D. Ⅱ型肺泡细胞参与构成气 - 血屏障
E. Ⅱ型肺泡细胞可增殖分化为Ⅰ型肺泡细胞
11. 壁胸膜包括（ ）
A. 肺胸膜 B. 肋胸膜 C. 膈胸膜 D. 纵隔胸膜 E. 胸膜顶
12. 关于肋膈隐窝描述正确的是（ ）
A. 是胸膜腔的一部分
B. 左、右各一
C. 位于肋胸膜和膈胸膜相互移行处
D. 相互连通
E. 深吸气时肺下缘不能伸入其内
13. 下列关于胸膜腔的描述不正确的（ ）
A. 借呼吸道与外界相通
B. 两侧胸膜腔通过肺根互相交通
C. 两侧胸膜腔互不相通
D. 压力略高于大气压
E. 肺位于胸膜腔内
14. 纵隔内的结构包括（ ）

A. 喉　　B. 气管　　C. 食管　　D. 肺　　E. 心

六、问答题

1. 试述吸入性气雾剂药物分子从吸入鼻腔至吸收进入肺泡隔毛细血管所经过的途径。
2. 简述鼻窦的名称及各窦的开口部位。
3. 描述左、右主支气管及左、右肺的区别。
4. 试述外界气体(O_2)经过哪些结构进入肺泡?
5. 试述肺和胸膜下界的体表投影。
6. 试述纵隔的境界和分部。

(史　芳)

第五章 泌尿系统

学习要点

泌尿系统的组成。肾的形态、位置、被膜及剖面结构。肾单位、肾小体、肾小管的组成。球旁复合体的组成。输尿管的起始、行程和分部；输尿管3处狭窄的位置和临床意义。膀胱的形态和分部；膀胱的位置和毗邻；膀胱三角的位置和临床意义。女性尿道的特点。

一、肾

- 肾
  - 位置:腹膜后脊柱的两侧
    - 左肾
      - 上界:平 T_{11} 下缘
      - 下界:平 L_2 下缘
    - 右肾:比左肾约低半个椎体
  - 形态
    - 两端
      - 上端:圆形,宽而薄
      - 下端:圆形,窄而厚
    - 两面
      - 前面:较凸,朝向腹外侧
      - 后面:较平,紧贴腹后壁
    - 两缘
      - 外侧缘:向外隆凸
      - 内侧缘:中部凹陷称肾门,是肾动脉、肾静脉、肾盂、神经及淋巴管等出入肾的部位
  - 被膜
    - 内层:纤维囊
    - 中层:脂肪囊
    - 外层:肾筋膜
  - 微细结构
    - 肾单位
      - 肾小体
        - 血管球
        - 肾小囊
      - 肾小管
        - 近端小管
          - 曲部
          - 直部
        - 细段
        - 远端小管
          - 直部
          - 曲部
        - （近端小管直部、细段、远端小管直部合称髓袢）
    - 集合管

二、膀胱

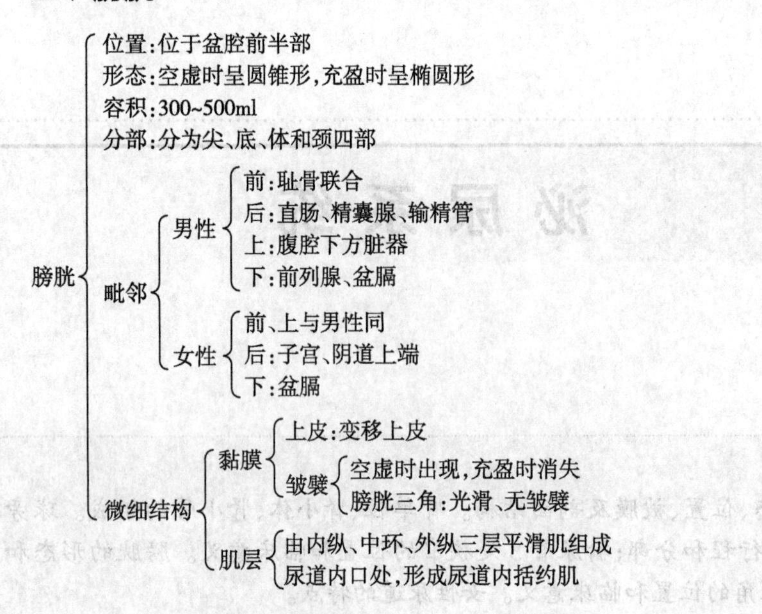

三、尿的生成及排泄途径

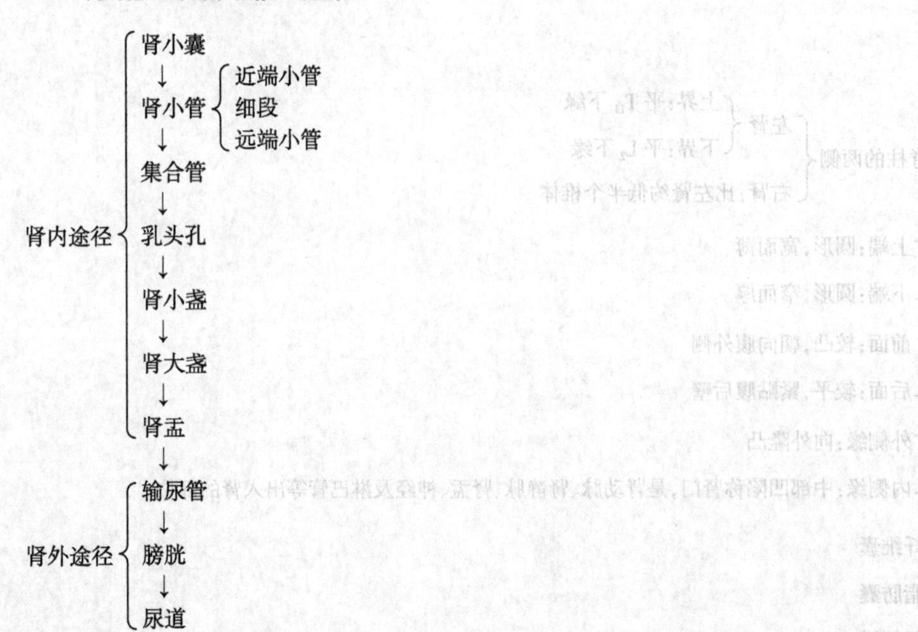

学习口诀:

肾形态与位置

形如蚕豆表面平,脊柱旁列八字形;
被膜肾蒂腹内压,相邻器官都固定;
左肾上平胸十一,右低半椎十二中;
肾门约对一腰椎,病变肾区扣压疼。

肾　　窦

肾门向内有间房,多种结构里面藏;

动静肾盂大小盏，淋巴神经和脂肪。

肾　被　膜

纤维衬衣脂肪袄，筋膜外罩厚又牢。

输　尿　管

输尿管细又长，上起肾盂下连膀；
三处狭窄要记住，起始越髂穿膀胱；
结石下降易滞留，请君快喝排石汤。

膀　　胱

外观膀胱锥体形，颈尖底大体膨隆；
内面三角有特点，结核肿瘤好发生。

尿　　道

男性尿道长狭弯，女性尿道短直宽。

自检测题：

一、名词解释

1. 肾门　2. 肾区　3. 滤过膜　4. 致密斑　5. 膀胱三角

二、填空题

1. 泌尿系统由________、________、________和________组成。
2. 肾内侧缘中部凹陷称________，进出肾门的结构被结缔组织包裹称________。
3. 正常成年人的肾位于脊柱________，腹后壁________部，属腹膜________器官。
4. 左肾的位置略________于右肾。左肾上端平________下缘，下端平________下缘。第12肋斜过左肾后方的________部。
5. 临床上常将________肌的外侧缘与第________肋所成的夹角处称为肾区。
6. 在肾的冠状切面上，肾实质可分为________和________两部分。
7. 肾的表面有3层被膜，自内向外依次是________、________和________。
8. 肾单位包括________和________两部分。前者由________和________组成，后者分为________、________和________三段。
9. 肾小体有两极，一端称________，另一端称________。
10. 髓袢是由________、________和________三部分组成。
11. 输尿管按行程可分为________、________和________三部分。输尿管最后以________开口于膀胱底的内面。
12. 输尿管全长有3处生理狭窄，分别是在________、________、________。
13. 膀胱略呈锥体形，可分为________、________、________和________四部分。
14. 男性膀胱的后方与________、________和________相邻；女性膀胱的后方与________和________相邻。

三、判断题

1. 肾门为肾血管、神经、淋巴管和输尿管等出入肾之处。　(　　)
2. 肾筋膜分前、后两层包裹肾、肾上腺及其周围的脂肪囊。　(　　)
3. 肾实质主要由肾单位和集合管组成，肾单位位于肾皮质中，集合管位于肾髓质中。　(　　)
4. 形成血管球的毛细血管一端连接微动脉，另一端连接小静脉。　(　　)
5. 肾小管由近端小管、细段和远端小管三部分组成。　(　　)

6. 远端小管是重吸收水和离子最多和最重要的部位。 ( )
7. 集合管是收集尿液的管道,无重吸收的功能。 ( )
8. 输尿管狭窄处是结石易滞留之处。 ( )
9. 膀胱充盈时,经耻骨联合上方进行膀胱穿刺或手术可避免损伤腹膜。 ( )
10. 女性尿道特点是短而直,易引起逆行尿路感染。 ( )

四、单项选择题

A 型题:

1. 下列关于肾的描述正确的是( )
   A. 为实质性器官　B. 左肾比右肾宽短
   C. 肾门平第 1 腰椎平面　D. 肾蒂左短右长
   E. 为腹膜间位器官
2. 下列关于肾位置的描述错误的是( )
   A. 位于脊柱两侧腹膜后方　B. 左肾上端平第 11 胸椎体下缘
   C. 左肾下端平第 2 腰椎体下缘　D. 左肾比右肾低半个椎体
   E. 第 12 肋斜过左肾后方中部,右肾后方上部
3. 不通过肾门的是( )
   A. 输尿管　B. 肾动脉　C. 肾静脉　D. 神经　E. 淋巴管
4. 下列关于肾窦的描述正确的是( )
   A. 是肾门向肾内延续的腔　B. 由肾皮质围成
   C. 内有肾动脉和肾静脉　D. 内有输尿管上端
   E. 肾窦即肾髓质
5. 成人肾门高度约平对( )
   A. 第 11 胸椎　B. 第 12 胸椎　C. 第 1 腰椎
   D. 第 2 腰椎　E. 第 3 腰椎
6. 肾蒂中不包括( )
   A. 肾动脉　B. 肾静脉　C. 肾盂
   D. 肾窦　E. 淋巴管和神经
7. 第 12 肋斜过( )
   A. 左肾后方上部　B. 右肾后方上部　C. 右肾后方中部
   D. 右肾后方下部　E. 左肾后方下部
8. 下列关于肾的描述正确的是( )
   A. 肾皮质表面覆盖腹膜　B. 肾小盏包绕肾乳头
   C. 肾髓质由肾柱构成　D. 肾被膜从外向内为纤维囊、脂肪囊和肾筋膜
   E. 肾髓质包括肾小盏、肾大盏和肾盂等
9. 呈扁漏斗状,出肾门后逐渐变细而移行为输尿管的是( )
   A. 肾窦　B. 肾盂　C. 肾小盏　D. 肾大盏　E. 肾乳头
10. 属于肾皮质的结构是( )
    A. 肾盂　B. 肾盏　C. 肾锥体　D. 肾柱　E. 肾乳头
11. 肾区位于( )
    A. 竖脊肌外缘与第 12 肋的夹角　B. 竖脊肌内缘与第 12 肋的夹角
    C. 竖脊肌外缘与第 11 肋的夹角　D. 竖脊肌内缘与第 11 肋的夹角
    E. 腰大肌外缘与第 12 肋的夹角

12. 紧贴肾表面的被膜是（　　）

A. 肾纤维囊　B. 肾筋膜　C. 肾脂肪囊
D. 脏腹膜　E. 黏膜

13. 临床上进行肾囊封闭治疗是将药物注入（　　）

A. 脏腹膜　B. 纤维囊　C. 脂肪囊
D. 肾筋膜前层　E. 肾筋膜后层

14. 肾的基本功能单位是（　　）

A. 血管球　B. 肾单位　C. 皮质肾单位
D. 髓质肾单位　E. 肾小囊

15. 不属于肾单位的结构是（　　）

A. 远端小管　B. 近端小管　C. 细段
D. 肾小体　E. 集合管

16. 下列关于肾的结构描述正确的是（　　）

A. 肾形似蚕豆，外缘中部凹陷为肾门　B. 肾为实质性器官，表面被有 3 层被膜
C. 肾实质就是指泌尿小管　D. 肾单位由肾小体、肾小囊和集合管构成
E. 肾分皮质和髓质，肾单位仅位于皮质中

17. 下列哪项在肾髓质中见不到（　　）

A. 弓形集合管　B. 乳头管　C. 细段
D. 远端小管直部　E. 近端小管直部

18. 下列关于肾小囊的描述哪项是错误的（　　）

A. 是肾小管起始部膨大凹陷而形成的双层杯状囊
B. 肾小囊的脏层包在血管球的外面
C. 肾小囊的壁层是单层扁平细胞，与近端小管曲部的上皮相连
D. 足细胞的次级突起可互相穿插成栅栏状
E. 肾小囊中的滤液除不含大分子的蛋白质外，其成分与血浆相似

19. 调节远端小管曲部和集合管保钠排钾作用的激素是（　　）

A. 抗利尿素　B. 糖皮质激素　C. 雌激素
D. 醛固酮　E. 甲状腺素

20. 分泌肾素的结构是（　　）

A. 致密斑　B. 球旁细胞　C. 足细胞
D. 球外系膜细胞　E. 血管球内皮细胞

21. 下列关于输尿管的描述正确的是（　　）

A. 为腹膜间位器官　B. 起于肾小盏终于膀胱
C. 沿腰大肌外侧缘下降　D. 分腹部、盆部和壁内部三段
E. 开口于膀胱体

22. 下列关于女性输尿管的描述错误的是（　　）

A. 经髂血管前方入盆腔　B. 沿盆腔侧壁向下向后
C. 沿子宫颈外侧至膀胱底　D. 子宫动脉从其后下方交叉经过
E. 长约 25~30cm

23. 输尿管下端开口于（　　）

A. 膀胱尖　B. 膀胱体　C. 膀胱底　D. 膀胱颈　E. 尿道

24. 输尿管的第二处狭窄位于（　　）

A. 起始处 B. 与髂血管交叉处 C. 穿膀胱壁处
D. 髂内动脉分叉处 E. 与子宫动脉交叉处

25. 男性膀胱颈邻接( )
A. 精囊腺 B. 输精管 C. 前列腺 D. 射精管 E. 直肠

26. 下列关于膀胱的描述正确的是( )
A. 膀胱底朝向后上方 B. 空虚时一般不超过耻骨联合上缘
C. 尿道内口位于膀胱尖处 D. 男性膀胱体的下方为前列腺
E. 膀胱三角位于膀胱体内面

27. 下列关于膀胱的描述正确的是( )
A. 是一储尿器官 B. 膀胱底处有尿道内口
C. 充盈时全部位于盆腔内 D. 成人膀胱容积为 100~300ml
E. 男性膀胱低于女性膀胱

28. 膀胱肿瘤和结核的好发部位是( )
A. 膀胱尖 B. 膀胱体 C. 膀胱颈
D. 膀胱三角 E. 输尿管间襞

29. 膀胱黏膜的上皮是( )
A. 单层扁平上皮 B. 复层扁平上皮 C. 变移上皮
D. 单层柱状上皮 E. 单层立方上皮

30. 下列关于女性尿道的描述正确的是( )
A. 起于膀胱尖 B. 沿阴道后方下降 C. 全程有三处狭窄
D. 有排卵和排尿的功能 E. 短而直

B 型题:

(31~34 题共用备选答案)
A. 肾髓质 B. 肾柱 C. 肾蒂 D. 肾小盏 E. 肾门

31. 肾皮质深入到肾锥体间的部分是( )
32. 肾锥体位于( )
33. 和肾锥体直接有管道连通的结构是( )
34. 肾窦和外界相通的结构是( )

(35~38 题共用备选答案)
A. 血管球 B. 肾小囊 C. 近端小管 D. 远端小管 E. 细段

35. 肾小管的起始段( )
36. 连于入球微动脉与出球微动脉之间的是( )
37. 包绕血管球,分脏壁两层( )
38. 连于近端小管与远端小管之间的是( )

(39~42 题共用备选答案)
A. 膀胱底 B. 膀胱体 C. 膀胱颈 D. 膀胱尖 E. 膀胱三角

39. 膀胱内面黏膜光滑无皱襞的是( )
40. 膀胱前上方的结构称( )
41. 输尿管穿过( )
42. 前列腺贴近( )

(43~46 题共用备选答案)
A. 肾素 B. 醛固酮 C. 抗利尿素 D. 信息传递 E. 离子感受器

43. 促使远端小管和集合管保 Na^+ 和排 K^+ 的是( )
44. 球旁细胞分泌( )
45. 促使远端小管和集合管重吸收水的是( )
46. 致密斑是( )

五、多项选择题

1. 泌尿系统的组成包括( )
   A. 肾 B. 肾盂 C. 输尿管 D. 膀胱 E. 尿道
2. 出入肾门的结构包括( )
   A. 输尿管 B. 肾动脉 C. 肾静脉
   D. 肾盂 E. 肾的神经和淋巴管
3. 肾窦内含有( )
   A. 肾盂 B. 肾大盏 C. 肾小盏 D. 肾锥体 E. 肾柱
4. 下列关于肾盂的描述正确的是( )
   A. 由 2~3 个肾小盏汇合而成 B. 向下移行为输尿管 C. 呈扁漏斗状
   D. 位于肾窦内 E. 与肾锥体相连
5. 肾被膜包括( )
   A. 肾表面的腹膜 B. 肾表面的纤维囊 C. 脂肪囊
   D. 脏腹膜 E. 肾筋膜
6. 肾小管中构成髓袢的是( )
   A. 近端小管直部 B. 细段 C. 集合小管
   D. 远曲小管 E. 远端小管直部
7. 下列结构属于滤过膜的是( )
   A. 肾血管球毛细血管有孔内皮 B. 足细胞的次级突起
   C. 肾血管球毛细血管基膜 D. 肾小囊壁层
   E. 裂孔膜
8. 球旁复合体主要包括( )
   A. 血管球 B. 致密斑 C. 肾小体 D. 球旁细胞 E. 肾小囊
9. 肾血循环的特点是( )
   A. 肾动脉粗而长,血流量大 B. 髓质内血管围绕髓袢螺旋形走行
   C. 入球微动脉较出球微动脉粗 D. 一般来说皮质血流量大,约占肾血流量的 90%
   E. 肾小体内血管球滤出原尿进入肾小囊
10. 下列关于输尿管的叙述正确的是( )
    A. 始于肾大盏 B. 终于膀胱
    C. 沿腰大肌前方下行 D. 在小骨盆入口处跨过髂血管
    E. 第三处狭窄位于穿膀胱壁处
11. 下列关于膀胱的描述正确的是( )
    A. 膀胱的顶部被有腹膜
    B. 膀胱的底部有盆膈
    C. 膀胱极度充盈时在耻骨联合上缘行膀胱穿刺可不经腹膜腔
    D. 膀胱的前面贴近耻骨联合
    E. 膀胱的后面贴骶尾骨
12. 膀胱的分部为( )

A. 膀胱底　B. 膀胱体　C. 膀胱颈　D. 膀胱尖　E. 膀胱管

13. 膀胱三角(　　)
A. 位于膀胱体
B. 两侧角为左、右输尿管口
C. 下角续接尿道内口
D. 该三角区黏膜光滑无皱襞
E. 该区是炎症和肿瘤的好发部位

14. 位于男性膀胱底后方的结构(　　)
A. 前列腺　B. 精囊腺　C. 输精管壶腹
D. 直肠　E. 尿道球腺

15. 在女性膀胱底后方的结构(　　)
A. 直肠　B. 子宫底　C. 子宫颈　D. 阴道　E. 输卵管

16. 下列关于女性尿道的描述正确的是(　　)
A. 在耻骨联合和阴道之间下行
B. 较男性尿道短而直
C. 较男性尿道窄
D. 尿道外口开口于阴道前庭
E. 易发生逆行性尿路感染

六、问答题

1. 肾位于何处？肾与第12肋有什么关系？肾有病变时，在何处可有压痛？
2. 写出肾小囊内的尿液经过哪些结构排出体外？
3. 输尿管分哪几个部分？有哪几个狭窄？有何临床意义？
4. 试述膀胱穿刺术为何要在膀胱充盈时进行。
5. 试述男、女性膀胱的毗邻关系。

（李金钟）

第六章 生殖系统

学习要点

男性内、外生殖器的组成。睾丸的位置、一般结构及功能;精子的发生过程。附睾的位置。输精管的行程和分部。射精管的形成和开口部位。精索的概念。男性尿道的特点。前列腺的位置、毗邻;阴茎的结构。女性内、外生殖器的组成。卵巢的位置;卵巢的功能;卵泡发育过程;排卵;黄体形成。输卵管的位置、分部。子宫的形态、分部、位置、固定装置;月经周期。阴道的位置、形态。阴道前庭。乳房的位置及形态结构。会阴的概念、分部。

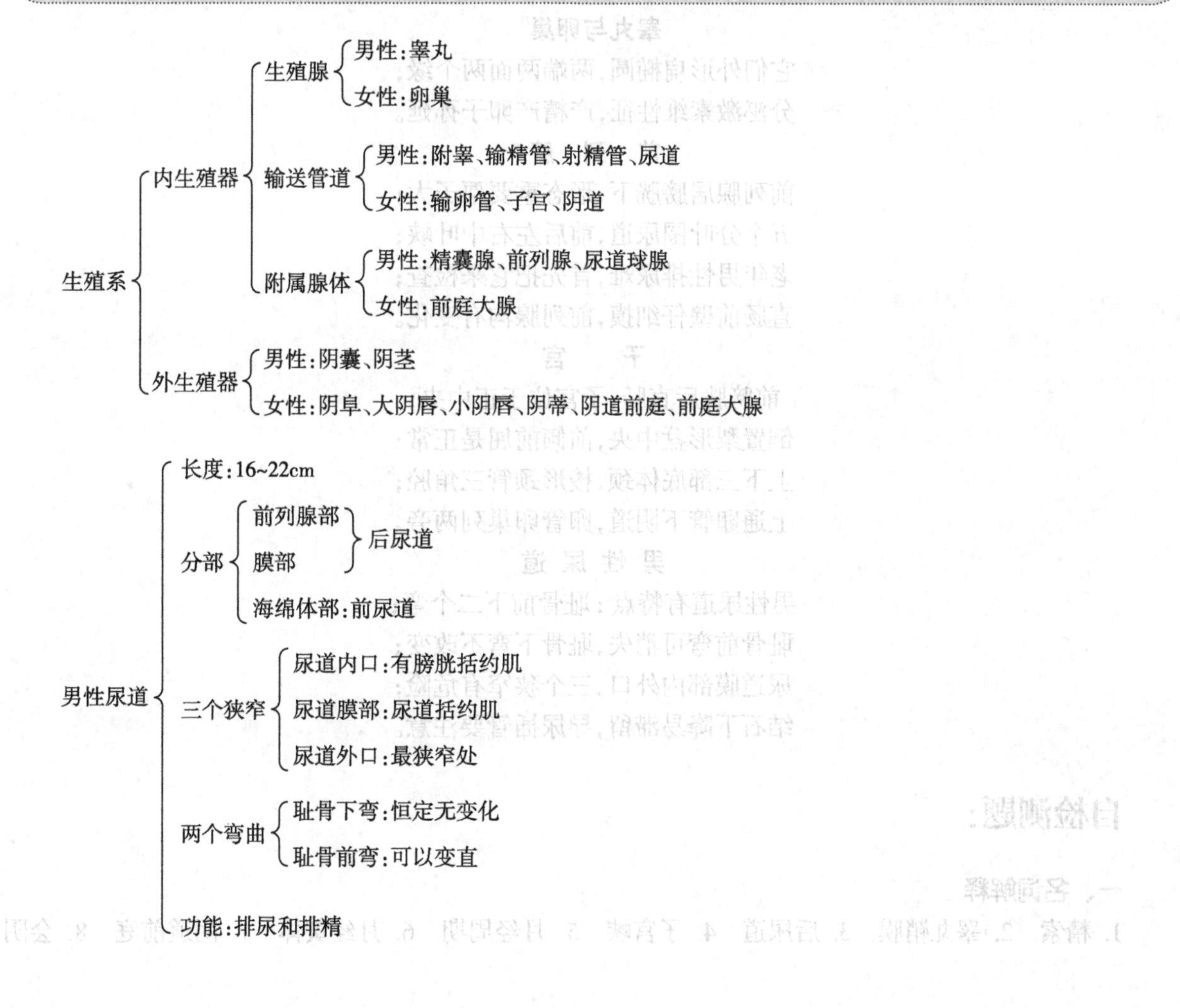

- 子宫
  - 形态：呈前后略扁、倒置的梨形
  - 分部
    - 子宫底
    - 子宫体
    - 子宫颈
      - 子宫颈阴道部
      - 子宫颈阴道上部
  - 子宫内腔
    - 上部：子宫腔，呈倒置的三角形
    - 下部：子宫颈管
      - 上口：通子宫腔
      - 下口：通阴道
  - 位置：位于小骨盆腔中央，前邻膀胱、后邻直肠，呈前倾前屈位
  - 固定装置
    - 盆底肌：承托
    - 韧带
      - 子宫阔韧带：限制侧移
      - 子宫圆韧带：维持前倾
      - 子宫主韧带：阻止下垂
      - 子宫骶韧带：维持前屈
  - 月经周期
    - 增生期：5~14 天
    - 分泌期：15~28 天
    - 月经期：1~4 天

学习口诀：

睾丸与卵巢

它们外形扁椭圆，两端两面两个缘；
分泌激素维性征，产精产卵子孙延。

前 列 腺

前列腺居膀胱下，形态重要栗子大；
五个分叶围尿道，前后左右中叶峡；
老年男性排尿难，首先把它来检查；
直肠前壁仔细摸，前列腺沟有变化。

子 宫

前膀胱后直肠，子宫位于正中央；
倒置梨形盆中央，前倾前屈是正常；
上下三部底体颈，梭形颈管三角腔；
上通卵管下阴道，卵管卵巢列两旁。

男 性 尿 道

男性尿道有特点：耻骨前下二个弯；
耻骨前弯可消失，耻骨下弯不改变；
尿道膜部内外口，三个狭窄有危险；
结石下降易滞留，导尿插管要注意。

自检测题：

一、名词解释

1. 精索 2. 睾丸鞘膜 3. 后尿道 4. 子宫峡 5. 月经周期 6. 月经黄体 7. 阴道前庭 8. 会阴

9. 乳房悬韧带　10. 排卵

二、填空题

1. 男、女性内生殖器都包括________、________和________三部分。

2. 男性的生殖腺是________,生殖管道包括________、________、________和________。附属腺有________、________和________。

3. 射精管是由________和________汇合而成,它穿过________的实质,末端开口于________。

4. 精索是以________上端至腹股沟管________之间的一对柔软的圆索状结构。

5. 男性尿道的三处狭窄是________、________和________,其中________为最狭窄处。

6. 女性的生殖腺是________,生殖管道包括________、________和________。附属腺是________。

7. 子宫位于________正中,在________和________之间,子宫的正常姿势呈________位。

8. 子宫分为________、________和________三部分,子宫颈分为________和________两部分。子宫内腔可分为________和________两部分。

9. 固定子宫的韧带有________、________、________和________,其中维持子宫前倾的是________,防止子宫下垂的是________。

10. 子宫壁由内向外分三层,即________、________和________,在月经周期中脱落出血的是________。

11. 子宫内膜的周期性变化分为________、________和________三期。

12. 输卵管由内侧向外侧依次为________、________、________和________四部。

13. 通常卵受精的部位在________,临床上识别输卵管的标志是________。

14. 阴道穹的后部与直肠子宫陷凹之间仅隔以________和________。

15. 广义会阴包括前方的________三角和后方的________三角。

16. 女性腹膜腔经________、________和________与外界相通。

三、判断题

1. 睾丸间质细胞是一种内分泌细胞,能合成和分泌雄激素。（　　）

2. 男尿道兼具排尿和排精功能。（　　）

3. 精子由睾丸产生后,经输精管输送至精囊腺储存。（　　）

4. 导尿时上提阴茎再插入导尿管,可使耻骨下弯变直,以免损伤尿道。（　　）

5. 卵巢既可产生卵子又能分泌雌、孕激素。（　　）

6. 临床上直肠子宫陷凹内积液或积血时,可经阴道后穹穿刺引流。（　　）

7. 女性输卵管结扎的部位是输卵管壶腹部。（　　）

8. 黄体分泌大量雌激素和少量孕激素。（　　）

9. 子宫位于盆腔内,在膀胱和直肠之间,是产生月经和孕育胎儿的场所。（　　）

10. 子宫内膜的周期性变化一般分为 3 个期,即月经期、增生期和分泌期。（　　）

四、单项选择题

A 型题:

1. 以下属于生殖腺是（　　）

A. 前庭大腺　B. 前列腺　C. 睾丸和卵巢

D. 精囊腺　E. 尿道球腺

2. 男性的生殖腺是（　　）

A. 前列腺　B. 精囊腺　C. 睾丸　D. 尿道球腺　E. 附睾

3. 睾丸位于（　　）

A. 盆腔内　B. 附睾的后外侧　C. 阴囊内

D. 腹股沟管内　　E. 腹腔内

4. 关于睾丸描述正确的是(　　)
   A. 位于阴囊内,属于内生殖器　　B. 前缘游离,后缘附有系膜及附睾
   C. 睾丸表面覆盖有浆膜　　D. 睾丸的间质细胞可分泌雄激素
   E. 以上均对
5. 睾丸鞘膜属于(　　)
   A. 滑膜　　B. 浆膜　　C. 白膜　　D. 基膜　　E. 黏膜
6. 产生精子的部位是
   A. 生精小管　　B. 精囊腺　　C. 输精管　　D. 前列腺　　E. 附睾
7. 分泌雄激素的细胞位于(　　)
   A. 前列腺　　B. 尿道球腺　　C. 生精小管　　D. 睾丸间质　　E. 精囊腺
8. 附睾紧贴在睾丸的(　　)
   A. 内侧面　　B. 后缘　　C. 前缘
   D. 外侧面　　E. 后缘和上端
9. 输精管结扎部位是(　　)
   A. 睾丸部　　B. 精索部　　C. 腹股沟管部
   D. 盆部　　E. 输精管壶腹
10. 关于输精管描述正确的是(　　)
   A. 起于睾丸下端　　B. 全程位于精索内
   C. 末端膨大为输精管壶腹　　D. 开口于前列腺
   E. 全长分三部分
11. 关于精索的描述正确的是(　　)
   A. 起于附睾尾　　B. 穿过腹股沟管　　C. 内有射精管
   D. 上端连于膀胱颈　　E. 下端连于膀胱底
12. 精索内不含有(　　)
   A. 输精管　　B. 蔓状静脉丛　　C. 射精管
   D. 神经和淋巴管　　E. 睾丸动脉
13. 前列腺的位置在(　　)
   A. 直肠的后方　　B. 盆腔的上方　　C. 膀胱颈的下方
   D. 尿道球腺的下方　　E. 尿道膜部的后方
14. 关于前列腺描述正确的是(　　)
   A. 为男性生殖腺　　B. 与膀胱底相邻　　C. 有尿道穿过
   D. 能分泌雄激素　　E. 左、右各一
15. 在男性经直肠可触及(　　)
   A. 精囊腺　　B. 前列腺　　C. 尿道球腺
   D. 输精管末端　　E. 附睾
16. 男性尿道叙述<u>错误</u>的是(　　)
   A. 成人长约 16~22cm　　B. 有 3 处狭窄　　C. 有两个弯曲
   D. 分前、后尿道　　E. 上提阴茎可使耻骨下弯变直
17. 男性尿道最狭窄的部位是(　　)
   A. 尿道内口　　B. 尿道外口　　C. 尿道膜部
   D. 海绵体部　　E. 前列腺部

18. 男性尿道穿经( )
A. 尿道海绵体 B. 精囊腺 C. 阴茎海绵体
D. 尿道球腺 E. 盆膈
19. 尿道的前列腺部是( )
A. 尿道最长的一段 B. 前尿道的一部分 C. 尿道最狭窄的一段
D. 尿道最短的一段 E. 尿道的起始部
20. 卵巢属于( )
A. 外生殖器 B. 生殖腺 C. 生殖管道
D. 附属腺体 E. 外分泌器官
21. 关于输卵管,错误的说法是( )
A. 是一对肌性管道 B. 由外侧向内侧分为4部
C. 壶腹部为卵细胞受精部位 D. 子宫部为输卵管结扎部位
E. 漏斗部周缘有输卵管伞
22. 关于输卵管描述正确的是( )
A. 为粗细一致的肌性管道 B. 内侧端开口于腹膜腔
C. 内侧端为输卵管峡 D. 外侧端与子宫腔相通
E. 壶腹部在漏斗的内侧
23. 关于子宫,错误的说法是( )
A. 位于盆腔的中央
B. 在膀胱与直肠之间
C. 成人子宫为前后稍扁,呈倒置的梨形
D. 呈前倾前屈位
E. 分为底、体、颈和管4部分
24. 子宫峡位于( )
A. 子宫底与子宫体连接处 B. 子宫体与子宫颈连接的狭窄部
C. 子宫颈与阴道连接处 D. 子宫颈阴道上部与阴道部连接处
E. 以上都不是
25. 成人子宫一般常呈( )
A. 前倾前屈位 B. 前倾后屈位 C. 后倾前屈位
D. 后倾后屈位 E. 以上都不是
26. 月经黄体维持的时间约为( )
A. 6个月 B. 14天左右 C. 28天
D. 8个月 E. 4个月
27. 分泌期一般在月经周期的( )
A. 第1~5天 B. 第6~14天 C. 第15~28天
D. 第28~30天 E. 第1~14天
28. 阴道穹最深的部位是( )
A. 右侧部 B. 后部 C. 前部
D. 左侧部 E. 前、后部
29. 开口于阴道前庭前部的结构是( )
A. 尿道外口 B. 阴道口 C. 输尿管
D. 子宫口 E. 输卵管

30. 乳腺手术采用放射状切口是因为(　　)
A. 便于延长切口　B. 可避免切断悬韧带
C. 可减少输乳管损伤　D. 容易找到发病部位
E. 便于愈合

B 型题:

(31~33 题共用备选答案)
A. 前列腺部　B. 膜部　C. 海绵体部
D. 前列腺部和膜部　E. 海绵体部和膜部

31. 男性尿道中,临床上称为前尿道的部分是(　　)
32. 男性尿道中,临床上称为后尿道的部分是(　　)
33. 男性尿道中,穿尿生殖膈的部分是(　　)

(34~36 题共用备选答案)
A. 输卵管子宫部　B. 输卵管峡　C. 输卵管壶腹
D. 输卵管伞　E. 输卵管漏斗

34. 卵细胞受精的部位是(　　)
35. 输卵管结扎的常选部位是(　　)
36. 临床手术时识别输卵管的标志是(　　)

(37~40 题共用备选答案)
A. 子宫阔韧带　B. 子宫圆韧带　C. 子宫主韧带
D. 子宫骶韧带　E. 骶结节韧带

37. 防止子宫向下脱垂的主要结构是(　　)
38. 维持子宫前屈的主要结构是(　　)
39. 维持子宫前倾位的主要结构是(　　)
40. 限制子宫向两侧移动的结构是(　　)

五、多项选择题

1. 关于睾丸,描述正确的是(　　)
A. 是男性的生殖腺　B. 既能产生精子又能分泌雄激素
C. 呈扁椭圆形　D. 位于精索内
E. 大部分被鞘膜覆盖

2. 属于输精管道的是(　　)
A. 精囊腺　B. 附睾　C. 男性尿道　D. 输精管　E. 射精管

3. 男性内生殖器包括(　　)
A. 附睾　B. 精囊腺　C. 前列腺　D. 睾丸　E. 输精管

4. 通过腹股沟管的结构有(　　)
A. 子宫阔韧带　B. 子宫圆韧带　C. 子宫主韧带
D. 子宫骶韧带　E. 精索

5. 男性尿道穿过的结构为(　　)
A. 阴茎海绵体　B. 前列腺　C. 精囊腺
D. 尿道海绵体　E. 尿生殖膈

6. 直接开口于男性尿道的有(　　)
A. 精囊腺　B. 输尿管　C. 射精管
D. 尿道球腺导管　E. 输精管

7. 精索内的结构有(　　　　)
A. 输精管　B. 射精管　C. 蔓状静脉丛
D. 附睾　E. 睾丸动脉
8. 有关子宫的描述,下列哪些正确(　　　　)
A. 为中空的肌性器官　B. 子宫可分为子宫底、子宫体和子宫颈 3 部
C. 为腹膜外位器官　D. 子宫峡为子宫体与子宫颈阴道部相接的部分
E. 子宫腔即为整个子宫的内腔
9. 黄体分泌(　　　　)
A. 雄激素　B. 少量雌激素　C. 孕激素
D. 大量雌激素　E. 催产素
10. 临床上子宫附件是指(　　　　)
A. 卵巢　B. 输卵管　C. 阴道
D. 前庭大腺　E. 女阴
11. 关于乳房,描述正确的是(　　　　)
A. 位于胸大肌深面　B. 内部仅有乳腺构成
C. 输乳管呈放射状排列,开口于乳头　D. 皮肤、乳腺、胸肌筋膜之间连有许多结缔组织小束
E. 乳头和乳晕的皮肤较薄
12. 关于会阴,描述正确的是(　　　　)
A. 属于外生殖器　B. 分前、后两个三角形区域
C. 有广义会阴和狭义会阴之分　D. 临床上产科会阴是指广义的会阴
E. 女性分娩时要注意保护

六、问答题

1. 试述精子的产生部位及其排出途径。
2. 男性尿道分哪几部分？有哪些狭窄和弯曲？
3. 临床为男性患者导尿时,应注意什么？导尿管依次经过哪些结构到达膀胱？
4. 输卵管分哪几部分？受精和结扎的部位各在何处？
5. 固定子宫的韧带有哪些？各有何作用？
6. 卵子排出体外需经哪些结构？

(王　倩)

第七章 脉管系统

学习要点

体循环和肺循环途径。心的位置，心尖的位置，心腔结构，心包的概念。主动脉的分部，主动脉弓的分支，颈外动脉的分支，上肢的动脉主干及其分布，腹主动脉的分支，腹腔干的主要分支，下肢的动脉主干及其分布。上、下腔静脉的组成及主要属支，静脉角的概念，颈内静脉的属支，上、下肢主要浅静脉的起始和注入部位，肝门静脉的组成、属支、收集范围、特点及其与上、下腔静脉间的吻合部位。淋巴管道的组成，胸导管和右淋巴导管的起始、注入部位及收集范围，全身主要淋巴结群分布，脾的位置。

一、体循环和肺循环

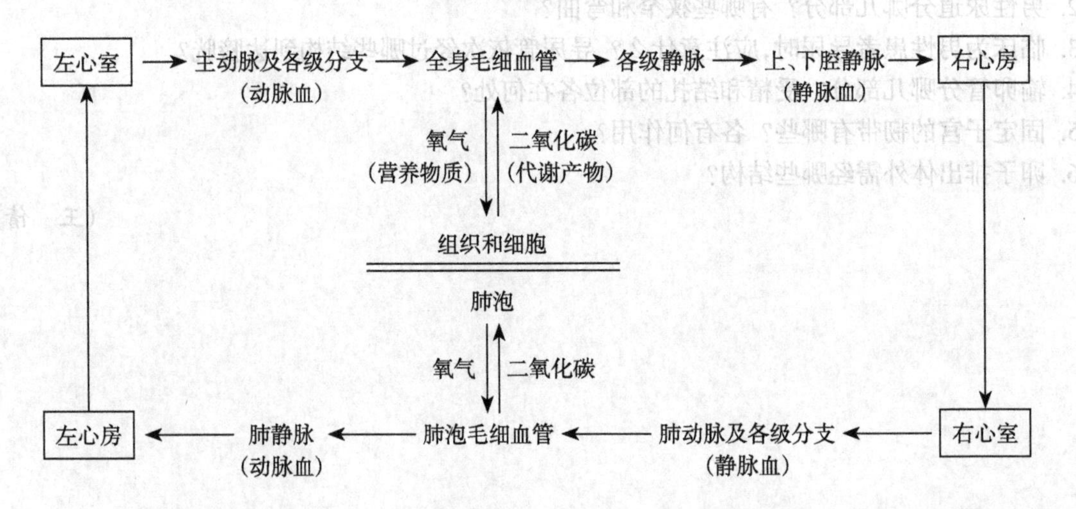

二、心

心
- 位置：胸腔中纵隔内，约 2/3 在正中线左侧，1/3 在正中线右侧
- 形态
  - 一尖（心尖）：朝向左前下方，由左心室构成
  - 一底（心底）：朝向右后上方，主要由左心房构成
  - 两面
    - 胸肋面：主要由右心室构成
    - 膈面：主要由左心室构成
  - 三缘
    - 右缘：主要由右心房构成
    - 左缘：主要由左心室构成
    - 下缘：较锐利，由右心室和心尖构成
  - 三沟
    - 冠状沟：心房与心室的表面分界
    - 前室间沟、后室间沟 → 左、右心室的表面分界
- 各腔形态
  - 右心房
    - 入口：上腔静脉口、下腔静脉口、冠状窦口
    - 出口：右房室口
  - 右心室
    - 入口：右房室口（三尖瓣）
    - 出口：肺动脉口（肺动脉瓣）
  - 左心房
    - 入口：左、右肺静脉口（4 个）
    - 出口：左房室口
  - 左心室
    - 入口：左房室口（二尖瓣）
    - 出口：主动脉口（主动脉瓣）
- 血管
  - 动脉
    - 左冠状动脉
    - 右冠状动脉
  - 静脉
    - 心大静脉、心中静脉、心小静脉 → 冠状窦 → 右心房
- 心包
  - 纤维性心包
  - 浆膜性心包
    - 脏层、壁层 → 心包腔

三、肝门静脉

肝门静脉
- 组成
  - 肠系膜上静脉
  - 脾静脉 ← 肠系膜下静脉
- 收集范围：胃、小肠、大肠、胰、脾、胆囊等
- 属支
  - 肠系膜上静脉
  - 肠系膜下静脉
  - 脾静脉
  - 胃左静脉
  - 附脐静脉

肝门静脉侧支循环
- 门静脉 → 胃左静脉 → 食管静脉丛 → 食管静脉 → 奇静脉 → 上腔静脉
- 门静脉 → 脾静脉 → 肠系膜下静脉 → 直肠上静脉 → 直肠静脉丛 → 直肠下静脉与肛静脉 → 髂内静脉 → 髂总静脉 → 下腔静脉
- 门静脉 → 附脐静脉 → 脐周静脉网
  - ① 胸腹壁静脉 → 腋静脉 → 锁骨下静脉
  - ② 腹壁上静脉 → 胸廓内静脉 → 头臂静脉 → 上腔静脉
  - ③ 腹壁浅静脉 → 大隐静脉 → 股静脉 → 髂外静脉
  - ④ 腹壁下静脉 → 髂外静脉 → 髂总静脉 → 下腔静脉

四、淋巴系统的组成

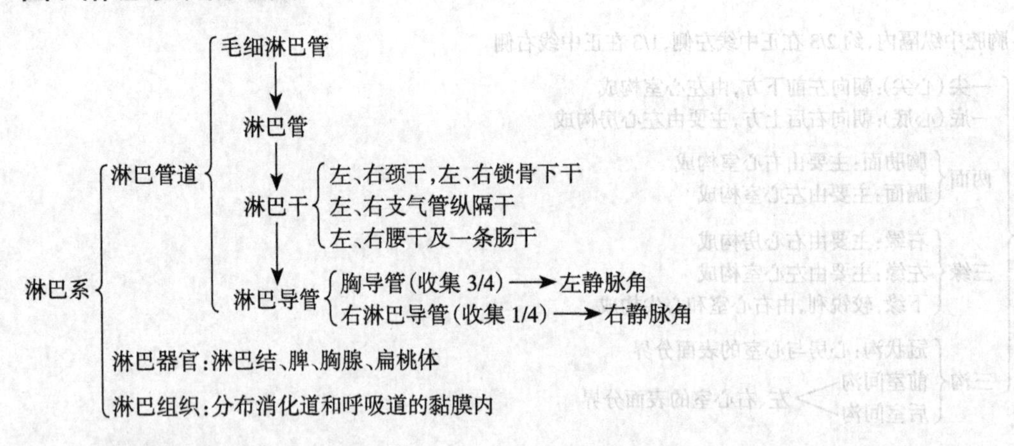

五、淋巴的产生与循环途径

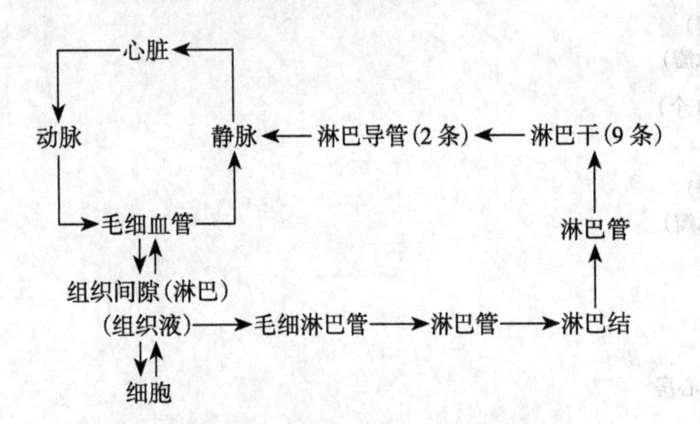

六、人体主要器官的动脉供血及来源

- 视听器
  - 眼：颈内动脉的分支
  - 内耳：椎动脉的分支
- 中枢神经
  - 脑
    - 锁骨下动脉的分支椎动脉
    - 颈总动脉的分支颈内动脉
  - 脊髓
    - 锁骨下动脉的分支椎动脉
    - 胸主动脉的分支肋间后动脉及肋下动脉
    - 腹主动脉的分支腰动脉
- 牙
  - 上颌牙：上颌动脉
    - 上牙槽后动脉
    - 眶下动脉
  - 下颌牙：上颌动脉的分支下颌动脉
- 咽、喉及甲状腺
  - 颈外动脉的分支面动脉：咽
  - 颈外动脉的分支甲状腺上动脉
    - 甲状腺上部
    - 喉、气管
  - 甲状颈干的分支甲状腺下动脉
    - 咽、甲状腺下部
    - 喉、气管
- 气管及主支气管
  - 甲状腺上、下动脉
  - 胸主动脉的分支支气管动脉

- 肺
  - 胸主动脉的分支支气管动脉(营养性动脉)
  - 右心室发出的肺动脉(功能性动脉)
- 心:升主动脉的分支
  - 左冠状动脉
  - 右冠状动脉
- 食管
  - 颈段:甲状腺下动脉
  - 胸段:胸主动脉的分支食管支(数小支)
  - 腹段:腹腔干的分支胃左动脉
- 胃
  - 贲门部:胃左动脉
  - 胃底部:脾动脉的分支胃短动脉
  - 胃体部
    - 胃大弯
      - 胃十二指肠动脉的分支胃网膜右动脉
      - 脾动脉的分支胃网膜左动脉
    - 胃小弯
      - 腹腔干的分支胃左动脉
      - 肝固有动脉的分支胃右动脉
    - 幽门部
      - 胃右动脉
      - 胃网膜右动脉
- 十二指肠
  - 胃十二指肠动脉的分支胰十二指肠上动脉
  - 肠系膜上动脉的分支胰十二指肠下动脉
- 空、回肠:肠系膜上动脉的分支空、回肠动脉
- 大肠
  - 阑尾:回结肠动脉的分支阑尾动脉
  - 盲肠:肠系膜上动脉的分支回结肠动脉
  - 升结肠:肠系膜上动脉的分支右结肠动脉
  - 横结肠:肠系膜上动脉的分支中结肠动脉
  - 降结肠:肠系膜下动脉的分支左结肠动脉
  - 乙状结肠:肠系膜下动脉的分支乙状结肠动脉
  - 直肠
    - 上段:肠系膜下动脉的分支直肠上动脉
    - 下段:阴部内动脉的分支直肠下动脉
- 肝:肝总动脉的分支肝固有动脉
- 胆囊:肝固有动脉右支的分支胆囊动脉
- 胰
  - 胃十二指肠上动脉的分支胰十二指肠上动脉
  - 肠系膜上动脉的分支胰十二指肠下动脉
  - 脾动脉的分支胰支(数条)
- 膀胱
  - 脐动脉(起始部未闭锁)分出膀胱上动脉
  - 髂内动脉的分支膀胱下动脉
- 输卵管与卵巢
  - 腹主动脉的分支卵巢动脉
  - 髂内动脉的分支子宫动脉

学习歌诀:

心腔内瓣膜位置及作用

房室口,二三片,入室不能回房见;
动脉口,三个瓣,开弓没有回头箭。

主动脉起始行程

主动脉,似拐杖,弯弓穿膈入腹腔;
四腰椎下分髂总,全程三段升弓降;

弓上分支头臂干，左颈左锁头颈上；
降部又分胸和腹，分支供应壁和脏；

颈外动脉

甲上舌与面，耳后在枕前；
颌颞两终支，七支要记全。

掌浅弓和掌深弓

尺桡吻合两个弓，各弓组成要记清；
浅弓尺终桡掌浅，深弓尺深连桡终。

四肢浅静脉

桡头尺贵肘正中，采血输液经常用；
危急抢救剖大隐，内踝前方要记清；
大隐入股隐裂孔，属支名称有五个；
腹部旋髂和阴部，还有股内股外侧。

淋巴干

淋巴系统九大干，三三见九极好算；
乳糜池处有三条，左右腰干和肠干；
支纵锁下加颈干，静脉角处两侧同。

伴行毛细血管组织学鉴别

切片之上看血管，动脉特点最明显；
静脉壁薄管腔大，动脉壁厚小而圆。

自检测题：

一、名词解释

1. 动脉 2. 静脉 3. 卵圆窝 4. 动脉韧带 5. 颈动脉窦 6. 静脉角 7. 危险三角 8. 乳糜池

二、填空题

1. 脉管系统包括________和________两部分。
2. 体循环的血液起自________开始，回流到________。
3. 肺循环的血液起自________开始，回流到________。
4. 心位于胸腔的________内，其前方平对胸骨体和________肋软骨，后方平对________胸椎，上方连于进出心的________，下方为________。
5. 心尖位于左侧第________肋间隙，锁骨中线内侧________cm。
6. 右心房的入口有________、________和________，出口是________。
7. 卵圆窝是右心房________中下部的浅窝，为胚胎时期________闭锁的遗迹。
8. 能防止血液从心室流入心房的瓣膜是________和________。
9. 营养心的动脉为________和________。
10. 主动脉根据其行程可分为________、________和________。
11. 主动脉经膈的________入腹腔，至第________腰椎体下缘平面分为________和________。
12. 主动脉弓凸侧从右至左的分支有________、________和________。
13. 右颈总动脉起自________，左颈总动脉起自________。
14. 锁骨下动脉的主要分支有________、________和________。
15. 椎动脉起自________，向上穿过________颈椎的横突孔，经________入颅腔，分支布于脑和脊髓。

16. 腹主动脉不成对的脏支有________、________、________。
17. 腹腔干的分支有________、________和________。
18. 体循环的静脉分为________、________和________。
19. 静脉角是同侧________和________汇合处的夹角。
20. 上腔静脉由________和________汇合而成，在注入________之前有________汇入。
21. 颈部最大的浅静脉是________，它沿________，向后下方斜行汇入________。
22. 上肢浅静脉较恒定的有________、________和________。
23. 贵要静脉起于________，经前臂尺侧上行，沿肱二头肌内侧到达臂中部注入________。
24. 肘正中静脉连于________和________之间。
25. 大隐静脉起自足背静脉弓的________侧，经内踝________，沿小腿、大腿的________上行，在________下方注入________。
26. 小隐静脉起于足背静脉弓的________侧，经________后方沿小腿后面上行至腘窝注入________。
27. 肝门静脉由________和________组成。
28. 血管壁的一般结构中，内膜由________和________组成。
29. 毛细血管管壁主要由________和________组成。
30. 心壁由 3 层组成，分别是________、________和________。
31. 淋巴干共 9 条，它们是两条________；两条________；两条________；两条________和一条________。
32. 人体有两条淋巴导管，即________和________。其中收纳右头颈部、右上肢和右胸部的淋巴回流的是________，它最终注入________。

三、判断题

1. 动脉内均为动脉血。（　）
2. 心脏的左房室口有二尖瓣，右房室口有三尖瓣，主动脉与肺动脉口都有动脉瓣，这些结构的主要功能是防止血液逆流。（　）
3. 心尖的体表投影在右锁骨中线第五肋间处。（　）
4. 心的胸肋面大部分由右心室构成。（　）
5. 在肺动脉干分叉处稍右侧有动脉韧带。（　）
6. 颈动脉小球位于颈内动脉起始处，为压力感受器，可感受血压的变化。（　）
7. 颈内静脉和锁骨下静脉汇合成上腔静脉，其汇合处的夹角叫静脉角。（　）
8. 颈内、外静脉汇合为颈总静脉，汇合处的夹角为静脉角。（　）
9. 大隐静脉起自足背静脉弓的内侧，经内踝后方上行。（　）
10. 肝静脉收集除肝外腹腔内不成对器官的血液回流。（　）
11. 肝门静脉由肠系膜上静脉和脾静脉汇合而成，注入下腔静脉。（　）
12. 肝门静脉系与上、下腔静脉系吻合部位主要有食管静脉丛、直肠静脉丛和腹腔静脉网。（　）
13. 胸导管穿膈主动脉裂孔入胸腔。（　）
14. 脾脏的上缘有 2~3 个脾切迹，是触诊脾的标志。（　）
15. 中动脉中膜较厚，由 10~40 层环形平滑肌构成。（　）

四、单项选择题

A 型题：

1. 关于心腔，描述正确的是（　）

A. 房间隔右侧面的中下部有卵圆窝　　B. 左心房有冠状窦的开口

C. 右房室口的周缘附有二尖瓣　D. 右心房有肺静脉的开口
E. 左、右心耳的内面均有乳头肌

2. 关于右心室的叙述，**错误**的是（　　）
A. 入口为右房室口　B. 出口为肺动脉口
C. 位于右心房的右前下方　D. 右房室口周缘有三尖瓣
E. 室壁比左心室薄

3. 心室舒张时，防止血液逆流的装置是（　　）
A. 二尖瓣　B. 三尖瓣
C. 主动脉瓣和二尖瓣　D. 肺动脉瓣和三尖瓣
E. 主动脉瓣和肺动脉瓣

4. 关于心脏外形，描述**错误**的是（　　）
A. 似前后略扁的倒置圆锥体
B. 心底朝向右后上方，与出入心的大血管相连
C. 心尖朝向左前下方，平对第5肋间隙
D. 冠状沟是左、右心房的表面分界标志
E. 前室间沟是左、右心室的表面分界标志

5. 关于心尖朝向，正确的是（　　）
A. 左方　B. 下方　C. 前方
D. 左下方　E. 左前下方

6. 右心房内有以下哪种结构（　　）
A. 肺动脉口　B. 肺静脉口　C. 冠状窦口
D. 二尖瓣　E. 三尖瓣

7. 卵圆窝位于（　　）
A. 左心房的房间隔下部　B. 右心室的室间隔上部
C. 左心室的室间隔上部　D. 右心房的房间隔中下部
E. 右心房的房间隔上部

8. 位于左房室口周缘的是（　　）
A. 主动脉瓣　B. 三尖瓣　C. 二尖瓣　D. 肺动脉瓣　E. 静脉瓣

9. 主动脉瓣位于（　　）
A. 主动脉口　B. 肺动脉口　C. 左房室口　D. 右房室口　E. 冠状窦口

10. 肺动脉瓣位于（　　）
A. 右房室口　B. 左房室口　C. 主动脉口　D. 肺动脉口　E. 冠状窦口

11. 窦房结位于（　　）
A. 上腔静脉与右心房交界处心外膜下　B. 下腔静脉口附近心内膜下
C. 上腔静脉口附近心内膜下　D. 房间隔心内膜下
E. 下腔静脉口附近心外膜下

12. 心的正常起搏点是（　　）
A. 房室结　B. 结间束　C. 窦房结
D. 房室束　E. 房室结和房室束

13. 冠状窦注入（　　）
A. 左心房　B. 右心房　C. 左心室　D. 右心室　E. 上腔静脉

14. 注入左心房的是（　　）

A. 上腔静脉 B. 下腔静脉 C. 肺静脉 D. 冠状窦 E. 奇静脉

15. 关于心包腔，描述错误的是（ ）
A. 是浆膜腔
B. 是封闭的潜在性间隙
C. 是纤维性心包脏、壁层之间的腔隙
D. 内有少量的浆液，起润滑作用
E. 心包脏、壁两层返折处形成心包窦

16. 关于心壁结构，正确的是（ ）
A. 包括心内膜、心中膜、心外膜和心瓣膜
B. 包括内皮、内皮下层、内弹性膜、心中膜和心外膜
C. 包括心内膜、心肌膜和心外膜
D. 包括内皮、内皮下层、心肌膜和心外膜
E. 包括心内膜、心内膜下层、心肌层和心外膜

17. 血管壁的一般结构可分为（ ）
A. 内皮、中膜和外膜
B. 内膜、中膜和外膜
C. 内弹性膜、中膜和外膜
D. 内皮、内弹性膜和外膜
E. 内膜、中膜和外弹性膜

18. 与相伴行的动脉比较，关于静脉结构下列哪项描述是错误的（ ）
A. 有静脉瓣 B. 管腔较大 C. 管壁较薄
D. 管壁 3 层结构分界清楚 E. 管壁易塌陷

19. 关于动脉韧带正确的是（ ）
A. 位于肺动脉干根部
B. 位于肺动脉干分叉处偏左侧，连于主动脉弓下缘之间
C. 位于右肺动脉起始处
D. 是肺动脉干与主动脉之间的通道
E. 胚胎时期已经形成

20. 主动脉弓自右向左发出的是（ ）
A. 头臂干、右颈总动脉、右锁骨下动脉
B. 右颈总动脉、右锁骨下动脉、头臂干
C. 右锁骨下动脉、右颈总动脉、头臂干
D. 头臂干、左颈总动脉、左锁骨下动脉
E. 左颈总动脉、左锁骨下动脉、头臂干

21. 关于主动脉的描述，下列哪项不正确（ ）
A. 起自左心室
B. 全长可分为 3 部分
C. 在第 4 腰椎下缘平面分为左、右髂总动脉
D. 降主动脉分为胸主动脉和腹主动脉
E. 升主动脉无分支

22. 右颈总动脉起自（ ）
A. 升主动脉 B. 主动脉弓 C. 降主动脉
D. 头臂干 E. 右锁骨下动脉

23. 左颈总动脉起自（ ）
A. 升主动脉 B. 主动脉弓 C. 降主动脉
D. 头臂干 E. 左锁骨下动脉

24. 关于颈外动脉，以下正确的是（ ）
A. 起自头臂干 B. 起自主动脉弓

C. 在颈部没有分支　　D. 在下颌颈高度分为颞浅动脉和上颌动脉
E. 向下发出甲状腺下动脉

25. 颅顶部软组织出血,压迫止血的动脉是(　　)
A. 面动脉　　B. 颞浅动脉　　C. 上颌动脉
D. 锁骨下动脉　　E. 颈内动脉

26. 关于颈内动脉,以下正确的是(　　)
A. 起自头臂干　　B. 起自主动脉弓　　C. 在颈部没有分支
D. 发出甲状腺上动脉　　E. 经枕骨大孔入颅腔

27. 脑膜中动脉起自(　　)
A. 上颌动脉　　B. 颞浅动脉　　C. 面动脉　　D. 椎动脉　　E. 颈内动脉

28. 椎动脉在颈部上行入颅腔前,主要经过以下哪种结构(　　)
A. 枕骨大孔　　B. 横突孔　　C. 卵圆孔　　D. 椎间孔　　E. 以上都不是

29. 对于肱动脉,描述正确的是(　　)
A. 为锁骨下动脉的直接延续
B. 沿肱二头肌外侧沟下行
C. 在肱二头肌外侧可触到其搏动
D. 上肢远侧部出血时,可在肘窝处压迫肱动脉进行止血
E. 在肘窝平桡骨颈处分为桡动脉和尺动脉

30. 临床测量血压常用的血管是(　　)
A. 锁骨下动脉　　B. 腋动脉　　C. 肱动脉
D. 尺动脉　　E. 桡动脉

31. 临床数脉搏和中医切脉常用的血管是(　　)
A. 锁骨下动脉　　B. 腋动脉　　C. 肱动脉
D. 尺动脉　　E. 桡动脉

32. 关于掌浅弓,正确的是(　　)
A. 位于掌腱膜的浅面　　B. 位于掌腱膜的深面
C. 由桡动脉末端与尺动脉掌浅支构成　　D. 发出掌心动脉
E. 弓的远端平对掌骨的近端

33. 由腹腔干直接发出的是(　　)
A. 脾动脉　　B. 胃右动脉　　C. 肠系膜上动脉
D. 肾动脉　　E. 胃网膜左动脉

34. 胆囊动脉起自以下哪条动脉(　　)
A. 脾动脉　　B. 胃左动脉　　C. 胃右动脉
D. 胃网膜右动脉　　E. 肝固有动脉

35. 属于肠系膜下动脉的分支是(　　)
A. 直肠上动脉　　B. 直肠下动脉　　C. 空、回肠动脉
D. 中结肠动脉　　E. 回结肠动脉

36. 肠系膜下动脉营养以下哪个器官(　　)
A. 盲肠　　B. 空肠和回肠　　C. 升结肠
D. 降结肠　　E. 阑尾

37. 关于子宫动脉正确的是(　　)
A. 起自腹主动脉　　B. 起自髂外动脉

C. 分支仅分布于子宫　D. 在子宫外侧越过输尿管前上方
E. 在子宫外侧越过输尿管后上方

38. 卵巢动脉起于(　　)
A. 腹主动脉　B. 髂外动脉　C. 肠系膜上动脉
D. 髂内动脉　E. 肠系膜下动脉

39. 髂外动脉直接延续为(　　)
A. 腘动脉　B. 腹壁下动脉　C. 阴部内动脉
D. 闭孔动脉　E. 股动脉

40. 关于股动脉,正确的是(　　)
A. 是髂总动脉的直接延续　B. 经过股三角
C. 在收肌管内移行为腘动脉　D. 在腹股沟韧带中点的上方,可触及搏动
E. 分出胫前动脉和胫后动脉

41. 常用于压迫止血的动脉**不包括**(　　)
A. 面动脉　B. 颞浅动脉　C. 腋动脉　D. 股动脉　E. 肱动脉

42. 关于静脉,以下说法正确的是(　　)
A. 浅静脉常与动脉伴行　B. 管壁较动脉厚
C. 所有的静脉都有静脉瓣　D. 体循环静脉分深、浅静脉两种
E. 管腔比动脉小

43. 关于上腔静脉,描述正确的是(　　)
A. 由左、右锁骨下静脉汇合而成　B. 由左、右头臂静脉汇合而成
C. 由锁骨下静脉和颈内静脉汇合而成　D. 颈外静脉直接注入上腔静脉
E. 上腔静脉注入左心房

44. 关于颈外静脉,说法正确的是(　　)
A. 是上腔静脉的直接属支　B. 与颈内静脉汇合成颈总静脉
C. 与锁骨下静脉汇合成头臂静脉　D. 是颈部最大的浅静脉
E. 沿胸锁乳头肌深面下行

45. 关于头臂静脉,说法正确的是(　　)
A. 是上肢的浅静脉　B. 注入腋静脉
C. 与锁骨下静脉汇合成上腔静脉　D. 与颈内静脉汇合成上腔静脉
E. 左、右头臂静脉汇合成上腔静脉

46. 静脉角位于(　　)
A. 颈内、外静脉汇合处　B. 左、右头臂静脉汇合处
C. 锁骨下静脉与颈内静脉汇合处　D. 颈外静脉注入锁骨下静脉处
E. 头臂静脉注入上腔静脉处

47. 关于面静脉,说法正确的是(　　)
A. 直接与海绵窦相通　B. 在面部无动脉伴行　C. 注入颈外静脉
D. 注入锁骨下静脉　E. 在口角平面以上常无静脉瓣

48. 关于肘正中静脉,说法正确的是(　　)
A. 为上肢的深静脉　B. 起于手背静脉网桡侧
C. 沿前臂尺侧上行　D. 在肘窝连接头静脉和贵要静脉
E. 注入腋静脉或锁骨下静脉

49. 关于头静脉,**错误**的是(　　)

A. 起自手背静脉网桡侧　　B. 经肱二头肌外侧上行
C. 为上肢的深静脉　　D. 注入腋静脉或锁骨下静脉
E. 收集手和前臂桡侧掌面及背面的静脉血

50. 关于贵要静脉,说法正确的是(　　)
A. 为上肢的深静脉　　B. 起于手背静脉网桡侧
C. 沿肱二头肌外侧沟上行　　D. 注入锁骨下静脉
E. 注入肱静脉

51. 关于奇静脉,说法错误的是(　　)
A. 起于右腰升静脉　　B. 接受半奇静脉的静脉血　　C. 注入下腔静脉
D. 行于胸主动脉的右侧　　E. 连接上、下腔静脉系

52. 关于下腔静脉,说法正确的是(　　)
A. 由髂内、外静脉汇合而成　　B. 收集胸部、盆部和下肢的静脉血
C. 沿腹主动脉左侧上行　　D. 接受肝门静脉注入
E. 穿膈腔静脉孔注入右心房

53. 关于大隐静脉,说法正确的是(　　)
A. 为下肢的深静脉　　B. 起自足背静脉弓的外侧　　C. 经外踝后方上行
D. 无静脉瓣　　E. 注入股静脉

54. 在内踝前方走行恒定的血管是(　　)
A. 大隐静脉　　B. 小隐静脉　　C. 胫前动脉
D. 足背动脉　　E. 腘静脉

55. 关于小隐静脉,说法正确的是(　　)
A. 起自足背静脉弓内侧　　B. 经内踝前方上行　　C. 经外踝前方上行
D. 注入腘静脉　　E. 注入股静脉

56. 有关肝门静脉,说法正确的是(　　)
A. 收集全部腹腔脏器的静脉血　　B. 注入下腔静脉
C. 有静脉瓣　　D. 行于腹主动脉右侧
E. 由肠系膜上静脉与脾静脉汇合而成

57. 不属于肝门静脉的属支是(　　)
A. 肠系膜上静脉　　B. 肠系膜下静脉　　C. 肾静脉
D. 脾静脉　　E. 胃左静脉

58. 肝门静脉高压时,出现呕血是因血液经以下哪个途径造成(　　)
A. 经食管静脉丛流入下腔静脉　　B. 经食管静脉丛流入上腔静脉
C. 经直肠静脉丛流入上腔静脉　　D. 经直肠静脉丛流入下腔静脉
E. 经脐周静脉网流入上、下腔静脉

59. 肝门静脉高压时,出现便血是因血液经以下哪个途径造成(　　)
A. 经食管静脉丛流入上腔静脉　　B. 经食管静脉丛流入下腔静脉
C. 经直肠静脉丛流入上腔静脉　　D. 经直肠静脉丛流入下腔静脉
E. 经脐周静脉网流入上、下腔静脉

60. 属于淋巴导管的是(　　)
A. 支气管纵隔干　　B. 毛细淋巴管　　C. 颈干
D. 锁骨下干　　E. 胸导管

61. 不成对的淋巴干有(　　)

A. 颈干　　B. 锁骨下干　　C. 支气管纵隔干
D. 腰干　　E. 肠干

62. 有关胸导管,描述正确的是(　　)
A. 由左、右腰干合成　　B. 起于乳糜池
C. 经食管裂孔入胸腔　　D. 收集除左侧上半身以外的全身淋巴
E. 注入右静脉角

63. 关于左锁骨上淋巴结,说法正确的是(　　)
A. 属颈外侧浅淋巴结的一部分
B. 其输出管形成锁骨下干
C. 食管癌或胃癌患者的癌细胞可转移到此
D. 沿颈外静脉排列
E. 以上都不对

B 型题:

(64~68 题共用备选答案)
A. 冠状窦口　B. 肺静脉口　C. 三尖瓣　D. 二尖瓣　E. 主动脉前庭

64. 开口于左心房的是(　　)
65. 构成左心室流出道的是(　　)
66. 位于右房室口的是(　　)
67. 开口于右心房的是(　　)
68. 位于左房室口的是(　　)

(69~73 题共用备选答案)
A. 头臂干　B. 颈外动脉　C. 腹主动脉　D. 肝固有动脉　E. 锁骨下动脉

69. 面动脉起自(　　)
70. 胆囊动脉起自(　　)
71. 肾动脉起自(　　)
72. 椎动脉起自(　　)
73. 右颈总动脉起自(　　)

(74~78 题共用备选答案)
A. 上腔静脉　B. 下腔静脉　C. 肝门静脉　D. 股静脉　E. 腋静脉

74. 奇静脉注入(　　)
75. 肝静脉注入(　　)
76. 胆囊静脉注入(　　)
77. 头静脉注入(　　)
78. 大隐静脉注入(　　)

五、多项选择题

1. 关于体循环和肺循环,说法正确的是(　　)
A. 体循环分布到整个身体各部　　B. 动脉内都是动脉血
C. 体循环由左心室开始　　D. 体、肺循环通过左、右房室口相连续
E. 是完全分开的两个独立循环

2. 关于心的位置,正确的是(　　)
A. 位于前纵隔内
B. 位于中纵隔内

C. 约 2/3 在正中线左侧,1/3 在正中线右侧
D. 约 1/3 在正中线左侧,2/3 在正中线右侧
E. 约 1/2 在正中线左侧

3. 对于心尖,描述正确的是( )
A. 朝向左前下方 B. 平对左侧第 5 肋间隙 C. 由左心室构成
D. 由右心室构成 E. 由左心耳构成

4. 开口于右心房的是( )
A. 上腔静脉口 B. 主动脉口 C. 下腔静脉口 D. 肺动脉口 E. 冠状窦口

5. 心室收缩时( )
A. 二尖瓣关闭 B. 主动脉瓣开放 C. 三尖瓣关闭
D. 三尖瓣开放 E. 肺动脉瓣开放

6. 心的传导系统包括( )
A. 房室结 B. 冠状窦 C. 窦房结 D. 房室束 E. 浦肯野纤维

7. 对左冠状动脉,描述正确的是( )
A. 起自升主动脉 B. 经左心耳与肺动脉干之间左行
C. 分为前室间支和旋支 D. 只分布于左心室和左心房
E. 有分支到室间隔前上 2/3 部

8. 关于心包,正确的是( )
A. 内层为浆膜性心包 B. 外层为纤维性心包
C. 浆膜性心包壁层又称心外膜 D. 浆膜性心包脏层又称心外膜
E. 浆膜性心包脏、壁层之间为心包腔

9. 对颈总动脉,描述正确的是( )
A. 左侧起于主动脉弓 B. 右侧起于头臂干
C. 分为颈内动脉和颈外动脉 D. 沿气管、喉和食管的外侧上行
E. 活体在颈部摸不到其搏动

10. 以下对肱动脉,描述正确的是( )
A. 为腋动脉的直接延续 B. 沿肱二头肌外侧沟下行
C. 在肱二头肌外侧可触到其搏动 D. 可在臂中部肱二头肌内侧压迫进行止血
E. 在前臂分为桡动脉和尺动脉

11. 由腹腔干直接发出以下哪些分支( )
A. 肝总动脉 B. 脾动脉 C. 胃左动脉 D. 胃右动脉 E. 肾动脉

12. 关于股动脉,说法正确的是( )
A. 是髂外动脉的直接延续
B. 经过股三角
C. 在腘窝移行为腘动脉
D. 在腹股沟韧带中点的稍下方,可触及其搏动
E. 分胫前动脉和胫后动脉

13. 关于浅静脉和深静脉,说法正确的是( )
A. 浅静脉常位于皮下组织内 B. 浅静脉不与动脉伴行
C. 深静脉常作为静脉注射的部位 D. 深静脉大多数与动脉伴行
E. 深、浅静脉之间有丰富的吻合

14. 关于静脉瓣,说法正确的是( )

A. 由静脉壁的内膜折叠形成　B. 以头颈部静脉为多　C. 以下肢静脉为多
D. 瓣膜顺血流方向开放　E. 是防止血液逆流的重要装置

15. 关于上腔静脉，正确的是（　　）
A. 由右侧颈内静脉和锁骨下静脉汇合而成
B. 奇静脉直接注入上腔静脉
C. 有静脉瓣
D. 在升主动脉左侧下行
E. 注入右心房

16. 上肢的浅静脉有（　　）
A. 桡静脉　B. 贵要静脉　C. 头静脉　D. 尺静脉　E. 肱静脉

17. 对于头静脉，描述正确的是（　　）
A. 为上肢的浅静脉　B. 起于手背静脉网桡侧　C. 行于前臂桡侧
D. 沿肱二头肌外侧沟上行　E. 注入腋静脉

18. 对于下腔静脉，描述正确的是（　　）
A. 由左、右髂总静脉汇合而成　B. 沿腹主动脉左侧上行
C. 收集下肢、盆部及腹部的静脉血　D. 经膈的腔静脉孔入胸腔
E. 注入右心房

19. 对于肝门静脉，描述正确的是（　　）
A. 收集全部腹腔脏器的静脉血　B. 由肠系膜上静脉和脾静脉合成　C. 注入肝静脉
D. 无静脉瓣　E. 与上、下腔静脉间有吻合

20. 肝门静脉的属支有（　　）
A. 肠系膜上静脉　B. 肠系膜下静脉　C. 胃左静脉
D. 胆囊静脉　E. 脾静脉

21. 肝门静脉与上、下腔静脉的主要吻合部位有（　　）
A. 食管静脉丛　B. 直肠静脉丛　C. 椎静脉丛
D. 脐周静脉网　E. 膀胱静脉丛

22. 大隐静脉的属支有（　　）
A. 股内侧浅静脉　B. 股外侧浅静脉　C. 腹壁浅静脉
D. 旋髂浅静脉　E. 阴部外静脉

23. 对胸导管，说法正确的是（　　）
A. 由左、右腰干合成　B. 起于乳糜池
C. 经主动脉裂孔进入胸腔　D. 收集除右侧上半身以外的淋巴
E. 注入左静脉角

24. 关于淋巴结，说法正确的是（　　）
A. 是淋巴器官
B. 多聚集、成群分布于人体的较隐蔽处
C. 在四肢多位于关节的屈侧及窝内
D. 在内脏多位于器官门附近或大血管分支的周围
E. 有滤过淋巴、产生淋巴细胞及参与机体的免疫应答的作用

25. 对脾描述正确的是（　　）
A. 位于左季肋区
B. 正常情况下在左侧肋弓下不能触及

C. 下缘常有 2~3 个脾切迹

D. 脏面近中央处为脾门

E. 能产生淋巴细胞，过滤血液及参与免疫应答

六、问答题

1. 写出体循环和肺循环的途径及作用。

2. 试述心的位置和外形。

3. 说出心腔内有哪些瓣膜？它们各位于何处及作用如何？

4. 说出全身哪些动脉在体表可扪及搏动及其压迫止血的位置。

5. 冠状动脉造影时，从右侧桡动脉插入导管，需经过哪些结构到达左冠状动脉？（可用箭头表示方向）

6. 简述上腔静脉和下腔静脉的组成及收纳范围。

7. 简述上肢和下肢浅静脉的主干有哪些？各注入何处？

8. 从头静脉给药治疗阑尾炎，药物如何到达阑尾？（可用箭头表示方向）

9. 试述肝门静脉的组成、特点及属支。肝门静脉高压血流受阻时，为何会出现呕血或便血？写出其侧支循环途径。

10. 胸导管收集哪几条淋巴干的淋巴及收集引流范围？

（夏 青）

第八章 感觉器

学习要点

眼球壁的层次、各层形态结构及功能。眼球内容物的位置、各部的形态和功能。房水循环。结膜的分部和形态。前庭蜗器的分部、各部的位置和形态结构。鼓膜的位置、形态和分部。鼓室的构造及各壁的毗邻。骨迷路和膜迷路的各部形态和功能。表皮和真皮的组成;表皮各层细胞的结构特点。皮肤附属器的结构与功能。

一、视器

- 视器
  - 眼球
    - 眼球壁
      - 外膜
        - 角膜(前 1/6):无色透明
        - 巩膜(后 5/6):乳白色,坚韧
      - 中膜
        - 虹膜
          - 瞳孔
          - 瞳孔开大肌:交感神经支配
          - 瞳孔括约肌 } 副交感神经支配
        - 睫状体:睫状肌 } 副交感神经支配
        - 脉络膜
      - 内膜:视网膜
        - 盲部
          - 虹膜部 } 无感光作用
          - 睫状体部 } 无感光作用
        - 视部:有感光作用
    - 眼球内容物:房水、晶状体、玻璃体、(角膜)——屈光系统
  - 眼副器
    - 睑
      - 上睑
      - 下睑
    - 结膜
      - 睑结膜
      - 球结膜
      - 结膜囊
    - 泪器
      - 泪腺:分泌泪液
      - 泪小管:上、下泪小管
      - 泪囊
      - 鼻泪管:开口于下鼻道
    - 眼球外肌
      - 提上睑肌 } 动眼神经支配
      - 上直肌(上内) } 动眼神经支配
      - 下直肌(下内) } 动眼神经支配
      - 内直肌(内侧) } 动眼神经支配
      - 下斜肌(上外) } 动眼神经支配
      - 上斜肌(下外):滑车神经支配
      - 外直肌(外侧):展神经支配

二、前庭蜗器

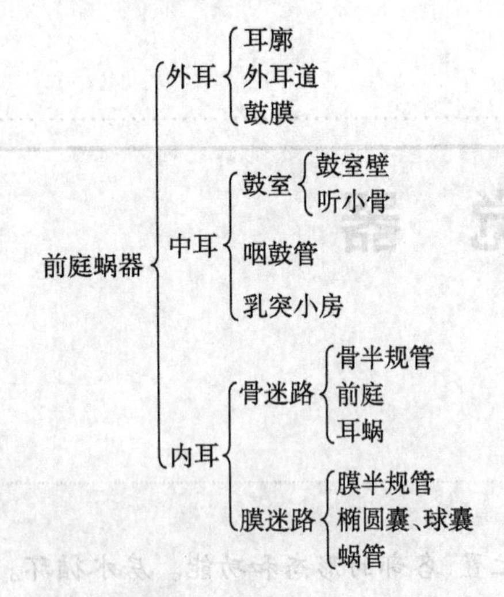

三、皮肤

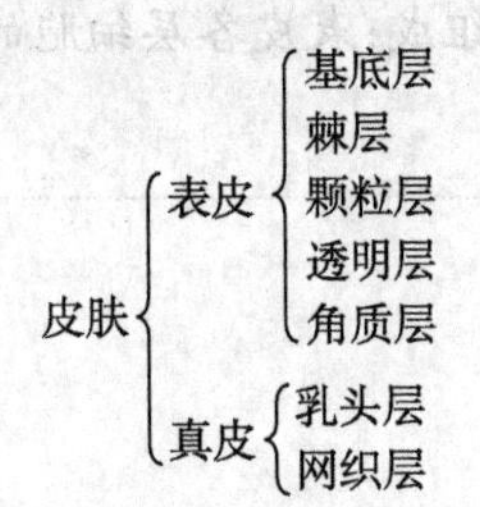

皮肤附属器
- 毛
- 皮脂腺
- 汗腺
- 指(趾)甲

学习口诀:

眼 球 壁

球壁三层内中外,角膜透明巩膜白;
中膜棕黑富血管,名称又分虹睫脉;
内膜又叫视网膜,组织结构层次多;
锥杆双极节细胞,视锥强光视杆弱。

房 水

房水来自睫状体,后房瞳孔前房流;
前房角入静脉窦,稳压折光养眼球。

屈 光 系 统

屈光系统有四个,角膜房水晶状玻;
视远晶薄小带紧,看近晶厚睫肌缩。

眼 底

颜色橘红真鲜艳,乳头中凹像圆盘;
血管由此分支走,动静比例二比三;
乳头缺乏视细胞,正常生理是盲点;
乳头颞侧三点五,视觉灵敏在黄斑。

鼓 室

中耳鼓室六个壁,名称结构要牢记;

前后上下外内侧，按照顺序记仔细；
咽管孔窦鼓室盖，骨板鼓膜内侧迷；
中耳炎症互蔓延，即早治疗莫大意。

内 耳

内耳迷路藏颞岩，耳蜗前庭半规管；
听觉耳蜗螺旋器，前庭直线半规旋。

自检测题：

一、名词解释

1. 感觉器 2. 巩膜静脉窦 3. 视神经盘 4. 黄斑 5. 咽鼓管 6. Corti 器 7. 黑素细胞 8. 毛球 9. 毛乳头 10. 甲沟

二、填空题

1. 具有感受强光和辨色能力的视细胞是________。
2. 虹膜上有两种平滑肌分别是________和________。
3. 房水由________产生，自________经________达________。
4. 眼的折光装置从前向后依次为________、________、________和________。
5. 结膜主要分为________和________两部分。
6. 听小骨有三块，分别为________、________和________。
7. 骨迷路由后外向前内依次为________、________和________。
8. 幼儿咽鼓管较________，走行较________，故咽部感染易经________侵入________。
9. 内耳又称________，可分为________和________两部分。
10. 内耳中感受旋转变速运动的感觉器是________；感受直线变速运动和静止位置觉的感受器是________和________。
11. 皮肤是人体最大的器官，由________和________组成。
12. 厚表皮从基底面到表面分为________、________、________、________和________五层。
13. 透明角质颗粒位于________，角蛋白主要位于________。
14. 真皮分为________和________两层。
15. ________是甲体的生长区。
16. ________对毛的生长起诱导和营养作用。

三、判断题

1. 角膜无色透明、无血管，但富有感觉神经末梢。 ( )
2. 瞳孔开大肌舒张时，使瞳孔变小。 ( )
3. 视网膜上的视神经乳头是感光和辨色最敏锐的部位。 ( )
4. 泪道包括泪腺、泪小管、泪囊和鼻泪管。 ( )
5. 由于外耳道弯曲，检查鼓膜时成人须将耳廓向后上方牵拉，才能把外耳道伸直看到鼓膜。 ( )
6. 位置觉感受器有椭圆囊斑、球囊斑和螺旋器。 ( )
7. 表皮由角质形成细胞与非角质形成细胞构成。 ( )
8. 黑素体由高尔基复合体生成，内含酪氨酸酶。 ( )
9. 乳头层有粗大的胶原纤维密集成束，弹性纤维夹杂其间。 ( )
10. 网织层可见环层小体。 ( )

11. 毛包括毛干、毛根和立毛肌3部分。 （ ）

四、单项选择题

A型题：

1. 属于眼球中膜的结构是（ ）
   A. 角膜 B. 巩膜 C. 视网膜 D. 虹膜 E. 结膜
2. 属于眼球纤维膜的结构是（ ）
   A. 虹膜 B. 脉络膜 C. 巩膜 D. 视网膜 E. 睫状体
3. 内耳的听觉感受器是（ ）
   A. 壶腹嵴 B. 球囊斑 C. 螺旋器 D. 椭圆囊斑 E. 骨壶腹
4. 感光、辨色最敏锐的部位是（ ）
   A. 视神经盘 B. 盲点 C. 虹膜
   D. 黄斑的中央凹 E. 黄斑
5. 角膜内含有丰富的（ ）
   A. 血管 B. 色素细胞 C. 感觉神经末梢
   D. 淋巴管 E. 运动神经末梢
6. 巩膜与角膜交界处深面的环行小管是（ ）
   A. 眼静脉 B. 虹膜角膜角 C. 巩膜静脉窦
   D. 瞳孔 E. 内眦动脉
7. 维持眼压的眼球内容物是（ ）
   A. 泪液 B. 晶状体 C. 房水 D. 玻璃体 E. 眼静脉
8. 产生房水的主要结构是（ ）
   A. 角膜 B. 虹膜 C. 泪腺 D. 睫状体 E. 脉络膜
9. 下列何肌收缩使瞳孔转向外上（ ）
   A. 外直肌 B. 内直肌 C. 上斜肌 D. 下斜肌 E. 上睑提肌
10. 鼻泪管开口于（ ）
    A. 下鼻道 B. 上鼻道 C. 中鼻道 D. 上鼻甲 E. 中鼻甲
11. 下列关于鼓室描述正确的是（ ）
    A. 顶部借鼓室盖与颅中窝分隔 B. 下壁为颈动脉管的上壁 C. 前壁为颈静脉壁
    D. 鼓室空气不与外界相通 E. 镫骨底借韧带连于蜗窗
12. 沟通眼球前房和后房的结构是（ ）
    A. 泪点 B. 虹膜角膜角 C. 巩膜静脉窦 D. 瞳孔 E. 眼静脉
13. 充填在晶状体和视网膜之间的结构是（ ）
    A. 睫状体 B. 房水 C. 玻璃体
    D. 疏松结缔组织 E. 脉络膜
14. 与鼓室相通的管道是（ ）
    A. 外耳道 B. 咽鼓管 C. 蜗管 D. 骨半规管 E. 鼻泪管
15. 泪小管起始于（ ）
    A. 泪腺 B. 泪点 C. 泪囊 D. 鼻泪管 E. 巩膜静脉窦
16. 鼓室是下列哪块骨内的小腔（ ）
    A. 上颌骨 B. 蝶骨 C. 颧骨 D. 颞骨 E. 筛骨
17. 外耳道的外侧1/3部为（ ）
    A. 膜性部 B. 肌性部 C. 软骨部 D. 骨部 E. 皮肤部

18. 内耳螺旋器位于(　　)
A. 前庭阶　B. 鼓阶　C. 骨螺旋板　D. 基底膜　E. 蜗底

19. 下列不属于骨骼肌的是(　　)
A. 瞳孔括约肌　B. 上睑提肌　C. 内直肌　D. 外直肌　E. 上斜肌

20. 上斜肌使瞳孔转向(　　)
A. 下外方　B. 上外方　C. 上内方　D. 下内方　E. 以上都不是

21. 关于皮肤的结构,错误的是(　　)
A. 皮肤由表皮和真皮组成
B. 真皮乳头层借基膜与表皮相连
C. 有毛、皮脂腺、乳腺和汗腺等附属器
D. 真皮浅层为乳头层,深层为网织层
E. 网织层内有较大的血管、淋巴管和神经等,可见环层小体

22. 厚表皮中角质形成细胞的分层不包括(　　)
A. 角化层　B. 透明层　C. 颗粒层　D. 乳头层　E. 基底层

23. 表皮中具有较强的分裂增殖能力的细胞位于(　　)
A. 网织层　B. 棘层　C. 颗粒层　D. 基底层　E. 乳头层

24. 角质细胞的结构特点是(　　)
A. 充满角蛋白,核固缩,无细胞器　B. 充满角蛋白,核固缩,细胞器少
C. 充满角蛋白,无核,无细胞器　D. 充满角蛋白丝,无核,无细胞器
E. 充满角蛋白丝,无核,细胞器少

25. 有关黑素细胞,哪项描述错误(　　)
A. 有多个突起　B. 内含酪氨酸酶
C. 胞质内的黑素体转化黑素颗粒　D. 黑素体由高尔基复合体生成
E. 胞体大多位于棘层内

26. 白化病的主要病因是(　　)
A. 酪氨酸缺乏　B. 黑素体极少　C. 黑素颗粒少
D. 酪氨酸酶缺乏　E. 黑素吸收过多

27. 触觉小体位于(　　)
A. 表皮　B. 真皮乳头层　C. 真皮网织层　D. 皮下组织　E. 基底层

28. 毛的生长点是(　　)
A. 毛干　B. 毛根　C. 毛囊　D. 毛球　E. 毛母质

29. 关于毛乳头的描述,哪项错误(　　)
A. 毛球底面向内凹陷而成　B. 是结缔组织
C. 富有血管和神经　D. 含黑素细胞
E. 对毛的生长起诱导和营养作用

30. 下列哪项不属于皮肤的附属器(　　)
A. 毛　B. 皮下组织　C. 皮脂腺　D. 汗腺　E. 指(趾)甲

B 型题:

(31~33 题共用备选答案)
A. 脉络膜　B. 中央凹　C. 巩膜　D. 视神经盘　E. 神经节细胞

31. 视网膜上的盲点是(　　)

32. 视网膜上感光最敏锐的部分是(　　)

33. 眼球纤维膜包括（　　）

（34~36 题共用备选答案）

A. 视锥细胞　B. 房水　C. 视杆细胞　D. 睫状体　E. 巩膜

34. 感受光和分辨颜色的是（　　）

35. 具有屈光作用的是（　　）

36. 可以调节晶状体曲度的是（　　）

（37~39 题共用备选答案）

A. 球结膜　B. 泪小管　C. 鼻泪管　D. 上斜肌　E. 下斜肌

37. 使眼球转向上外方的是（　　）

38. 开口于下鼻道前部的是（　　）

39. 覆盖在巩膜前面的是（　　）

（40~42 题共用备选答案）

A. 前庭蜗器　B. 耳屏　C. 耳垂　D. 鼓膜　E. 听小骨

40. 位于外耳道与鼓室之间的是（　　）

41. 位觉和听觉感受器位于（　　）

42. 临床采血常选用的部位是（　　）

（43~45 题共用备选答案）

A. 蜗管　B. 咽鼓管　C. 蜗窗　D. 前庭窗　E. 蜗孔

43. 保持鼓膜内、外气压平衡的是（　　）

44. 被第二鼓膜封闭的是（　　）

45. 连通前庭阶和鼓阶的结构是（　　）

（46~50 题共用备选答案）

A. 棘层　B. 颗粒层　C. 乳头层　D. 网织层　E. 黑素细胞

46. 透明角质颗粒位于（　　）

47. 环层小体位于（　　）

48. 触觉小体位于（　　）

49. 朗格汉斯细胞位于（　　）

50. 酪氨酸酶位于（　　）

五、多项选择题

1. 眼的折光装置包括（　　）

A. 瞳孔　B. 角膜　C. 房水　D. 晶状体　E. 玻璃体

2. 中耳包括（　　）

A. 咽鼓管　B. 鼓膜　C. 乳突小房　D. 耳蜗　E. 鼓室

3. 关于角膜的描述正确的是（　　）

A. 含有丰富的感觉神经末梢　B. 无色透明　C. 参与折光作用
D. 边缘有巩膜静脉窦　E. 与巩膜相接

4. 位觉感受器包括（　　）

A. 螺旋器　B. 球囊斑　C. 壶腹嵴　D. 椭圆囊斑　E. 前庭膜

5. 眼球外肌包括（　　）

A. 眼轮匝肌　B. 睫状肌　C. 上直肌　D. 上睑提肌　E. 外直肌

6. 有关鼓室各壁的描述正确的是（　　）

A. 外侧壁有鼓膜　B. 上壁是鼓室盖　C. 后壁通向乳突窦

D. 下壁邻近颈内静脉起始部　　E. 内侧壁上有前庭窗和蜗窗

7. 下列哪些属于皮肤的功能(　　)

A. 感受刺激　B. 调节体温　C. 吸收紫外线　D. 分泌褪黑素　E. 防御保护

8. 关于表皮,描述正确的是(　　)

A. 为复层扁平上皮

B. 含有丰富的毛细血管

C. 角质层是重要的保护层

D. 有丰富的游离神经末梢

E. 基底层细胞的细胞质中常含有黑色颗粒

9. 关于角质细胞,描述正确的是(　　)

A. 细胞呈扁平形　　B. 细胞内有黑素颗粒　　C. 无核,无细胞器

D. 细胞内含角蛋白　　E. 是干、硬的死细胞

10. 下列属于皮肤附属器的是(　　)

A. 指(趾)甲　B. 汗腺　C. 皮脂腺　D. 环层小体　E. 毛

六、问答题

1. 试述光线经过哪些眼球结构投射到视网膜上?
2. 试述房水的产生部位及循环途径。
3. 画简图说明眼球的解剖结构。
4. 眼外肌有哪些?各自的作用如何?
5. 叙述鼓室的各壁及其毗邻关系。
6. 简述声波的主要传导途径。
7. 简述厚表皮的分层及结构特点。
8. 回答表皮的非角质形成细胞有几种?各有何功能?
9. 比较皮内注射与皮下注射的区别。

(葛宝健　付淑芬)

第九章 神经系统

学习要点

神经系统的组成和分部，神经系统常用术语。脊髓的位置、内部结构。脑干的位置和组成，外形及内部结构，连脑神经根的位置。小脑的位置，外形及功能。间脑的组成，背侧丘脑的位置、分部及作用，下丘脑的位置、组成及功能。大脑半球的分叶、重要的沟和回，端脑内部结构。脑和脊髓的三层被膜及特点、脑脊液的产生和循环途径。脊神经各丛的组成、位置、主要分支和作用。胸神经的分布，脑神经的性质、主要分支和作用。内脏神经低级中枢。深、浅感觉传导路，运动传导路。

一、脊髓

- 脊髓
  - 位置:椎管内
    - 上端:平枕骨大孔平面
    - 下端
      - 成人:平第 1 腰椎下缘
      - 新生儿:平第 3 腰椎下缘
  - 外形
    - 前后略扁的圆柱形,长约 45cm
    - 两个膨大
      - 颈膨大:连上肢神经
      - 腰骶膨大:连下肢神经
      - 终丝:由软脊膜组成,连于脊髓圆锥与尾骨间
    - 六条沟
      - 前正中裂:较深
      - 后正中沟:较浅
      - 左、右前外侧沟:连脊神经前根
      - 左、右后外侧沟:连脊神经后根
    - 31 个脊髓节
      - 颈节:8 个,连 8 对颈神经根
      - 胸节:12 个,连 12 对胸神经根
      - 腰节:5 个,连 5 对腰神经根
      - 骶节:5 个,连 5 对骶神经根
      - 尾节:1 个,连 1 对尾神经根

- 脊髓内部结构
  - 灰质
    - 前角(前柱):含运动神经元
    - 后角(后柱):含联络神经元
    - 侧角(侧柱)位于 T_1~L_3 节
  - 中央管:位于灰质中央的小管,上接第四脑室
  - 白质
    - 固有束:紧贴灰质周围,为脊髓节间联络纤维
    - 上行束
      - 薄束、楔束:传导深感觉及精细触觉
      - 脊髓丘脑侧束:传导痛、温觉
      - 脊髓丘脑前束:传导压、粗触觉
    - 下行束:皮质脊髓侧束、前束:支配骨骼肌随意运动
- 下行束还有
  - 红核脊髓束
  - 前庭脊髓束
  - 网状脊髓束
  - (以上)与骨骼肌张力的调节有关

- 脊髓功能
  - 传导功能
  - 低级反射中枢

二、脑干

- 脑干
  - 外形
    - 中脑
      - 腹侧面
        - 大脑脚:深面有锥体束
        - 脚间窝:内有动眼神经根
      - 背侧面
        - 上丘:与视觉反射有关
        - 下丘:与听觉反射有关,下方有滑车神经根
    - 脑桥
      - 腹侧面
        - 基底部:连有三叉神经根
        - 延髓脑桥沟:由内向外沟内有
          - 展神经根
          - 面神经根
          - 前庭蜗神经根
      - 背侧面:构成菱形窝上半部
    - 延髓
      - 腹侧面
        - 前正中裂:裂内有锥体交叉
        - 锥体:深部为锥体束
        - 前外侧沟:内有舌下神经根
        - 后外侧沟:内有舌咽、迷走、副神经根
      - 背侧面
        - 后正中沟:上方展开,构成菱形窝下半部
        - 薄束结节:内有薄束核
        - 楔束结节:内有楔束核
  - 内部结构
    - 灰质
      - 脑神经核(18 对)
        - 躯体运动
          - 动眼神经核、滑车神经核、展神经核
          - 面神经核、三叉神经运动核、疑核
          - 舌下神经核、副神经核
        - 内脏运动核
          - 动眼神经副核
          - 上泌涎核、下泌涎核
          - 迷走神经背核
        - 内脏感觉核:孤束核
        - 躯体感觉核
          - 三叉神经感觉核群(3 对)
          - 前庭神经核、蜗神经核
      - 非脑神经核
        - 红核、黑质
        - 薄束核、楔束核
    - 白质
      - 脊髓丘系(上行)
      - 内侧丘系(上行)
      - 锥体系(下行)
    - 网状结构

三、间脑

- 间脑
  - 位置：中脑上方，左右大脑半球之间
  - 分部
    - 背侧丘脑（丘脑）
      - 前核群：与内脏活动有关
      - 内侧核群：与其他核团有联系
      - 外侧核群
        - 腹后内侧核——接受三叉丘系纤维
        - 腹后外侧核——接受内侧丘系及脊髓丘系纤维
    - 下丘脑
      - 包括：视交叉、灰结节、漏斗、垂体、乳头体
      - 内部核群
        - 视上核：分泌抗利尿激素
        - 室旁核：分泌催产素
    - 后丘脑
      - 内侧膝状体：与听觉传导有关
      - 外侧膝状体：与视觉传导有关

四、大脑

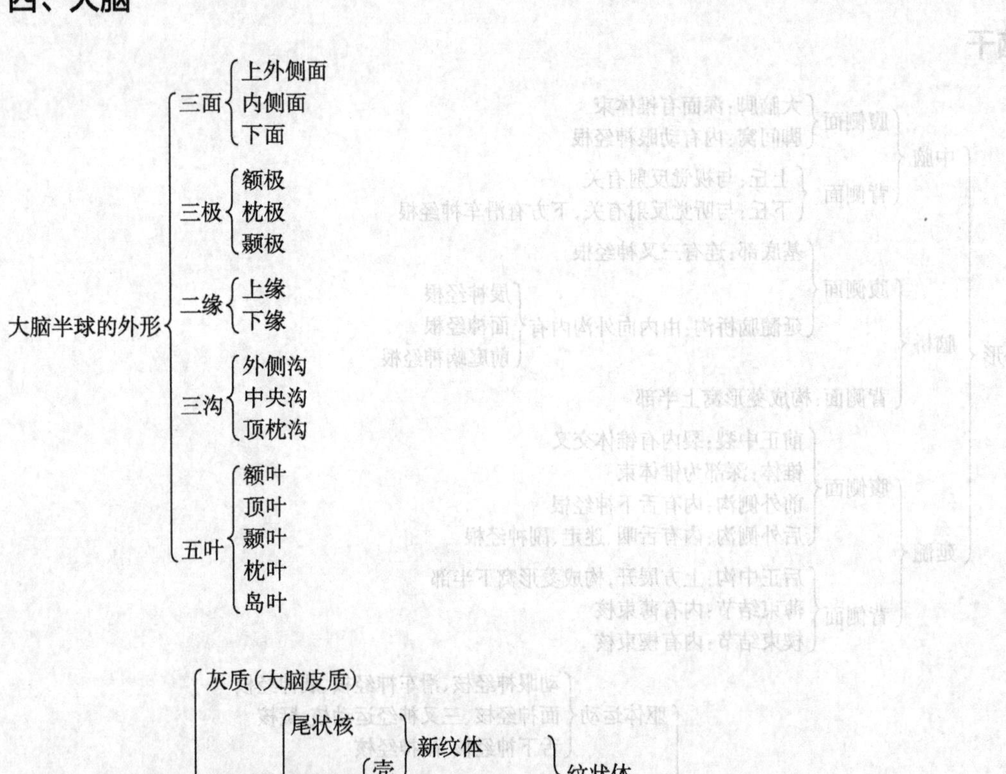

- 大脑半球内部结构
  - 灰质（大脑皮质）
  - 基底核
    - 尾状核
    - 豆状核
      - 壳
      - 苍白球 - 旧纹状体
    - 杏仁体
    - （尾状核、壳）新纹状体；（新纹状体、苍白球）纹状体
  - 白质（髓质）
    - 联络纤维
    - 连合纤维
    - 投射纤维
  - 侧脑室

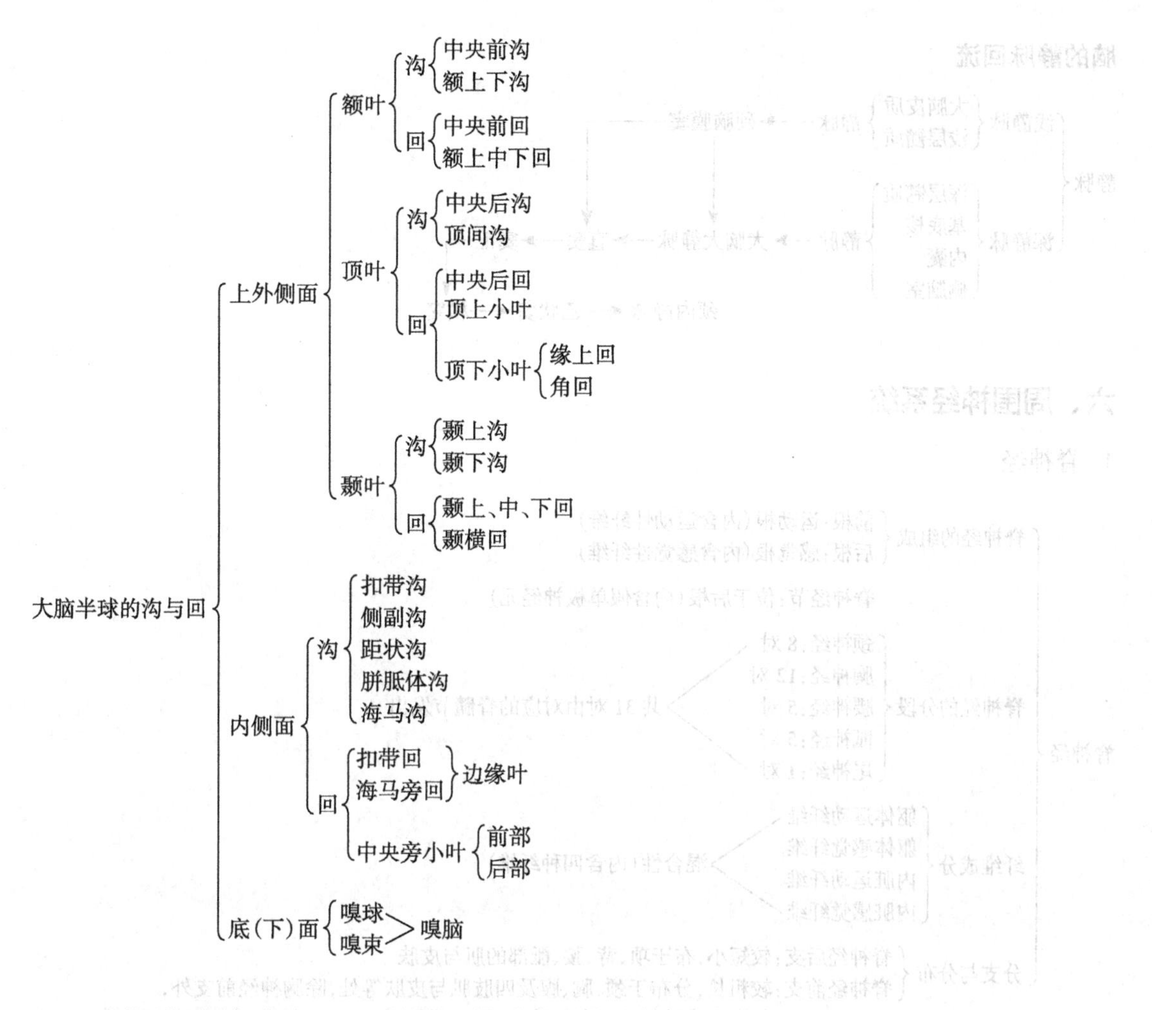

五、脑与脊髓的动脉

脊髓的动脉

- 脊髓动脉
  - 椎动脉
    - 脊髓前动脉(一条)
    - 脊髓后动脉(二条)
  - 肋间后动脉脊髓支、腰动脉的脊髓支 → 分支相吻合

脑的动脉

- 颈内动脉
  - 大脑前动脉
    - 皮质支:大脑内侧面皮质与浅层白质
    - 中央支:基底核,深部白质
    - 前交通支:连于左右大脑前动脉之间
  - 大脑中动脉
    - 皮质支:大脑上外侧面的皮质
    - 中央支:基底核与深部白质
  - 后交通动脉:连于大脑中动脉与大脑后动脉之间
- 基底动脉
  - 小脑动脉
    - 小脑上动脉、小脑下动脉 → 分布于小脑的上下面
  - 脑桥支:有数支布于脑桥
  - 大脑后动脉
    - 皮质支:布于枕叶及颞叶下面皮质与浅白质
    - 中央支:布于中脑与间脑等处

脑的静脉回流

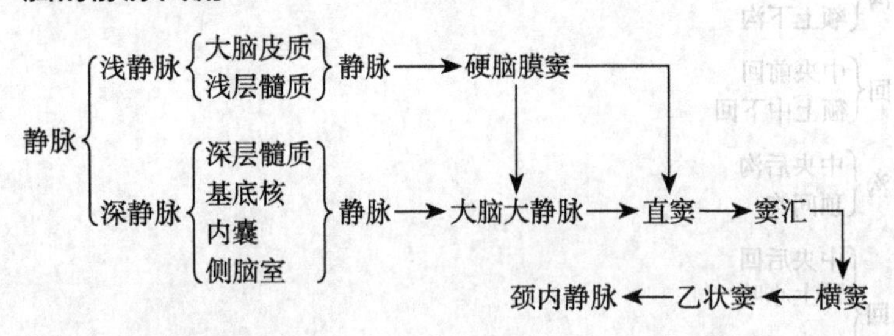

六、周围神经系统

1. 脊神经

- 脊神经
  - 脊神经的组成
    - 前根：运动根（内含运动性纤维）
    - 后根：感觉根（内含感觉性纤维）
    - 脊神经节：位于后根（内含假单极神经元）
  - 脊神经的分段（共 31 对由对应的脊髓节发出）
    - 颈神经：8 对
    - 胸神经：12 对
    - 腰神经：5 对
    - 骶神经：5 对
    - 尾神经：1 对
  - 纤维成分（混合性（内含四种纤维））
    - 躯体运动纤维
    - 躯体感觉纤维
    - 内脏运动纤维
    - 内脏感觉纤维
  - 分支与分布
    - 脊神经后支：较短小，布于项、背、腰、骶部的肌与皮肤
    - 脊神经前支：较粗长，分布于颈、胸、腹及四肢肌与皮肤等处，除胸神经前支外，都吻合成神经丛（颈丛、臂丛、腰丛、骶丛）

- 颈丛
  - 混合支：膈神经
    - 运动纤维：支配膈
    - 感觉纤维：分布于胸膜、心包
  - 皮支
    - 耳大神经：耳廓皮肤
    - 颈横神经：颈部皮肤
    - 枕小神经：枕部皮肤
    - 锁骨上神经：颈下部和胸上部皮肤

- 腰丛
  - 髂腹下神经、髂腹股沟神经：分布于腹股沟区的肌和皮肤
  - 股神经
    - 肌支：支配大腿前群肌
    - 皮支
      - 大腿前部皮肤
      - 隐神经：小腿和足内侧皮肤
  - 闭孔神经：大腿内侧群肌和皮肤
  - 生殖股神经
    - 肌支：提睾肌
    - 皮支：阴囊（阴唇）及其附近的皮肤

- 骶丛
  - 臀上神经：布于臀中肌、臀小肌
  - 臀下神经：布于臀大肌
  - 阴部神经
    - 肛神经：布于肛门外括约肌和肛门部皮肤
    - 会阴神经：布于外阴部肌肉和皮肤
    - 阴茎（蒂）背神经：布于阴茎（蒂）的皮肤
  - 坐骨神经
    - 肌支：布于大腿后群肌
    - 分支
      - 胫神经
        - 肌支：支配小腿后群肌
        - 皮支：布于小腿后部皮肤
        - 足底内、外侧神经：布于足底肌和皮肤
      - 腓总神经
        - 腓深神经：支配小腿前群肌
        - 腓浅神经：布于小腿外侧群肌足背皮肤

2. 脑神经

- 神经
  - 12对脑神经的连脑部位
    - 第Ⅰ对：连于端脑
    - 第Ⅱ对：连于间脑
    - 第Ⅲ~Ⅳ对：连于中脑
    - 第Ⅴ~Ⅷ对：连于脑桥
    - 第Ⅸ~Ⅻ对：连于延髓
  - 纤维成分
    - 躯体运动纤维：起自脑干内躯体运动核，支配头颈部骨骼肌
    - 躯体感觉纤维：起自头面部的深浅部感受器，至脑干的躯体脑感觉核
    - 内脏感觉纤维：起自内脏感受器，至脑干内的孤束核
    - 内脏运动纤维：起自脑干内的副交感核，分布部分内脏平滑肌心肌和腺体
  - 脑神经的性质
    - 感觉性脑神经有：Ⅰ、Ⅱ、Ⅷ对（含躯体或内脏感觉纤维）
    - 运动性脑神经有：Ⅲ、Ⅳ、Ⅵ、Ⅺ、Ⅻ对（含躯体或内脏运动纤维）
    - 混合性脑神经有：Ⅴ、Ⅶ、Ⅸ、Ⅹ对（内含运动性纤维，也含感觉性纤维）

3. 自主神经

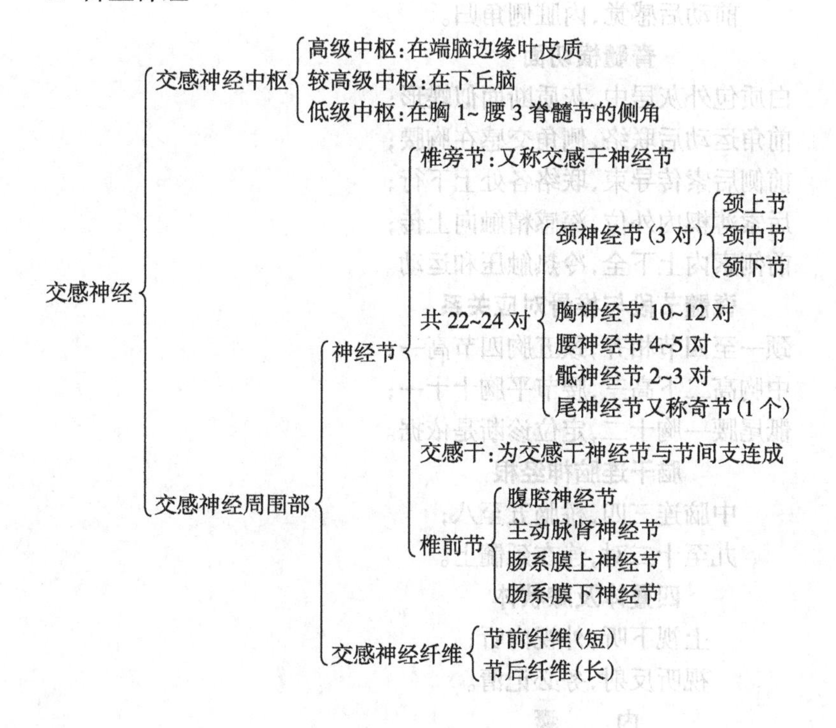

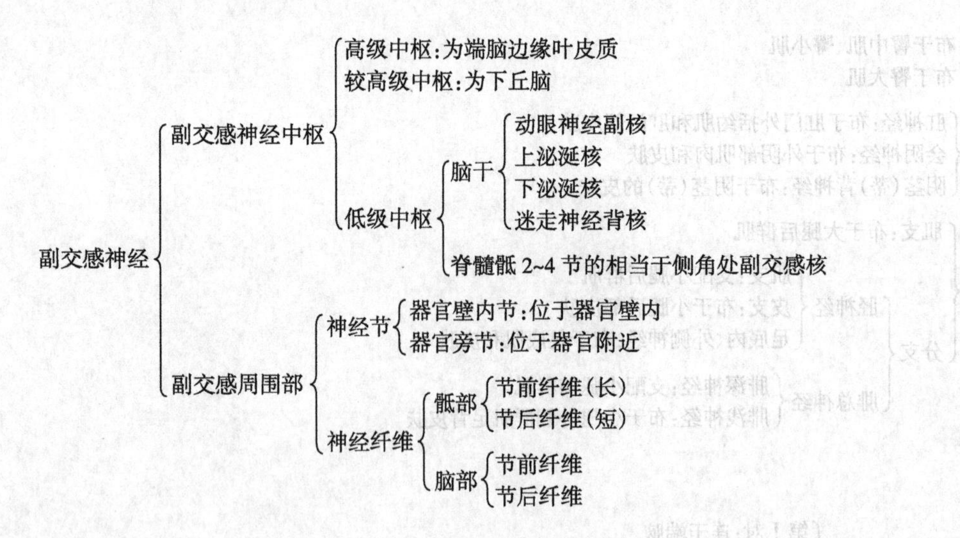

学习口诀:

脊髓末端位置

脊髓末端何处定,成人腰一小儿三;
终池底部对骶二,终丝尾骨背侧附。

脊　髓　歌

柱状两膨大,下部是圆锥;
沟内前后根,向下成马尾。
灰质在中央,白质在周围;
灰质分三柱,白质三索分;
前动后感觉,内脏侧角归。

脊髓横切面

白质包外灰居中,灰质断面似蝶形;
前角运动后联络,侧角交感在胸腰;
前侧后索传导束,联络各处上下行;
后索薄楔内外位,深感精触向上传;
前侧索内上下全,冷热触压和运动。

脊髓节段与椎骨对应关系

颈一至四节相齐,颈五胸四节高一;
中胸高二下高三,腰节平胸十十一;
骶尾腰一胸十二,定位诊断是依据。

脑干连脑神经根

中脑连三四,桥脑五至八;
九至十二对,连在延髓上。

四叠体及膝状体

上视下听,外视内听;
视听反射,务必记清。

内　　囊

内囊并非一个囊,交通要道堪称当;

豆尾与丘之间是，投射纤维聚此方；
水平切面拐角形，前后二脚膝中央。
尾头豆间称前脚，豆丘之间后脚藏；
皮质脑干束膝走，后脚皮质束前厢；
丘脑皮质束稍后，视听辐射最后方。
一侧损伤可三偏，对侧动感障偏盲。

正 中 神 经

正中神经属臂丛，掌长肌腱外侧行；
此处浅表易损伤，鱼际萎缩“猿掌”样。

手部神经分布

手掌正中三指半，剩下尺侧一指半；
手背桡尺各一半，正中侵占三指半。

肋间神经分布

二平胸角四乳头，六对大约到剑突；
八对斜行肋弓下，十对约平肚脐处；
十二内下走得远，分布两侧腹股沟。

前臂肌神经支配

桡神经不难记，全部伸肌肱桡肌；
尺神经也简单，前臂屈肌一块半；
名为尺侧腕屈肌，指深屈肌尺则半；
其余正中神经管。

皮质脊髓束

上下两级神经元，皮质兴奋向下传；
经过内囊后肢处，锥体下部多交叉；
下行脊髓侧前索，终止前角神经元；
交叉前伤瘫对侧，交叉后伤瘫同边；
上损硬瘫下损软；定位诊断并不难。

脑神经名称

一嗅二视三动眼，四滑五叉六外展；
七面八庭九舌咽，十迷一副舌下完。

脑神经性质

感觉神经一二八，运动动滑展副舌；
舌咽迷走三叉面，感觉运动混合全。

脑神经出入颅部位

视管有视嗅筛板孔，眶上裂内眼滑展动；
静脉孔中咽迷副通，面听内耳舌下管行；
还有上颌圆下颌卵，也要记清。

脑神经连脑

一嗅额下嗅球中，二视离球间脑通；
脚间窝内三动眼，下丘下方滑车行；
脑桥两侧连三叉，延桥沟内展面听；
橄榄后沟上至下，舌咽迷走副神经；

锥体橄榄之间处，舌下神经看得清。

交感神经功能

怒发冲冠，瞪大双眼；
心跳加快，呼吸大喘；
胃肠蠕动慢，大便小便免；
内脏血管收缩，骨骼肌血管舒张；
全身出汗唾液黏，力量来自肝糖原；
孕妇过兴奋，宫缩易流产。

舌的味觉及神经分布

舌根苦、舌尖甜、舌背两侧尝酸咸；
面体尖、根舌咽、三叉神经管一般。

自检测题：

一、名词解释

1. 灰质　2. 白质　3. 神经核　4. 神经　5. 神经节　6. 网状结构　7. 脊髓圆锥　8. 脊髓节段　9. 马尾　10. 小脑扁桃体　11. 内囊　12. 硬膜外隙　13. 蛛网膜下隙　14. 大脑动脉环

二、填空题

1. 中枢神经系统包括________和________。
2. 根据周围神经分布部位的不同，可以分为________和________。
3. 脊髓位于________内，上端在枕骨大孔处与脑的________相连，下端成人平________下缘。
4. 脊髓全长有两处膨大，分别是________和________。
5. 脊髓有________个节段，即________个颈节，________个胸节，________个腰节，________个骶节和________个尾节。
6. 脑位于________内，可分为________、________、________、________和________。
7. 下丘脑主要包括________、________、________及乳头体等结构。
8. 左右大脑半球之间的纵行裂隙为________，有________伸入其中，其底部连接两大脑半球的神经纤维称________。
9. 端脑与小脑间的裂隙为________，有________伸入其中。
10. 端脑髓质中的纤维可以分为三类，分别是________、________和________。
11. ________和________合称为纹状体，其中苍白球称________，________和壳称________。
12. 脊神经由________和________在________处汇合而成。
13. 支配臂部前群肌的神经是________，支配三角肌的神经是________，支配上肢伸肌的神经是________。
14. 分布于胸骨角平面的是第________胸神经，分布于乳头平面的是第________胸神经，分布于剑突平面的是第________胸神经，分布于脐平面的是第________胸神经。
15. 临床上所见的“爪形手”是________神经损伤引起的，“猿掌”是________神经损伤引起的。“垂腕”是________神经损伤引起的。
16. 支配大腿前群肌的神经是________，支配大腿内群肌的神经是________，支配大腿后群肌的神经是________。
17. 混合性脑神经有________、________、________和________。
18. 感觉性脑神经有________、________和________。

19. 接受眼球感觉的神经是________,接受上牙感觉的神经是________,接受下牙感觉的神经是________。

20. 滑车神经支配________肌,展神经支配________肌。

21. 支配咀嚼肌的神经是________,支配表情肌的神经是________。

22. 一侧舌下神经损伤,同侧________瘫痪,伸舌时舌尖偏向________。

23. 交感神经低级中枢位于________,副交感神经低级中枢位于________内的副交感核和脊髓骶2-4节的骶副交感核。

24. 脑和脊髓的被膜由外向内依次为________、________和________。

25. 脑的动脉来源于________和________。

26. 大脑中动脉起自________,分布于大脑半球的________。在脑底部,大脑中动脉起始处发出垂直向上的小支叫________,穿进脑实质,主要供应________、纹状体及________。

27. 躯干四肢深感觉和精细触觉传导路的第一级神经元位于________内,第二级神经元即________,第三级神经元是背侧丘脑________。

28. 锥体束包括________和________。

三、判断题

1. 灰质和皮质都是中枢神经内神经元胞体和轴突聚集的部位。 ( )
2. 成年人脊髓下端仅达第一腰椎椎体下缘。 ( )
3. 脊神经的性质是混合性,既含运动纤维,又含感觉纤维。 ( )
4. 动眼神经内含躯体运动纤维和内脏运动纤维,属于混合性神经。 ( )
5. 面神经属于混合性神经,其躯体运动纤维支配面肌运动。 ( )
6. 交感神经和副交感神支配同一器官,其作用是相同的。 ( )
7. 肋间神经在肋间血管下方沿肋沟走行。 ( )
8. 支配大腿各群肌内的神经均来自腰丛。 ( )
9. 硬脑膜窦属于静脉,窦内流动有静脉血。 ( )
10. 中央旁小叶既有感觉中枢,又有运动中枢。 ( )
11. 下颌神经为混合性,肌支支配咀嚼肌。 ( )

四、单项选择题

A 型题:

1. 成人脊髓的位置,描述正确的是( )
   A. 上端平枕骨大孔与中脑相连　B. 下端成人平齐第一腰椎下缘
   C. 下端成人平齐第三腰椎下缘　D. 下端成人平齐第二骶椎下缘
   E. 上端与小脑相连
2. 脊髓灰质侧角的神经元是( )
   A. 感觉神经中枢　B. 运动神经中枢　C. 内脏活动中枢
   D. 交感神经中枢　E. 副交感神经中枢
3. 楔束和薄束传导哪种感觉( )
   A. 浅感觉　B. 深感觉　C. 本体感觉和精细触觉
   D. 深感觉和浅感觉　E. 浅感觉和精细触觉
4. 楔束和薄束位于脊髓白质的( )
   A. 后索　B. 外侧索　C. 前索
   D. 白质前连合　E. 灰质连合
5. 脊髓后索损伤时,可出现( )

A. 闭眼能确定关节的位置　　B. 闭眼能维持身体直立不摇晃
C. 闭眼不能确定各关节的位置　　D. 闭眼能指鼻准确
E. 受损伤的对侧有痛觉障碍

6. 脊髓后角的神经元是（　　）
A. 传出神经元　　B. 交感神经元　　C. 联络神经元
D. 运动神经元　　E. 副交感神经元

7. 脊髓外侧索的上行传导束是（　　）
A. 皮质脊髓束　　B. 脊髓丘脑侧束　　C. 楔束
D. 皮质脊髓前束　　E. 薄束

8. 脊神经节位于（　　）
A. 脊神经前根　　B. 脊神经后根　　C. 脊神经
D. 脊神经前支　　E. 脊神经后支

9. 脑干自上而下依次分为（　　）
A. 中脑、脑桥、延髓　　B. 脑桥、中脑、延髓　　C. 延髓、脑桥、中脑
D. 中脑、延髓、脑桥　　E. 延髓、中脑、脑桥

10. 中脑背侧出脑的神经是（　　）
A. 滑车神经　　B. 三叉神经　　C. 动眼神经
D. 面神经　　E. 展神经

11. 锥体交叉位于（　　）
A. 中脑　　B. 脑桥　　C. 延髓　　D. 脊髓　　E. 间脑

12. 与延髓相连的脑神经有几对（　　）
A. 二对　　B. 三对　　C. 四对　　D. 五对　　E. 六对

13. 下列与中脑相连的脑神经是（　　）
A. 展神经　　B. 面神经　　C. 动眼神经　　D. 三叉神经　　E. 副神经

14. 与延髓相连的脑神经是（　　）
A. 三叉神经　　B. 前庭蜗神经　　C. 展神经　　D. 面神经　　E. 迷走神经

15. 与脑桥相连的脑神经是（　　）
A. 动眼神经　　B. 滑车神经　　C. 舌咽神经　　D. 展神经　　E. 舌下神经

16. 小脑中脚是哪一部分脑的结构（　　）
A. 间脑　　B. 中脑　　C. 脑桥　　D. 延髓　　E. 小脑

17. 连于端脑的脑神经是（　　）
A. 视神经　　B. 动眼神经　　C. 嗅神经　　D. 滑车神经　　E. 三叉神经

18. 与间脑相连的脑神经是（　　）
A. 嗅神经　　B. 动眼神经　　C. 视神经　　D. 滑车神经　　E. 展神经

19. 下列属于脑神经核的是（　　）
A. 薄束核　　B. 楔束核　　C. 红核　　D. 室旁核　　E. 动眼神经副核

20. 视交叉属于（　　）
A. 丘脑　　B. 中脑　　C. 下丘脑　　D. 端脑　　E. 脑桥

21. 能分泌催产素的神经核（　　）
A. 室旁核　　B. 腹后核　　C. 后角固有核　　D. 动眼神经核　　E. 动眼神经副核

22. 颞横回是（　　）
A. 视觉中枢　　B. 听觉中枢　　C. 听觉语言中枢

D. 视觉语言中枢　E. 运动性语言中抠

23. 视觉中枢位于(　)

A. 距状沟周围皮质　B. 颞横回　C. 中央前回

D. 中央后回　E. 扣带回

24. 躯体运动中枢位于(　)

A. 中央前回和中央旁小叶后部　B. 中央后回和中央旁小叶前部

C. 中央前回和中央旁小叶前部　D. 中央前回

E. 中央后回

25. 每侧大脑半球分叶是(　)

A. 三叶　B. 四叶　C. 五叶　D. 两叶　E. 六叶

26. 大脑半球的哪个叶在表面**看不到**(　)

A. 额叶　B. 顶叶　C. 岛叶　D. 颞叶　E. 枕叶

27. 躯体感觉中枢位于(　)

A. 扣带回　B. 中央前回和中央旁小叶前部

C. 中央后回和中央旁小叶后部　D. 颞上回

E. 额下回

28. 仅在优势半球皮质有的中枢是(　)

A. 书写中枢　B. 听觉中枢　C. 视觉中枢　D. 运动中枢　E. 感觉中枢

29. 运动性语言中枢位于优势半球的(　)

A. 中央前回下部　B. 额中回后部　C. 额中回下部

D. 额下回后部　E. 角回

30. 联系左、右大脑半球的纤维束是(　)

A. 内囊　B. 胼胝体　C. 皮质核束　D. 皮质脊髓束　E. 内侧丘系

31. 属于大脑基底核的是(　)

A. 薄束核　B. 疑核　C. 豆状核　D. 视上核　E. 室旁核

32. 纹状体的组成是(　)

A. 豆状核与杏仁体　B. 杏仁体与尾状核　C. 苍白球

D. 豆状核的壳与尾状核　E. 尾状核与豆状核

33. 内囊膝有何种纤维束通过(　)

A. 丘脑中央辐射　B. 皮质脊髓束　C. 皮质核束

D. 视辐射　E. 听辐射

34. 供应内囊血液的中央动脉来自(　)

A. 大脑前动脉　B. 大脑中动脉　C. 大脑后动脉　D. 基底动脉　E. 颈内动脉

35. 大脑半球的内部结构**不包括**(　)

A. 内囊　B. 基底核　C. 丘脑　D. 侧脑室　E. 胼胝体

36. 蛛网膜下腔的脑脊液经何部位渗入上矢状窦(　)

A. 正中孔　B. 室间孔　C. 蛛网膜粒　D. 中脑水管　E. 外侧孔

37. 供应大脑半球上外侧面的主要动脉(　)

A. 大脑前动脉　B. 大脑中动脉　C. 大脑后动脉　D. 基底动脉　E. 前交通动脉

38. 脑室有几个(　)

A. 一个　B. 二个　C. 三个　D. 四个　E. 五个

39. 有关第四脑室,描述正确的是(　)

A. 底为菱形窝　B. 无脉络丛　C. 有成对的正中孔
D. 下通中脑水管　E. 有单个的外侧孔

40. 脑脊液的产生部位(　　)
A. 脑表面的动脉　B. 脑静脉　C. 脑室内的脉络丛
D. 室管膜　E. 脑表面的脉络丛

41. 有关脊神经,描述正确的是(　　)
A. 共 30 对　B. 只负责管理躯体骨骼肌的运动　C. 前支较粗大
D. 神经丛左、右不对称　E. 只含有躯体感觉和躯体运动纤维

42. 脊神经的性质是(　　)
A. 运动性　B. 感觉性　C. 交感性　D. 副交感性　E. 混合性

43. 脊神经后根的性质(　　)
A. 运动性　B. 感觉性　C. 交感性　D. 副交感性　E. 混合性

44. 支配臂部屈肌群的神经是(　　)
A. 桡神经　B. 肌皮神经　C. 正中神经　D. 尺神经　E. 腋神经

45. 膈神经属于哪个神经丛的分支(　　)
A. 颈丛　B. 臂丛　C. 胸神经　D. 腰丛　E. 骶丛

46. 支配三角肌的神经是(　　)
A. 肌皮神经　B. 桡神经　C. 尺神经　D. 正中神经　E. 腋神经

47. 分布于肋弓平面的胸神经前支是(　　)
A. 第 7 肋间神经　B. 第 8 肋间神经　C. 第 9 肋间神经
D. 第 10 肋间神经　E. 第 11 肋间神经

48. 分布于男性乳头平面的胸神经前支是(　　)
A. 第 3 肋间神经　B. 第 4 肋间神经　C. 第 5 肋间神经
D. 第 6 肋间神经　E. 第 7 肋间神经

49. 支配大收肌的神经是(　　)
A. 闭孔神经　B. 股神经　C. 坐骨神经　D. 阴部神经　E. 臀下神经

50. 支配股四头肌的神经是(　　)
A. 生殖股神经　B. 股神经　C. 闭孔神经　D. 坐骨神经　E. 髂腹股沟神经

51. 三叉神经的性质是(　　)
A. 混合性　B. 运动性　C. 感觉性　D. 交感性　E. 副交感性

52. 支配咀嚼肌的神经是(　　)
A. 上颌神经　B. 下颌神经　C. 舌下神经　D. 面神经　E. 舌咽神经

53. 支配面肌的神经是(　　)
A. 三叉神经　B. 面神经　C. 舌咽神经　D. 迷走神经　E. 副神经

54. 传导舌前 2/3 味觉的神经是(　　)
A. 舌下神经　B. 舌神经　C. 迷走神经　D. 面神经　E. 下颌神经

55. 前庭蜗神经的性质是(　　)
A. 感觉性　B. 混合性　C. 运动性　D. 交感性　E. 副交感性

56. 传导舌后 1/3 味觉的神经是(　　)
A. 舌咽神经　B. 迷走神经　C. 三叉神经　D. 面神经　E. 副神经

57. 迷走神经的性质是(　　)
A. 交感性　B. 副交感性　C. 运动性　D. 感觉性　E. 混合性

58. 滑车神经支配(　　)
A. 上斜肌　B. 下斜肌　C. 外直肌　D. 内直肌　E. 上直肌
59. 支配舌肌的脑神经是(　　)
A. 舌咽神经　B. 下颌神经　C. 舌下神经　D. 迷走神经　E. 面神经
60. 下颌神经是什么神经的分支(　　)
A. 三叉神经　B. 面神经　C. 舌咽神经　D. 迷走神经　E. 副神经
61. 管理腮腺分泌的神经是(　　)
A. 三叉神经　B. 舌咽神经　C. 面神经　D. 迷走神经　E. 舌下神经
62. 传导头面部痛觉、温度觉的神经是(　　)
A. 动眼神经　B. 三叉神经　C. 展神经　D. 面神经　E. 舌咽神经
63. 含副交感神经的脑神经是(　　)
A. 滑车神经　B. 展神经　C. 面神经　D. 三叉神经　E. 舌下神经
64. 肱骨内上髁骨折易损伤的神经是(　　)
A. 正中神经　B. 尺神经　C. 桡神经　D. 腋神经　E. 肌皮神经
65. 肱骨中段骨折易损伤的神经是(　　)
A. 正中神经　B. 尺神经　C. 桡神经　D. 腋神经　E. 肌皮神经
66. 小腿外侧群肌由何神经支配(　　)
A. 展神经　B. 隐神经　C. 腓深神经　D. 腓浅神经　E. 闭孔神经
67. 支配小腿后群肌的神经是(　　)
A. 胫神经　B. 腓浅神经　C. 腓深神经　D. 股神经　E. 闭孔神经
68. 病人右手不能用伸直的示指和中指夹住一张卡片,受损伤的神经是(　　)
A. 桡神经浅支　B. 正中神经返支　C. 尺神经浅支
D. 尺神经深支　E. 桡神经深支
69. 患者足下垂和足背皮肤感觉缺失,可能损伤(　　)
A. 胫神经和腓浅神经　B. 腓总神经　C. 腰骶干
D. 骶 1~2 的前支　E. 腓深神经
70. 关于坐骨神经的叙述,**错误**的是(　　)
A. 发自骶丛　B. 经臀大肌深面至大腿
C. 在大腿后群肌深面下行　D. 在腘窝分为腓浅神经和腓深神经
E. 支配股二头肌
71. 自主神经的性质(　　)
A. 内脏运动　B. 内脏感觉　C. 躯体运动　D. 躯体感觉　E. 混合性
72. 有关内脏运动神经,描述正确的是(　　)
A. 分交感神经和副交感神经　B. 受意识支配
C. 不分节前、节后纤维　D. 分布于骨骼肌
E. 低级中枢位于骶 2~4 灰质侧角
73. 交感神经的低级中枢位于(　　)
A. 脊髓胸 1~ 腰 3 节的灰质侧角内　B. 脊髓胸 1~12 节的后角内
C. 脊髓胸 1~ 骶 3 节的灰质侧角内　D. 脊髓胸 1~12 节的前角内
E. 脊髓胸 1~ 腰 3 节的灰质前角内
74. 躯干与四肢本体感觉及精细触觉传导路的第三级神经元位于(　　)
A. 楔束核　B. 脊神经节　C. 脊髓后角

D. 丘脑腹后外侧核　　E. 椎旁节

75. 躯干四肢痛温，粗触觉和压觉传导路的第二级神经元位于(　)

A. 脊髓侧角　B. 脊髓后角　C. 脊髓前角　D. 延髓　E. 脑桥

B 型题：

(76~78 题共用备选答案)

A. 髂腹股沟神经　B. 正中神经　C. 膈神经

D. 坐骨神经　E. 肋间神经

76. 属于骶丛的分支是(　)

77. 属于腰丛的分支是(　)

78. 属于臂丛的分支是(　)

(79~81 题共用备选答案)

A. 混合性神经　B. 运动神经　C. 感觉神经　D. 交感神经　E. 副交感神经

79. 下颌神经属于(　)

80. 上颌神经属于(　)

81. 副神经属于(　)

(82~85 题共用备选答案)

A. 额下回后部　B. 额中回后部　C. 缘上回　D. 角回　E. 中央前回

82. 运动性语言中枢(　)

83. 听觉性语言中枢(　)

84. 书写中枢(　)

85. 视觉性语言中枢(　)

(86~88 题共用备选答案)

A. 薄束　B. 楔束　C. 脊髓小脑束　D. 脊髓丘脑束　E. 皮质脊髓侧束

86. 传导上肢本体感觉和精细触觉的是(　)

87. 传导下肢本体感觉和精细触觉的是(　)

88. 传导躯干和四肢痛、温、触压觉的是(　)

(89~91 题共用备选答案)

A. 与学习记忆有关

B. 含传导躯干、四肢皮肤精细触觉的上行纤维

C. 参与瞳孔对光反射

D. 与前庭反射有关

E. 与传导内脏痛觉有关

89. 内侧丘系(　)

90. 海马的功能(　)

91. 顶盖前区(　)

五、多项选择题

1. 有关脊髓，描述正确的是(　)

A. 占据椎管全长　B. 在成人下端平第一腰椎下缘

C. 紧贴脊髓表面的被膜是蛛网膜　D. 终丝由神经纤维组成

E. 脊髓丘脑束位于脊髓白质

2. 薄束和楔束传导(　)

A. 同侧躯干四肢精细触觉　B. 对侧躯干四肢粗触觉

C. 同侧躯干四肢痛、温觉　　D. 同侧躯干四肢本体感觉
E. 对侧躯干四肢本体感觉

3. 脊髓内司内脏运动神经元胞体位于(　　　)
A. 脊髓全长　　B. 胸髓和 1~3 腰节　　C. 全部骶髓
D. 全部腰髓　　E. 骶髓 2~4 节

4. 脊髓白质各索内的上行纤维束有(　　　)
A. 薄束、楔束　　B. 皮质脊髓侧束　　C. 皮质脊髓前束
D. 脊髓丘脑侧束　　E. 脊髓丘脑前束

5. 与脑桥相连的脑神经是(　　　)
A. 动眼神经　B. 三叉神经　C. 面神经　D. 展神经　E. 迷走神经

6. 对于背侧丘脑,描述正确的是(　　　)
A. 为卵圆形的灰质团块　　B. 外侧面邻近内囊
C. 内部被内髓板分成 3 个核群　　D. 腹后核分为腹后内侧核和腹后外侧核
E. 全身浅、深感觉的皮质下中枢

7. 躯体运动中枢位于(　　　)
A. 中央后回　　B. 中央旁小叶后部　　C. 颞横回
D. 中央前回　　E. 中央旁小叶前部

8. 有关硬膜外隙,描述正确的是(　　　)
A. 位于硬脊膜与椎管内面骨膜之间　　B. 位于硬脊膜与蛛网膜之间
C. 位于蛛网膜与椎管内面骨膜之间　　D. 内含脑脊液
E. 内含脊神经根

9. 大脑动脉环的组成(　　　)
A. 颈内动脉　　B. 椎动脉　　C. 前、后交通动脉
D. 大脑前动脉　　E. 大脑后动脉

10. 本体感觉和精细触觉传导路的神经元胞体位于(　　　)
A. 脊神经节　B. 延髓　C. 脑桥　D. 中脑　E. 背侧丘脑

11. 有关脊神经,描述正确的是(　　　)
A. 由前根和后根汇合而成
B. 出椎间孔后可分为 4 支
C. 前、后支均为混合性神经
D. 前根都含有躯体运动和交感神经纤维
E. 除胸部外,其余各部脊神经前支都交织成丛

12. 对正中神经的描述,正确的是(　　　)
A. 常以两根发自臂丛内、外侧束　　B. 在臂部与肱动脉伴行
C. 在臂部分支至肱二头肌　　D. 在前臂常行于指浅、深屈肌之间
E. 分支至前臂前面管理皮肤感觉

13. 对腓总神经的叙述,正确的是(　　　)
A. 为坐骨神经的终支之一　　B. 与股动脉相伴行　　C. 支配股二头肌
D. 绕过腓骨颈　　E. 发出腓肠外侧皮神经

14. 对臂丛神经的描述,正确的是(　　　)
A. 第 5~8 颈神经前支和第 1 胸神经前支组成
B. 经斜角肌间隙穿出

C. 其三个束围绕在腋动脉周围
D. 胸长神经和胸背神经都是其分支
E. 仅分布于上肢

15. 与眼球的感觉和运动有关的神经是(　　)
A. 眼神经　B. 滑车神经　C. 展神经　D. 面神经　E. 动眼神经

16. 硬脑膜形成的结构是(　　)
A. 大脑镰　B. 硬膜外隙　C. 乙状窦　D. 小脑幕　E. 上矢状窦

17. 臂丛的主要分支(　　)
A. 肌皮神经　B. 正中神经　C. 尺神经　D. 桡神经　E. 腋神经

18. 股神经支配(　　)
A. 股四头肌　B. 缝匠肌　C. 股二头肌　D. 半腱肌　E. 半膜肌

19. 含有副交感纤维的脑神经是(　　)
A. 面神经　B. 动眼神经　C. 舌咽神经　D. 三叉神经　E. 迷走神经

六、问答题

1. 试述脊髓灰质的位置、分部及各部内神经元的名称。
2. 试述脊髓白质各索内主要传导束的名称。
3. 简述中脑、脑桥、延髓分别与哪些脑神经相连?
4. 何为内囊? 内囊的血液由什么动脉供应? 一侧内囊损伤出现哪些临床症状? 为什么出现这些症状?
5. 试述脑脊液的产生部位及循环途径。
6. 试述臂丛的组成、位置及主要分支的名称。
7. 试述坐骨神经的行径及分支。
8. 分布于舌的神经有哪些? 各自的功能如何?
9. 分布于眶内的神经有哪些? 各自的功能如何?
10. 试述皮质脊髓束的传导路径。
11. 大脑语言中枢有哪些? 各位于何处? 损伤后有什么症状?
12. 描述前臂肌的名称及神经支配。
13. 论述上运动神经元和下运动神经元损伤后瘫痪的区别(从损害部位、瘫痪范围及特点、肌张力、反射、病理反射、肌萎缩六方面进行论述)。
14. 根据所学知识论述脊髓半横断损伤出现的症状及原因。
15. 左足被针刺时,痛觉是如何传到大脑皮质的?

(华　超)

第十章 内分泌系统

学习要点

内分泌系统的组成；内分泌腺的概念。甲状腺的位置、形态及组织结构；甲状腺的功能。甲状旁腺的位置、形态和功能。肾上腺的位置、形态及组织结构；肾上腺的功能。垂体的位置及分部；垂体的功能。

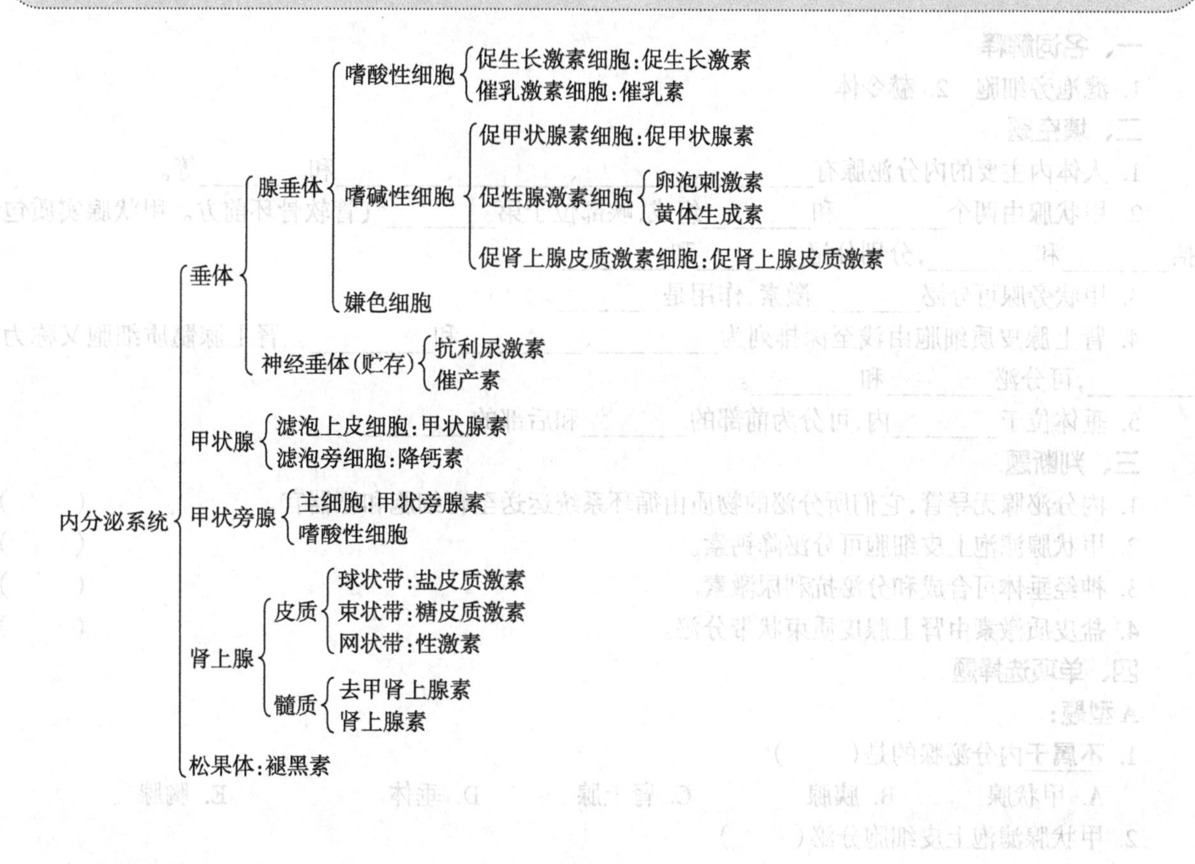

学习口诀:

甲 状 腺

滤泡细胞围一排，分泌甲状腺素来。
提高基础代谢率，多则亢进少者呆。

另有滤泡旁细胞，分泌激素降血钙。

甲 状 旁 腺

甲状旁腺细胞(主)，分泌甲状旁腺素，
升高血钙起作用，嗜酸细胞不清楚。

垂　体

垂体前叶酸碱主，酸生乳来碱三促。
垂体后叶神经部，贮释加压缩宫素。
远侧结节中间部，三部均为腺体属；
下余神经与漏斗，称之神经垂体部。
视上加压室催产，丘脑垂体两相连。
行贮神经垂体内，用时再运靶器官。

肾 上 腺

皮质三带球束网，球盐网性束泌糖；
髓质嗜铬有两种，分泌去甲肾肾上。

自检测题：

一、名词解释

1. 滤泡旁细胞　2. 赫令体

二、填空题

1. 人体内主要的内分泌腺有________、________、________、________和________等。

2. 甲状腺由两个________和________组成，峡部位于第________气管软骨环前方。甲状腺实质包括________和________，分别分泌________和________。

3. 甲状旁腺可分泌________激素，作用是________。

4. 肾上腺皮质细胞由浅至深排列为________、________和________。肾上腺髓质细胞又称为________，可分泌________和________。

5. 垂体位于________内，可分为前部的________和后部的________。

三、判断题

1. 内分泌腺无导管，它们所分泌的物质由循环系统运送至靶细胞和靶器官。（　）
2. 甲状腺滤泡上皮细胞可分泌降钙素。（　）
3. 神经垂体可合成和分泌抗利尿激素。（　）
4. 盐皮质激素由肾上腺皮质束状带分泌。（　）

四、单项选择题

A 型题：

1. 不属于内分泌腺的是（　）
   A. 甲状腺　B. 胰腺　C. 肾上腺　D. 垂体　E. 胸腺
2. 甲状腺滤泡上皮细胞分泌（　）
   A. 降钙素　B. 甲状腺激素　C. 甲状旁腺素　D. 促甲状腺激素　E. 促生长激素
3. 分泌降钙素的是（　）
   A. 滤泡旁细胞　B. 球旁细胞　C. 间质细胞　D. 甲状腺滤泡　E. 甲状旁腺
4. 神经垂体释放的激素（　）
   A. 促甲状腺素　B. 促肾上腺皮质激素　C. 促性腺激素

D. 催乳素　　E. 缩宫素

5. 分泌去甲肾上腺素的是(　　)

A. 肾上腺皮质球状带　　B. 肾上腺皮质束状带　　C. 肾上腺皮质网状带

D. 嗜铬细胞　　E. 滤泡旁细胞

6. 分泌盐皮质激素的是(　　)

A. 肾上腺皮质球状带　　B. 肾上腺皮质束状带　　C. 肾上腺皮质网状带

D. 肾上腺髓质嗜铬细胞　　E. 神经垂体

7. 肾上腺皮质网状带分泌(　　)

A. 盐皮质激素　　B. 糖皮质激素　　C. 肾上腺素

D. 去甲肾上腺素　　E. 雄激素和少量雌激素

8. 肾上腺髓质可分泌(　　)

A. 肾素　　B. 肾上腺素　　C. 促肾上腺皮质激素

D. 促性腺激素　　E. 雄激素和雌激素

B 型题:

(9~11 题共用备选答案)

A. 甲状腺　　B. 垂体　　C. 甲状旁腺　　D. 松果体　　E. 肾上腺

9. 位于颈部前正中,与喉及气管软骨直接毗邻的是(　　)

10. 共两对,呈黄豆大小球状的是(　　)

11. 一侧呈半月形,一侧呈三角形的是(　　)

(12~14 题共用备选答案)

A. 视上核、室旁核　　B. 腺垂体　　C. 神经垂体

D. 滤泡旁细胞　　E. 甲状旁腺

12. 贮存、释放抗利尿激素和缩宫素的是(　　)

13. 合成抗利尿激素的主要部位是(　　)

14. 分泌促甲状腺激素作用于甲状腺的是(　　)

五、多项选择题

1. 关于甲状旁腺,以下描述正确的是(　　)

A. 位于甲状腺侧叶背面　　B. 共两对　　C. 分泌甲状旁腺素

D. 分泌降钙素　　E. 分泌促甲状腺素

2. 以下关于肾上腺皮质束状带描述正确的是(　　)

A. 位于肾上腺皮质浅层　　B. 位于肾上腺皮质中层

C. 位于肾上腺皮质深层　　D. 分泌糖皮质激素

E. 分泌盐皮质激素

3. 腺垂体分泌(　　)

A. 生长激素　　B. 缩宫素　　C. 催乳素　　D. 抗利尿激素　　E. 促性腺激素

4. 关于肾上腺,以下描述正确的是(　　)

A. 位于肾的上方　　B. 左为半月形,右为三角形

C. 其实质分为皮质和髓质　　D. 髓质中含有嗜铬细胞

E. 腺体中含有丰富的毛细血管

5. 关于甲状腺,以下描述正确的是(　　)

A. 位于颈前方,喉和气管的前方及两侧　　B. 可随吞咽上下移动

C. 分泌甲状腺激素　　D. 分泌降钙素

E. 分泌甲状旁腺素

六、问答题

1. 试述垂体的位置、分部及试述垂体的位置、分部及各部分泌的激素。
2. 简述肾上腺皮质的组织结构和分泌的激素。

（王　倩）

第十一章 人体胚胎早期发育

学习要点

受精的概念；植入的概念、时间和部位；胚泡的结构。胚盘的形成；三胚层的分化。胚胎附属结构及功能。胎儿出生前、后血液循环的变化特点。先天性畸形的概念；致畸敏感期。

自检测题：

一、名词解释

1. 获能 2. 受精 3. 卵裂 4. 胚泡 5. 植入 6. 蜕膜 7. 二胚层胚盘 8. 胎盘屏障 9. 先天性畸形 10. 致畸敏感期

二、填空题

1. 人胚胎在子宫中发育经历的时间是________，可分为两个时期即________和________。
2. 植入约于受精后________开始，________完成。
3. 植入部位通常在________和________，若在子宫以外称________，常发生在________。
4. 受精卵的细胞分裂称________，分裂成的子细胞称________。
5. 胚泡是由________、________和________3部分组成。胚泡埋入子宫内膜的过程称________。
6. 根据子宫蜕膜与胚泡的位置关系，可将蜕膜分为________、________和________3部分。
7. 二胚层胚盘是由________和________共同构成。
8. 胎膜包括________、________、________、________和________。
9. 胎儿出生后动脉导管闭锁逐渐闭合成为________，脐静脉闭锁为________。
10. 绝大多数畸形的致畸敏感期在受精后的第________周至第________周。

三、判断题

1. 精子获能在附睾中完成。 (　　)
2. 精子必须获能才有受精能力。 (　　)
3. 植入是受精卵逐渐埋入子宫内膜的过程。 (　　)
4. 植入后子宫内膜改称为绒毛膜。 (　　)
5. 二胚层胚盘在受精后第2周由内细胞群形成。 (　　)
6. 丛密绒毛膜与基蜕膜共同构成胎盘。 (　　)
7. 单卵双胎来源于一个受精卵，但性别不同。 (　　)
8. 胎膜对胚胎有保护、营养、排泄、呼吸等重要作用。 (　　)

9. 卵圆孔在胎儿出生后马上完全关闭,并在房间隔的右心房侧形成卵圆窝。 ( )
10. 胎儿时期同时具有体循环和肺循环。 ( )

四、单项选择题

A 型题:

1. 人体胚胎早期发育是指( )
   A. 受精至第 2 周末　B. 受精至第 4 周末　C. 受精至第 8 周末
   D. 受精至第 10 周末　E. 受精至第 12 周
2. 精子获能是在( )
   A. 生精小管　B. 睾丸网　C. 附睾管
   D. 精液　E. 女性生殖管道
3. 关于受精的条件,**错误**的是( )
   A. 生殖管道畅通　B. 精子数量足够,形态正常并获能
   C. 精子在排卵后 48 小时内与卵子相遇　D. 精子有活跃的运动能力
   E. 雌激素、孕激素水平正常
4. 胚泡植入子宫内膜一般开始为( )
   A. 受精后 2~3 天　B. 受精后 5~6 天　C. 受精后 14 天
   D. 受精后 21 天　E. 受精后 28 天
5. 植入的正常位置是( )
   A. 子宫底和子宫体内膜的功能层　B. 子宫颈部
   C. 子宫肌层　D. 子宫内膜基底层
   E. 输卵管
6. 下列哪一项<u>不属于</u>胚泡的结构( )
   A. 滋养层　B. 放射冠　C. 胚泡液　D. 胚泡腔　E. 内细胞群
7. 异位妊娠最常发生于( )
   A. 腹腔　B. 输卵管　C. 卵巢
   D. 肠系膜　E. 直肠子宫陷凹
8. 二胚层胚盘形成的时间是( )
   A. 第 1 周　B. 第 2 周　C. 第 3 周　D. 第 4 周　E. 第 8 周
9. 人胚初具人形的时间是( )
   A. 第 4 周末　B. 第 6 周末　C. 第 8 周末
   D. 第 10 周末　E. 第 12 周末
10. 属于胎膜的结构是( )
    A. 羊膜、蜕膜、尿囊、卵黄囊和脐带　B. 蜕膜、绒毛膜、尿囊、卵黄囊和脐带
    C. 绒毛膜、尿囊、羊膜腔、脐带和卵黄囊　D. 尿囊、羊膜腔、脐带、绒毛膜和蜕膜
    E. 尿囊、卵黄囊、脐带、羊膜和绒毛膜
11. 脐带内有( )
    A. 2 条脐静脉和 2 条脐动脉　B. 2 条脐静脉和 1 条脐动脉
    C. 1 条脐静脉和 1 条脐动脉　D. 1 条脐静脉和 2 条脐动脉
    E. 以上均不是
12. 临床诊断早孕,通常检测孕妇尿中( )
    A. 雌激素　B. 黄体素　C. 催乳素
    D. 绒毛膜促性腺激素　E. 缩宫素

13. 下列哪项<u>不是</u>胎儿出生后血液循环的变化（　　）
A. 脐静脉闭锁成为肝圆韧带　　B. 卵圆孔关闭
C. 脐动脉完全闭锁成为脐外侧韧带　　D. 左心房压力降低
E. 动脉导管闭锁

14. 左、右心房完全分隔是在（　　）
A. 胎儿第4个月　　B. 胎儿第6个月　　C. 胎儿第8个月
D. 出生前不久　　E. 出生一年左右

15. 已确定对人类有致畸作用的物理因子主要是（　　）
A. 高温　　B. 严寒　　C. 超声　　D. 微波　　E. 射线

B型题：

（16~20题共用备选答案）
A. 受精后第1~8周　　B. 受精后第9~38周　　C. 受精后第5~6天
D. 受精后第3~8周　　E. 受精后第11~12天

16. 胎期是指（　　）
17. 胚期是指（　　）
18. 胚泡植入开始在（　　）
19. 胚泡植入结束在（　　）
20. 致畸敏感期在（　　）

五、多项选择题

1. 胚泡结构包括（　　）
A. 桑葚胚　　B. 滋养层　　C. 胚泡腔
D. 内细胞群　　E. 放射冠

2. 胚泡植入的异常部位有（　　）
A. 子宫体、底部　　B. 子宫颈　　C. 输卵管
D. 肠系膜　　E. 卵巢

3. 外胚层分化形成（　　）
A. 神经系统　　B. 骨骼　　C. 肌肉
D. 皮肤的表皮　　E. 真皮

4. 胎盘组成是（　　）
A. 壁蜕膜　　B. 基蜕膜　　C. 包蜕膜
D. 丛密绒毛膜　　E. 平滑绒毛膜

5. 胎盘的功能有（　　）
A. 气体交换　　B. 吸收营养物质　　C. 排出废物
D. 分泌激素　　E. 防御屏障

6. 对于单卵双胎，说法正确的是（　　）
A. 性别相同　　B. 性别不同　　C. 遗传基因相同
D. 有时可形成联胎畸形　　E. 外貌相似

7. 胎儿出生后，血液循环发生哪些变化（　　）
A. 左心房血压高于右心房导致卵圆孔关闭
B. 肺动脉阻力下降与动脉导管闭锁
C. 静脉导管退化闭锁
D. 脐静脉退化闭锁

E. 脐动脉退化闭锁

六、问答题

1. 简述受精的条件。
2. 简述胎盘的组成及功能。
3. 简述胎儿血液循环有哪些特点，出生后有何变化？

（夏　青）

附表　人体解剖学中易误读的常用字

例字	正确读音	易错读音	名词举例	例字	正确读音	易错读音	名词举例
贲	ben（奔）	pen（喷）	贲门	镫	deng（邓）	deng（灯）	镫骨
髌	bin（鬓）	bin（宾）	髌骨	腭	e（饿）	e（额）	腭骨
蒂	di（弟）	ti（替）	肾蒂	跗	fu（肤）	fu（驸）	跗骨
腓	fei（肥）	fei（飞）	腓骨	肱	gong（弓）	hong（红）	肱骨
睾	gao（高）	gao（搞）	睾丸	骺	hou（猴）	gou（垢）	骨骺
冠	guan（关）	guan（贯）	冠状面	踝	huai（怀）	guo（果）	踝关节
颌	he（合）	ge（格）	上颌骨	畸	ji（机）	qi（奇）	畸形
喙	hui（绘）	zhuo（琢）	喙突	睑	jian（检）	lian（脸）	眼睑
奇	ji（机）	qi（奇）	奇静脉	颈	jing（井）	jin（经）	颈部
颊	jia（夹）	xia（霞）	面颊	咀	ju（举）	zu（阻）	咀嚼
茎	jing（经）	jing（净）	茎突	棘	ji（及）	la（辣）	棘突
臼	jiu（旧）	jiu（纠）	髋臼	咯	ka（咔）	ke（咳）	咯血
颏	ke（科）	hai（海）	颏孔	廓	kuo（阔）	guo（锅）	耳廓
髋	kuan（宽）	kua（跨）	髋骨	蕾	lei（磊）	lei（雷）	味蕾
髁	ke（科）	ke（可）	外侧髁	脉	mai（麦）	mo（莫）	静脉
肋	lei（类）	le（乐）	肋骨	衄	nǜ（女，四声）	niu（纽）	鼻衄
娩	mian（免）	wan（晚）	分娩	胼	pian（片，二声）	bing（并）	胼胝体
毗	pi（皮）	bi（比）	毗邻	髂	qia（恰）	ka（卡）	髂骨
憩	qi（器）	xi（息）	憩室	穹	qiong（穷）	gong（工）	穹隆
鞘	qiao（俏）	xiao（肖）	腱鞘	颧	quan（泉）	quan（犬）	颧骨
龋	qu（取）	yu（鱼）	龋齿	骰	tou（投）	shai（色）	骰骨
桡	rao（饶）	nao（挠）	桡骨	臀	tun（屯）	dian（垫）	臀部
唾	tuo（拓）	chui（垂）	唾液	蜗	wo（窝）	guo（郭）	蜗窗
蔓	wan（万）	man（漫）	蔓状静脉丛	峡	xia（霞）	jia（夹）	咽峡
胝	zhi（只）	di（低）	胼胝体	膝	xi（西）	qi（七）	膝关节
纤	xian（先）	qian（千）	神经纤维	霰	xian（线）	san（散）	霰粒肿
涎	xian（贤）	yan（延）	上涎核	蕈	xun（迅）	jun（菌）	蕈状乳头
楔	xie（歇）	qi（汽）	楔骨	匝	za（砸，一声）	za（杂）	轮匝肌
囟	xin（信）	xing（兴）	前、后囟	趾	zhi（纸）	zhi（直）	趾骨
阈	yu（玉）	huo（或）	鼻阈	孑	jie（节）	zi（字）	孑上肌
砧	zhen（真）	zhan（占）	砧骨	缔	di（弟）	ti（替）	结缔组织
脂	zhi（支）	zhi（酯）	脂肪				
眦	zi（字）	ci（次）	内眦				

参考答案(部分)

绪　论

二、填空题

1. 颅　足
2. 浅　外
3. 尺侧　桡侧
4. 胫侧　腓侧
5. 纵　横
6. 头　颈　躯干　四肢

三、判断题

1. ×　2. ×　3. √

四、单项选择题

A型题：

1. B　2. C　3. C　4. C　5. D　6. E　7. C　8. B

B型题：

9. C　10. D　11. A　12. B　13. E　14. B　15. A　16. E　17. C　18. D
19. E　20. C　21. B　22. A　23. D

五、多项选择题

1. ABCD　2. ABCDE　3. ABCDE

第一章　细胞与基本组织

二、填空题

1. 紧密连接　中间连接　桥粒　缝隙连接
2. 角化的　口腔　食管
3. 柱状细胞　杯状细胞　梭形细胞　锥体形细胞　呼吸道黏膜
4. 腺上皮　腺　腺细胞
5. 导管　毛细血管　激素
6. 浆液腺　黏液腺　混合腺
7. 脂肪组织　网状组织

8. 巨噬细胞　肥大细胞　浆细胞
9. 软骨组织　骨组织　血液
10. 组胺　白三烯　肝素
11. 胶原纤维　成纤维细胞。
12. 3.0×10^{12}/L　100g/L
13. 白细胞　中性粒细胞
14. 发生部位　功能　T淋巴细胞　B淋巴细胞
15. 细胞核　细胞器　血红蛋白　渗透压
16. 巨核　胞质碎片　止血和凝血
17. 幼稚　单个　同源细胞群
18. 透明软骨　弹性软骨　纤维软骨
19. 膜内成骨　软骨内成骨
20. 肌纤维　肌膜　肌质　肌浆网
21. 肌内膜　肌束　肌束膜
22. 骨骼肌　心肌　平滑肌
23. 感觉神经元　运动神经元　中间神经元
24. 髓鞘　郎飞结
25. 星形胶质细胞　少突胶质细胞　小胶质细胞　室管膜细胞
26. 游离神经末梢　肌梭　触觉小体

三、判断题

1. ×　2. √　3. √　4. ×　5. √　6. √　7. √　8. √

四、单项选择题

A型题：

1. C　2. B　3. A　4. B　5. B　6. D　7. A　8. B　9. E　10. B
11. E　12. E　13. D　14. B　15. A　16. E　17. E　18. D　19. A　20. C
21. A　22. C　23. E　24. D　25. A　26. C　27. A　28. C　29. D　30. D
31. B　32. A　33. E　34. D　35. A　36. D　37. C　38. C　39. B　40. C
41. A　42. B　43. C　44. A　45. D　46. C　47. E　48. E　49. C　50. A
51. E　52. B　53. A　54. A　55. D　56. E　57. A　58. B　59. E　60. B
61. A　62. A　63. E　64. C　65. D　66. C　67. B　68. C　69. D　70. B
71. B　72. C　73. A　74. E　75. D　76. A

B型题：

77. C　78. E　79. D　80. B　81. A　82. E　83. B　84. C　85. B　86. A
87. D　88. E　89. B　90. A　91. C　92. B　93. A　94. E　95. A　96. A
97. C　98. E　99. D　100. B

五、多项选择题

1. ABCD　2. BE　3. CDE　4. ABC　5. ADE
6. ABC　7. BDE　8. ABC　9. CD　10. BD
11. ABCD　12. ACE　13. CE　14. ABDE　15. ABCD
16. ACD　17. ABC　18. ACDE　19. ABCDE　20. ABE
21. ABCDE　22. BC　23. AD　24. ABCDE　25. BDE
26. ABCD　27. AB　28. ABE　29. ACE　30. ACE

31. CDE	32. ABD	33. ABCE	34. BCDE	35. ABCD
36. CDE	37. CDE	38. BD	39. ABCE	40. ACE
41. CE	42. BD	43. AE	44. BC	45. ACDE
46. BDE				

第二章 运动系统

二、填空题

1. 骨 骨连结 骨骼肌
2. 长骨 短骨 扁骨 不规则骨
3. 骨密质 骨松质
4. 椎体 椎弓 突起
5. 胸骨柄 胸骨体 剑突
6. 2 7
7. 额骨 枕骨 蝶骨 筛骨 顶骨 颞骨
8. 15 下颌骨 舌骨 犁骨
9. 第七颈椎(隆椎) 大椎
10. 髂骨 耻骨 坐骨 髋臼
11. 第四腰椎 临床腰椎
12. 锁骨
13. 椎骨 胸骨 肋骨 骶骨 尾骨
14. 肩胛骨 锁骨
15. 7 12 5
16. 上颌窦
17. 颅前窝 颅中窝 颅后窝
18. 直接连结 间接连结
19. 复关节 肱尺关节 肱桡关节 桡尺近侧关节
20. 胸骨 胸椎 12 对肋骨
21. 椎间盘 韧带 关节突关节
22. 纤维环 髓核
23. 椎间盘 前纵韧带 后纵韧带
24. 椎体 椎弓
25. 颈曲 胸曲 腰曲 骶曲
26. 后伸 前屈
27. 棘上韧带 弓间韧带(黄韧带)
28. 下颌窝 关节结节 下颌头
29. 肩胛骨关节盂 肱骨头
30. 股骨下端 胫骨上端 髌骨
31. 前交叉韧带 后交叉韧带 内侧半月板 外侧半月板
32. 桡骨下端 尺骨下端的关节盘 手舟骨 月骨 三角骨
33. 髋骨 骶骨 尾骨
34. 咀嚼肌 面肌(表情肌)

35. 头屈向同侧，面转向对侧　头后仰
36. 胸腔　腹腔　呼吸肌
37. 腹外斜肌　腹内斜肌　腹横肌
38. 腹直肌鞘　腱划
39. 肩关节　肩关节(上肢)外展
40. 屈肘、屈肩关节　伸肘、伸肩关节
41. 股直肌　股内侧肌　股外侧肌　股中间肌　伸膝关节
42. 股二头肌　半膜肌　半腱肌
43. 前群　后群　内侧群
44. 髂窝　腰椎体侧面　髂腰肌
45. 腓肠肌　比目鱼肌　跖屈

三、判断题

1. ×　2. √　3. ×　4. ×　5. √　6. ×　7. √　8. √　9. √　10. ×

四、单项选择题

A 型题：

1. D　2. C　3. E　4. A　5. D　6. C　7. C　8. A　9. D　10. B
11. C　12. C　13. B　14. D　15. A　16. A　17. A　18. B　19. C　20. B
21. B　22. B　23. E　24. C　25. A　26. C　27. A　28. E　29. B　30. D
31. A　32. C　33. B　34. B　35. B　36. D　37. A　38. E　39. A　40. B
41. B　42. A　43. D　44. A　45. C　46. C　47. D　48. B　49. C　50. B
51. B　52. C

B 型题：

53. B　54. C　55. D　56. A　57. B　58. B　59. E　60. A　61. C　62. B
63. D　64. A　65. C

五、多项选择题

1. ACD　2. ACD　3. CDE　4. ABCD　5. ACD
6. ABCDE　7. BCE　8. ACDE　9. ABE　10. ABD
11. ABCE　12. ABC　13. BCDE　14. ABC　15. ABCD
16. ADE　17. ABDE　18. ABCE　19. AC　20. AD
21. CE　22. ACD　23. BC　24. CE　25. ABC
26. BDE　27. AB　28. AC

第三章　消化系统

二、填空题

1. 消化管　消化腺　口腔　咽　食管　胃　小肠　大肠　口腔腺　肝　胰
2. 黏膜层　黏膜下层　肌层　外膜　上皮　固有层　黏膜肌层
3. 腭垂　两侧腭舌弓　舌根
4. 牙冠　牙颈　牙根　牙质　牙釉质　牙骨质　牙髓　牙龈　牙槽骨　牙周膜
5. 20　28~32　切牙　尖牙　前磨牙　磨牙
6. 上颌第二磨牙　舌下阜　舌下襞　舌下阜
7. 鼻咽　口咽　喉咽　鼻后孔　咽峡　咽鼓管　喉口　食管

8. 25 第六颈椎下缘平面 贲门
9. 颈部 胸部 腹部 腹部
10. 三 食管起始处 食管与左主支气管交叉处 食管穿膈处
11. 左季肋区 腹上区
12. 贲门 食管 幽门 十二指肠 胃小弯 胃大弯 贲门部 幽门部 胃体 胃底
13. 胃蛋白酶原 盐酸 内因子
14. 上部 降部 水平部 升部 降部 后内侧
15. 结肠带 结肠袋 肠脂垂
16. 脐与右髂前上棘连线的中、外 1/3 交点处
17. 胆囊窝 储存和浓缩胆汁 右锁骨中线与右肋弓相交处的稍下方
18. 右季肋区 腹上区 左季肋区
19. 中央静脉 肝板 胆小管 肝血窦
20. 小叶间动脉 小叶间静脉 小叶间胆管
21. 胆囊管 肝总管 肝十二指肠韧带
22. 胆总管 胰管 十二指肠大乳头
23. 1~2 胰头 胰体 胰尾
24. 胰液 胰岛 胰岛素 胰高血糖素
25. 肝胃韧带 肝十二指肠韧带

三、判断题

1. × 2. × 3. √ 4. √ 5. √ 6. × 7. √ 8. × 9. × 10. ×
11. × 12. × 13. √ 14. × 15. √ 16. ×

四、单项选择题

A 型题：

1. B 2. B 3. E 4. E 5. C 6. B 7. A 8. A 9. B 10. E
11. A 12. E 13. B 14. C 15. E 16. D 17. D 18. E 19. D 20. A
21. D 22. D 23. A 24. A 25. B 26. D 27. C 28. D 29. A 30. D
31. A 32. E 33. C 34. E 35. C 36. E 37. A 38. A 39. E 40. E
41. B 42. C 43. E 44. E 45. D 46. B 47. C 48. C 49. A 50. E

B 型题：

51. A 52. A 53. C 54. C 55. D 56. C 57. A 58. A 59. E 60. B
61. A 62. C

五、多项选择题

1. ACE 2. ABCD 3. BC 4. ABD 5. ACD
6. CE 7. ABD 8. ABE 9. AD 10. ABE
11. ABCDE 12. ACDE 13. ACDE 14. ABC 15. AC
16. CE 17. ABCE 18. ABDE 19. ACE 20. ABDE
21. BE 22. CD

第四章 呼 吸 系 统

二、填空题

1. 鼻 咽 喉

2. 额窦　上颌窦　筛窦的前、中群　筛窦的后群　蝶窦
3. 甲状软骨　环状软骨　会厌软骨　杓状软骨
4. 甲状软骨　环状软骨　会厌软骨
5. 喉前庭　喉中间腔　声门下腔　声门下腔
6. 黏膜　黏膜下层　外膜　假复层纤毛柱状上皮
7. 浆膜　脏胸膜　壁胸膜
8. 肋胸膜　膈胸膜　纵隔胸膜　胸膜顶
9. 导气　呼吸
10. 肺叶支气管　肺段支气管　小支气管　细支气管　终末细支气管
11. 呼吸性细支气管　肺泡管　肺泡囊　肺泡
12. 终末细支气管　肺泡　换气(气体交换)
13. 单核细胞　吞噬功能
14. 上纵隔　下纵隔
15. 前纵隔　中纵隔　后纵隔

三、判断题

1. √　2. ×　3. ×　4. √　5. √　6. ×　7. ×　8. ×　9. ×　10. √
11. √　12. ×

四、单项选择题

A 型题:

1. A	2. E	3. B	4. D	5. D	6. C	7. C	8. D	9. B	10. D
11. D	12. A	13. B	14. E	15. E	16. D	17. B	18. A	19. C	20. E
21. B	22. B	23. B	24. C	25. C	26. D	27. C	28. B	29. C	30. B
31. E	32. C	33. A	34. C	35. D	36. A	37. D	38. C	39. D	40. C
41. B	42. E	43. D	44. E	45. E	46. A	47. A			

B 型题:

48. B	49. C	50. B	51. C	52. D	53. A	54. B	55. C	56. B	57. D
58. D	59. A	60. D	61. E	62. A	63. D				

五、多项选择题

1. ABC	2. ABCD	3. ABCDE	4. CE	5. CE
6. ABCDE	7. AC	8. BCDE	9. ABC	10. CD
11. BCDE	12. ABCE	13. ABDE	14. BCE	

第五章　泌尿系统

二、填空题

1. 肾　输尿管　膀胱　尿道
2. 肾门　肾蒂
3. 两侧　上　外位
4. 高　第 11 胸椎体　第 2 腰椎体　中
5. 竖脊　第 12
6. 皮质　髓质
7. 纤维囊　脂肪囊　肾筋膜

8. 肾小体　肾小管　血管球　肾小囊　近端小管　细段　远端小管
9. 血管极　尿极
10. 近端小管直部　细段　远端小管直部
11. 腹部　盆部　壁内部　尿道内口
12. 起始处　跨越髂血管处　穿膀胱壁处
13. 膀胱尖　膀胱体　膀胱底　膀胱颈
14. 精囊腺　输精管壶腹　直肠　子宫　阴道

三、判断题

1. ×　2. √　3. ×　4. ×　5. √　6. ×　7. ×　8. √　9. √　10. √

四、单项选择题

A 型题:

1. A　2. D　3. A　4. A　5. C　6. D　7. B　8. B　9. B　10. D
11. A　12. A　13. C　14. B　15. E　16. B　17. A　18. C　19. D　20. B
21. D　22. D　23. C　24. B　25. C　26. B　27. A　28. D　29. C　30. E

B 型题:

31. B　32. A　33. D　34. E　35. C　36. A　37. B　38. E　39. E　40. D
41. A　42. C　43. B　44. A　45. C　46. E

五、多项选择题

1. ACDE　2. BCDE　3. ABC　4. BCD　5. BCE
6. ABE　7. ACE　8. BD　9. CDE　10. BCDE
11. ACD　12. ABCD　13. BCDE　14. BCD　15. CD
16. ABDE

第六章　生 殖 系 统

二、填空题

1. 生殖腺　生殖管道　附属腺
2. 睾丸　附睾　输精管　射精管　尿道　前列腺　精囊腺　尿道球腺
3. 输精管壶腹末端　精囊腺的排泄管　前列腺　尿道前列腺部
4. 睾丸　深环
5. 尿道内口　尿道膜部　尿道外口　尿道外口
6. 卵巢　输卵管　子宫　阴道　前庭大腺
7. 盆腔　膀胱　直肠　前倾前屈
8. 子宫底　子宫体　子宫颈　子宫颈阴道部　子宫颈阴道上部　子宫腔　子宫颈管
9. 子宫阔韧带　子宫圆韧带　子宫主韧带　子宫骶韧带　子宫圆韧带　子宫主韧带
10. 子宫内膜　子宫肌层　子宫外膜　子宫内膜
11. 月经期　增生期(卵泡期)　分泌期(黄体期)
12. 输卵管子宫部　输卵管峡　输卵管壶腹　输卵管漏斗
13. 输卵管壶腹　输卵管伞
14. 阴道壁　腹膜
15. 尿生殖三角　肛门三角
16. 输卵管　子宫　阴道

三、判断题

1. √　2. √　3. ×　4. ×　5. √　6. √　7. ×　8. ×　9. √　10. √

四、单项选择题

A 型题：

1. C　2. C　3. C　4. E　5. B　6. A　7. D　8. E　9. B　10. C
11. C　12. C　13. C　14. C　15. B　16. E　17. B　18. A　19. E　20. B
21. D　22. E　23. E　24. B　25. A　26. B　27. C　28. B　29. A　30. C

B 型题：

31. C　32. D　33. B　34. C　35. B　36. D　37. C　38. D　39. B　40. A

五、多项选择题

1. ABCE　2. BCDE　3. ABCDE　4. BE　5. BDE
6. CD　7. ACE　8. AB　9. BC　10. AB
11. CDE　12. BCE

第七章　脉管系统

一、名词解释　略

二、填空题

1. 心血管系统　淋巴系统
2. 左心室　右心房
3. 右心室　左心房
4. 中纵隔　第 2~6　第 5~8　大血管　膈
5. 5　1~2
6. 上腔静脉　下腔静脉　冠状窦口　右房室口
7. 房间隔　卵圆孔
8. 二尖瓣　三尖瓣
9. 左冠状动脉　右冠状动脉
10. 升主动脉　主动脉弓　降主动脉
11. 主动脉裂孔　4　左髂总动脉　右髂总动脉
12. 头臂干　左颈总动脉　左锁骨下动脉
13. 头臂干　主动脉弓
14. 椎动脉　胸廓内动脉　甲状颈干
15. 锁骨下动脉　第 6~1　枕骨大孔
16. 腹腔干　肠系膜上动脉　肠系膜下动脉
17. 胃左动脉　肝总动脉　脾动脉
18. 上腔静脉系　下腔静脉系　心静脉系
19. 颈内静脉　锁骨下静脉
20. 左头臂静脉　右头臂静脉　右心房　奇静脉
21. 颈外静脉　胸锁乳头肌表面下行　锁骨下静脉
22. 头静脉　贵要静脉　肘正中静脉
23. 手背静脉网的尺侧　肱静脉或腋静脉
24. 头静脉　贵要静脉

25. 内　前方　内侧　耻骨结节外　股静脉
26. 外　外踝　腘静脉
27. 肠系上膜静脉　脾静脉
28. 内皮　内皮下层
29. 内皮细胞　基膜
30. 心内膜　心肌膜　心外膜
31. 颈干　锁骨下干　支气管纵隔干　腰干　肠干
32. 胸导管　右淋巴导管　右淋巴导管　右静脉角

三、判断题

1. ×　2. √　3. ×　4. √　5. ×　6. ×　7. ×　8. ×　9. ×　10. ×
11. ×　12. ×　13. √　14. √　15. √

四、单项选择题

A 型题:

1. A　2. C　3. E　4. D　5. E　6. C　7. D　8. C　9. A　10. D
11. A　12. C　13. B　14. C　15. C　16. C　17. B　18. D　19. B　20. D
21. E　22. D　23. B　24. D　25. B　26. C　27. A　28. B　29. E　30. C
31. E　32. B　33. A　34. E　35. A　36. D　37. D　38. A　39. E　40. B
41. C　42. D　43. B　44. D　45. E　46. C　47. E　48. D　49. C　50. E
51. C　52. E　53. E　54. A　55. D　56. E　57. C　58. B　59. D　60. E
61. E　62. B　63. C

B 型题:

64. B　65. E　66. C　67. A　68. D　69. B　70. D　71. C　72. E　73. A
74. A　75. B　76. C　77. E　78. D

五、多项选择题

1. CD　2. BC　3. ABC　4. ACE　5. ABCE
6. ACDE　7. ABCE　8. ABDE　9. ABCD　10. ADE
11. ABC　12. ABCD　13. ABDE　14. ACDE　15. BE
16. BC　17. ABCDE　18. ACDE　19. BDE　20. ABCDE
21. ABD　22. ABCDE　23. BCDE　24. ABCDE　25. ABDE

第八章　感　觉　器

二、填空题

1. 视锥细胞
2. 瞳孔括约肌　瞳孔开大肌
3. 睫状体　后房　瞳孔　前房
4. 角膜　房水　晶状体　玻璃体
5. 睑结膜　球结膜
6. 砧骨　锤骨　镫骨
7. 骨半规管　前庭　耳蜗
8. 短　平直　咽鼓管　鼓室
9. 迷路　骨迷路　膜迷路

10. 壶腹嵴　椭圆囊斑　球囊斑
11. 表皮　真皮
12. 基底层　棘层　颗粒层　透明层　角质层
13. 颗粒层　角质层
14. 乳头层　网织层
15. 甲母质
16. 毛乳头

三、判断题

1. √　2. √　3. ×　4. ×　5. √　6. ×　7. √　8. √　9. ×　10. √
11. ×

四、单项选择题

A 型题:

1. D　2. C　3. C　4. D　5. C　6. C　7. C　8. D　9. D　10. A
11. A　12. D　13. C　14. B　15. B　16. D　17. C　18. D　19. A　20. A
21. C　22. D　23. D　24. C　25. E　26. D　27. B　28. D　29. D　30. B

B 型题:

31. D　32. B　33. C　34. A　35. B　36. D　37. E　38. C　39. A　40. D
41. A　42. C　43. B　44. C　45. E　46. B　47. D　48. C　49. A　50. E

五、多项选择题

1. BCDE　2. ACE　3. ABCDE　4. BCD　5. CDE
6. ABCDE　7. ABCE　8. ACDE　9. ACDE　10. ABCE

第九章　神 经 系 统

二、填空题

1. 脑　脊髓
2. 躯体神经　内脏神经
3. 椎管内　延髓　第一腰椎体下缘
4. 颈膨大　腰骶膨大
5. 31　8　12　5　5　1
6. 颅腔　端脑　小脑　间脑　中脑　脑桥　延髓
7. 视交叉　垂体　漏斗　灰结节
8. 大脑纵裂　大脑镰　胼胝体
9. 大脑横裂　小脑幕
10. 联合纤维　联络纤维　投射纤维
11. 尾状核　豆状核　旧纹状体　尾状核　新纹状体
12. 前根　后根　椎间孔
13. 肌皮神经　腋神经　桡神经
14. 2　4　6　10
15. 尺神经　正中神经　桡神经
16. 股神经　闭孔神经　坐骨神经
17. Ⅴ(三叉神经)　Ⅶ(面神经)　Ⅸ(舌咽神经)　Ⅹ(迷走神经)

18. Ⅰ(嗅神经) Ⅱ(视神经) Ⅷ(前庭蜗神经)
19. 三叉神经第1支(眼神经) 三叉神经第2支(上颌神经) 三叉神经第3支(下颌神经)
20. 上斜肌 外直肌
21. 三叉神经第3支(下颌神经) 面神经
22. 颏舌肌 患侧
23. 胸1~腰3脊髓节段侧角 脑干
24. 硬膜 蛛网膜 软膜
25. 颈内动脉 椎动脉
26. 颈内动脉 上外侧面及岛叶 中央支 背侧丘脑 内囊
27. 脊神经节 薄束核、楔束核 腹后外侧核
28. 皮质核束 皮质脊髓束

三、判断题

1. × 2. √ 3. √ 4. × 5. √ 6. × 7. √ 8. × 9. √ 10. √
11. √

四、单项选择题

A型题:

1. B 2. D 3. C 4. A 5. C 6. C 7. B 8. B 9. A 10. A
11. C 12. C 13. C 14. E 15. D 16. C 17. C 18. C 19. E 20. C
21. A 22. B 23. A 24. C 25. C 26. C 27. C 28. A 29. D 30. B
31. C 32. E 33. C 34. B 35. C 36. C 37. B 38. D 39. A 40. C
41. C 42. E 43. B 44. B 45. A 46. E 47. B 48. B 49. A 50. B
51. A 52. B 53. B 54. D 55. A 56. A 57. E 58. A 59. C 60. A
61. B 62. B 63. C 64. B 65. C 66. D 67. A 68. D 69. B 70. D
71. A 72. A 73. A 74. D 75. B

B型题:

76. D 77. A 78. B 79. A 80. C 81. B 82. A 83. C 84. B 85. D
86. B 87. A 88. D 89. B 90. A 91. C

五、多项选择题

1. BE 2. AD 3. BE 4. ADE 5. BCD
6. ABCDE 7. DE 8. AE 9. ACDE 10. ABE
11. ACE 12. ABD 13. ADE 14. ABCD 15. ABCDE
16. ACDE 17. ABCDE 18. AB 19. ABCE

第十章 内分泌系统

二、填空题

1. 甲状腺 甲状旁腺 肾上腺 垂体 松果体
2. 侧叶 峡部 2~4 甲状腺滤泡 滤泡旁细胞 甲状腺激素 降钙素
3. 甲状旁腺素 升高血钙
4. 球状带 束状带 网状带 嗜铬细胞 肾上腺素 去甲肾上腺素
5. 垂体窝 腺垂体 神经垂体

三、判断题

1. √　2. ×　3. ×　4. ×

四、单项选择题

A 型题：

1. B　2. B　3. A　4. E　5. D　6. A　7. E　8. B

B 型题：

9. A　10. C　11. E　12. C　13. A　14. B

五、多项选择题

1. ABC　2. BD　3. ACE　4. ABCDE　5. ABC

第十一章　人体胚胎早期发育

二、填空题

1. 38 周　胚期　胎期
2. 第 5~6 天　第 11~12 天
3. 子宫体　子宫底　异位妊娠　输卵管
4. 卵裂　卵裂球
5. 滋养层　内细胞群　胚泡腔　植入(着床)
6. 基蜕膜　包蜕膜　壁蜕膜
7. 下胚层　上胚层
8. 绒毛膜　羊膜　卵黄囊　尿囊　脐带
9. 动脉韧带　肝圆韧带
10. 3　8

三、判断题

1. ×　2. √　3. ×　4. ×　5. √　6. √　7. ×　8. √　9. ×　10. ×

四、单项选择题

A 型题：

1. C　2. E　3. C　4. B　5. A　6. B　7. B　8. B　9. C　10. E
11. D　12. D　13. D　14. E　15. E

B 型题：

16. B　17. A　18. C　19. E　20. D

五、多项选择题

1. BCD　2. BCDE　3. AD　4. BD　5. ABCDE
6. ACDE　7. ABCDE

10. 3 18

人体生理学　知识点

第一章　细胞的基本功能

理解应用(一)　细胞膜的物质转运功能

细胞内外的各种物质不断地交换，物质通过细胞膜转运的基本方式有以下四种：

1. 单纯扩散　脂溶性的小分子物质从细胞膜的高浓度一侧向低浓度一侧移动的过程，称为单纯扩散。例如：氧和二氧化碳等气体分子。

2. 易化扩散　易化扩散指一些不溶于脂质或脂溶性很小的物质，在膜结构中一些特殊蛋白质分子的“帮助”下，从膜的高浓度一侧向低浓度一侧的移动过程。易化扩散分为以下两种类型：

(1) 载体转运：载体转运是指在细胞膜上载体蛋白的帮助下完成的跨膜物质运输形式。如葡萄糖、氨基酸等营养性物质的进出细胞就属于这种类型的易化扩散。

(2) 通道转运：通道运输是指在细胞膜上通道蛋白质的帮助下完成的跨膜物质运输形式。通过通道扩散的物质主要是 Na^+、K^+、Ca^{2+}、Cl^- 等离子。

单纯扩散和易化扩散都不需要细胞代谢供能，因而均属于被动转运。

3. 主动转运　主动转运是指细胞膜通过本身的某种耗能过程，将某物质的分子或离子由膜的低浓度一侧移向高浓度一侧的过程。

(1) 原发性主动转运：原发性主动转运是指离子泵利用分解 ATP 产生的能量将离子逆浓度梯度和(或)电位梯度进行跨膜转运的过程。在哺乳动物细胞上普遍存在的离子泵有钠-钾泵(简称钠泵)和钙泵。

钠泵活动的意义：①钠泵活动造成的细胞内高 K^+，是许多代谢反应进行的必需条件；②细胞内低 Na^+ 能阻止细胞外水分大量进入细胞，对维持细胞的正常体积、形态和功能具有一定意义；③建立一种势能储备，供其他耗能过程利用。④钠泵活动形成的 Na^+ 和 K^+ 跨膜浓度梯度是细胞发生电活动的基础。

(2) 继发性主动转运：继发性主动转运是指驱动力并不直接来自 ATP 的分解，而是来自原发性主动转运所形成的离子浓度梯度而进行的物质逆浓度梯度和(或)电位梯度的跨膜转运方式。葡萄糖、氨基酸在小肠黏膜上皮的主动吸收就是一个典型的继发性主动转运。

4. 出胞与入胞式物质转运　细胞对一些大分子的物质或固态，液态的物质团块，可通过出胞和入胞的方式进行转运。

单纯扩散、易化扩散和主动转运特点

转运方式	转运物质	转运方向	性质	特点
单纯扩散	小分子脂溶性物质；例：NH_3、CO_2、O_2	高浓度→低浓度	被动过程	扩散速度取决于：①膜两侧的该物质浓度梯度②膜对该物质的通透性
易化扩散	非脂溶性小分子或离子；例：葡萄糖、氨基酸；Na^+，K^+ 等离子	高浓度→低浓度	被动过程	参与易化扩散：① 载体蛋白质 ② 通道蛋白质

续表

转运方式	转运物质	转运方向	性质	特点
主动转运	非脂溶性小分子或离子	逆电 - 化学梯度	主动过程 消耗能量	原发性主动转运通过离子泵;继发性主动转运依赖离子泵转运而储备势能

【例题1】 关于 Na^+ 泵生理作用的描述,不正确的是( )

A. Na 泵活动使膜内外 Na^+、K^+ 呈均匀分布

B. 将 Na^+ 移出膜外,将 K^+ 移入膜内

C. 建立势能储备,为某些营养物质吸收创造条件

D. 细胞外高 Na^+ 可维持细胞内外正常渗透压

E. 细胞内高 K^+ 保证许多细胞代谢反应进行

【解析】 答案:A

钠泵本质是镶嵌在细胞膜中的一种蛋白质,具有 ATP 酶的活性,又称作 Na^+-K^+ 依赖式 ATP 酶。钠泵的作用:当细胞内的 Na^+ 增加和(或)细胞外 K^+ 增加,钠泵激活,逆浓度差转运 Na^+、K^+ 离子,维持细胞膜两侧 Na^+、K^+ 的不均匀分布。意义:①造成细胞内高 K^+,为许多代谢反应所必需;②造成细胞外高 Na^+,能阻止水分大量进入细胞,防止细胞水肿;③建立势能储备,为生物电的产生提供了前提。

【例题2】 易化扩散和主动转运的共同特点是( )

A. 要消耗能量　　B. 不消耗能量　　C. 顺浓度梯度

D. 顺电位梯度　　E. 需要膜蛋白的介导

【解析】 答案:E

易化扩散是需要膜蛋白的介导,顺浓度梯度,不消耗能量的转运方式;主动转运是需要膜蛋白的介导,逆浓度梯度,消耗能量的转运方式。故共同点是需要膜蛋白的介导。

理解应用(二) 细胞的兴奋性和生物电现象

1. 兴奋性和阈值

刺激引起兴奋的条件　刺激要引起组织细胞发生兴奋,必须具备以下三个条件,即一定的刺激强度、一定的刺激持续时间和一定的刺激强度 - 时间变化率。任何刺激要引起组织兴奋,刺激的三个参数必须达到某一临界值。这种刚能引起组织发生兴奋的最小刺激称为阈刺激。小于阈值的刺激称为阈下刺激。大于阈值的刺激称为阈上刺激。如果固定刺激的持续时间和强度 - 时间变化率,那么引起组织发生兴奋的最小刺激强度称为阈强度。阈强度是衡量组织兴奋性高低的指标之一。

【例题】 兴奋性是机体或组织对刺激( )

A. 发生应激的特性　　B. 发生反应的特性　　C. 产生适应的特性

D. 引起反射的特性　　E. 引起内环境稳态的特性

【解析】 答案 B

现代生理学中,兴奋即动作电位的产生过程。兴奋性是指可兴奋细胞受到刺激后产生动作电位的能力。凡在受刺激后能产生动作电位的细胞(组织),称为可兴奋细胞(组织)。

2. 静息电位及其产生原理

(1) 静息电位:指细胞处于安静状态下(未受刺激时)膜内外的电位差,表现为膜外相对为正而膜内相对为负,又称跨膜静息电位。

(2) 形成机制:静息电位是 K^+ 外流所形成的一种电 - 化学平衡电位。

(3) 影响因素:①膜外 K^+ 浓度与膜内 K^+ 浓度的差值决定 E_k,因而细胞外 K^+ 浓度的改变会显著影响静息电位。②细胞膜对 K^+ 和 Na^+ 的相对通透性可影响静息电位的大小,如果细胞膜对 K^+ 的通透性相对增大,静息电位也就增大(更趋向于 E_k),反之,细胞膜对 Na^+ 的通透性相对增大,则静息电位减小(更

趋向于 E_{Na})。③钠-钾泵活动的水平对静息电位也有一定程度的影响。

【例题】静息电位接近于(　　)

A. 钠平衡电位　　B. 钾平衡电位

C. 钠平衡电位与钾平衡电位之和　　D. 钠平衡电位与钾平衡电位之差

E. 峰电位与超射之差

【解析】答案:B

由钠泵形成的膜内高 K^+ 和膜外高 Na^+ 的状态,是产生各种细胞生物电现象的基础,而这两种离子通过电压门控性通道的易化扩散,是静息电位和动作电位形成的直接原因,K^+ 外流的平衡电位(E_k)接近静息电位(因为 Na^+ 内流中和一部分膜内的负电荷)。

3. 动作电位及其产生原理

(1) 动作电位:可兴奋组织或细胞受到阈上刺激时,在原有的静息电位基础上发生的一次膜两侧电位的快速倒转和复原,亦即先出现膜的快速去极化而后出现复极化。

(2) 形成过程:阈刺激→细胞部分去极化→ Na^+ 少量内流→去极化至阈电位水平→ Na^+ 内流与去极化形成正反馈(Na^+ 暴发性内流)→达到 Na^+ 平衡电位(膜内为正膜外为负)→形成动作电位上升支→细胞膜去极化达一定电位水平→ Na^+ 内流停止、K^+ 迅速外流→形成动作电位下降支。

总之,动作电位的上升支是由钠内流形成的,动作电位的下降支是由钾外流形成的。

(3) 动作电位特征:①产生和传播都是"全或无"式的。②动作电位不能总和。③传播的方式为局部电流,传播速度与细胞直径成正比。④动作电位是一种快速、可逆的电变化,产生动作电位的细胞膜将经历一系列兴奋性的变化:绝对不应期-相对不应期-超常期-低常期,它们与动作电位各时期的对应关系是:锋电位—绝对不应期;负后电位—相对不应期和超常期;正后电位—低常期。⑤双向传导:动作电位向两侧未兴奋部位传导。

【例题】下列关于动作电位的描述中,哪一项是正确的(　　)

A. 刺激强度低于阈值时,出现低幅度的动作电位

B. 刺激强度达到阈值后,再增加刺激强度能使动作电位幅度增大

C. 动作电位的扩布方式是电紧张性的

D. 动作电位随传导距离增加而变小

E. 在不同的可兴奋细胞,动作电位的幅度和持续时间是不同的

【解析】答案:E

动作电位是细胞产生兴奋的标志。单一神经细胞动作电位的特点是:①"全或无"现象:该现象可以表现在两方面,其一是动作电位幅度,细胞接受有效刺激后,一旦产生动作电位,其幅值就达到最大,增大刺激强度,动作电位的幅值不再增大。也就是说,动作电位可因刺激过弱而不产生(无),而一旦产生幅值即达到最大(全)。②不衰减传导,动作电位在细胞膜的某一处产生后,可沿着细胞膜进行传导,无论传导距离多远,其幅度和形状均不改变。③脉冲式传导:由于不应期的存在,使连续的多个动作电位不可能融合在一起,因此两个动作电位之间总是具有一定的间隔,形成脉冲式。

4. 极化、去极化、超极化、复极化和阈电位的概念

名称	概念
极化	细胞在安静(未受刺激)时,膜两侧所保持的内负外正的状态称为膜的极化
去极化	使静息电位的数值向膜内负值减小的方向变化。去极化表现为兴奋
超极化	静息电位的数值向膜内负值增大的方向变化。超极化表现为抑制
复极化	细胞受刺激后,细胞膜先发生去极化,然后再向正常安静时膜内所处的负值恢复,称为复极化
阈电位	使膜对 Na^+ 通透性突然增大的临界膜电位称为阈电位
阈强度	是指能使膜的静息电位去极化到阈电位而爆发动作电位的最小刺激强度

【例题】 当细胞膜内的静息电位负值加大时，称为膜（ ）

A. 极化　B. 超极化　C. 复极化　D. 反极化　E. 去极化

【解析】 答案:B

主要考各极化过程的概念。生理学中把细胞在静息状态下膜外为正电位，膜内为负电位的状态称极化。静息电位增大的过程叫超极化。细胞膜去极化后再向静息电位方向恢复的过程叫复极化。去极化至零电位后膜电位如进一步变为正值称反极化。静息电位减小的过程叫去极化。

5. 兴奋在同一细胞上传导的特点

(1) 双向性：神经纤维上任何一点受到有效刺激而发生兴奋时，冲动会沿神经纤维向其两端同时传导。

(2) 绝缘性：一条神经干包含有许多神经纤维，在各条纤维上传导的冲动互不干涉。

(3) 相对不疲劳性：神经纤维与其他细胞比较，能够较为持久地保持传导兴奋的功能，即在传导兴奋上不易发生疲劳。

(4) 不衰减性：动作电位在同一细胞上传导时，其幅度和波形不会因传导距离的增加而减小，这种扩布称为不衰减性扩布。

(5) 生理完整性：完成冲动沿神经纤维传导功能，要求神经纤维的结构和功能上都是完整的。

【例题】 实验中刺激神经纤维，其动作电位传导的特性（ ）

A. 呈衰减性传导　B. 呈双向传导

C. 连续的多个动作电位可融合　D. 电位幅度越大，传导越慢

E. 刺激越强，传导越快

【解析】 答案:B

动作电位在神经纤维的传导特点：动作电位的产生和传播都是“全或无”式的。在阈下刺激的范围内，随刺激强度的增大而增大，但不能产生动作电位。一旦产生动作电位，其幅值就达最大，且无论传导距离多远，其幅度和形状均不改变。动作电位的传导不能总和。动作电位的传导是双向的，所以选择B。

理解应用（三） 骨骼肌细胞的收缩功能

1. 骨骼肌神经-肌接头处的兴奋传递

(1) 传递过程：当神经冲动沿轴突传导到神经末梢时，神经末梢膜在动作电位去极化的影响下，轴突膜上的电压门控性钙通道开放，细胞外液中的一部分 Ca^{2+} 进入轴突末梢内，使囊泡向轴突膜内侧靠近，并与轴突膜融合，通过出胞作用将囊泡中的ACh以量子式释放的形式释放至接头间隙。当ACh通过扩散到达肌细胞终板膜时引起终板膜对 Na^+、K^+（以 Na^+ 为主）的通透性增加，出现 Na^+ 的内流和 K^+ 的外流，使终板膜去极化，这一电位变化称为终板电位。终板电位以电紧张的形式使邻旁的肌细胞膜去极化而达到阈电位，激活该处膜中的电压门控性钠通道，引发一次沿整个肌细胞膜传导的动作电位，从而完成了神经纤维和肌细胞之间的兴奋传递。

正常情况下，骨骼肌神经-骨骼肌接头处的兴奋传递通常是1对1的，亦即运动纤维每有一次神经冲动到达末梢，都能“可靠地”使肌细胞兴奋一次，诱发一次收缩。

【例题】 神经-骨骼肌接头处的化学递质是（ ）

A. 肾上腺素　B. 去甲肾上腺素　C. 5-羟色胺　D. 前列腺素　E. 乙酰胆碱

【解析】 答案:E

运动神经末梢兴奋释放递质乙酰胆碱，乙酰胆碱与骨骼肌接头后膜N型受体结合，引起肌细胞兴奋。

(2) 传递特点：①单向传递；②有时间延搁；③易受环境因素和药物的影响，

(3) 影响因素：由于神经-骨骼肌接头处的兴奋传递是化学传递，所以，凡能影响递质的合成、释放

以及递质的消除等过程的因素，都能影响其兴奋传递。例如，细胞外液 Ca^{2+} 浓度降低或 Mg^{2+} 浓度增高，可减少乙酰胆碱的释放量，从而影响神经 - 骨骼肌接头的兴奋传递；肉毒杆菌毒素能选择性地阻滞神经末梢释放乙酰胆碱；美洲箭毒和 α- 银环蛇毒能与终板膜上的 N 型乙酰胆碱受体通道结合，与乙酰胆碱竞争结合位点，从而导致接头传递受阻；有机磷农药和新斯的明为胆碱酯酶抑制剂，能灭活胆碱酯酶的生物活性，使乙酰胆碱不能及时被水解，造成乙酰胆碱在接头间隙的大量堆积，并持续作用于终板膜通道蛋白质分子，导致肌肉颤动等一系列中毒症状。

2. 兴奋 - 收缩耦联的概念　把肌细胞的电兴奋与肌细胞的机械收缩连接起来的中介过程称为兴奋 - 收缩耦联。目前认为，兴奋 - 收缩耦联至少包括以下三个步骤：电兴奋通过横管系统传向肌细胞的深处；三联管结构处的信息传递；肌质网（即纵管系统）对 Ca^{2+} 的释放和再聚积。兴奋 - 收缩耦联的结构基础是三联管，耦联因子是 Ca^{2+}。

肌肉收缩并非是肌丝本身的缩短，而是由于细肌丝向粗肌丝之间滑行的结果。

【例题】 某患者临床症状为：骨骼肌痉挛、瞳孔缩小、流涎、呼吸困难、腹痛。诊断为有机磷农药中毒。其中毒机制是（　　）

A. 与 Ach 竞争细胞膜上的受体通道　　B. 使胆碱酯酶丧失活性
C. 促进 Ca^{2+} 进入神经轴突末梢　　D. 使 Ach 释放到接头间隙中过多
E. 抑制 Ach 受体通道功能

【解析】 答案：B

有机磷农药是胆碱酯酶抑制剂，能灭活胆碱酯酶的生物活性，使乙酰胆碱不能及时被水解，造成乙酰胆碱在接头间隙的大量堆积，并持续作用于终板膜通道蛋白质分子，导致肌肉颤动等一系列中毒症状。

（冯润荷）

第二章　血　液

理解应用(一)　血液的组成与特性

1. 内环境与稳态　人体内所含的液体总称为体液。正常成年人的体液量约占机体总重量的60%，按其存在的部位，可分为细胞内液和细胞外液两大部分。细胞外液包括组织液、血浆和少量的脑脊液、淋巴液等，它是细胞直接接触和生活的液体环境，故把细胞外液称为机体的内环境，以区别于整个机体所生存的外部环境。

在生理条件下，人体通过神经体液机制的调节，使内环境的各项物理、化学因素保持着动态平衡，这一状态称为稳态。

【例题】 机体内环境是指(　　)

A. 体液　B. 细胞内液　C. 细胞外液　D. 血液　E. 组织液

【解析】 答案:C

内环境即细胞外液(包括血浆、组织液、淋巴液、各种腔室液等)，是细胞直接生活和接触的液体环境。内环境直接为细胞提供必要的物理和化学条件、营养物质，并接受来自细胞的代谢产物。

2. 血量、血液的组成，血细胞比容的概念

① 血量:人体内血液的总量称为血量，是血浆量和血细胞量的总和。正常成年人的血液总量相当于体重的7%~8%，或相当于每千克体重70~80ml，其中血浆量为40~50ml。幼儿体内的含水量较多，血液总量占体重的9%。

② 血液组成:人类的血液由血浆和血细胞组成。血浆含水(90%~91%)、蛋白质(6.5%~8.5%)和低分子物质(2%)。其中，电解质含量与组织液基本相同。血浆蛋白是血浆中多种蛋白质的总称。血细胞可分为红细胞、白细胞和血小板三类，其中红细胞的数量最多。

③ 血细胞比容:细胞在血液中所占的容积百分比，称为血细胞比容。我国成年男性为40%~50%，女性为37%~48%，新生儿约为55%。

【例题】 最能反映血液中红细胞和血浆相对数量变化的是(　　)

A. 血液黏滞性　B. 血细胞比容　C. 血浆渗透压　D. 血液比重　E. 血红蛋白量

【解析】 答案:B

血细胞比容反映红细胞在血液中所占的容积百分比。

3. 血浆、血清的概念;血浆渗透压的来源与生理作用

(1) 血浆、血清的概念:流动血液的液体部分称为血浆，血清是血液凝固后，血块收缩析出的液体成分。血清与血浆的区别在于血清缺乏纤维蛋白原和少量参与凝血的凝血因子，增添了少量血凝时由内皮细胞和血小板释放的化学物质。

(2) 血浆渗透压的来源与生理作用:血浆渗透压由两部分溶质构成，由晶体物质所形成的渗透压，

称为晶体渗透压；由蛋白质所形成的渗透压称胶体渗透压。正常血浆渗透压约为300mmol/L，相当于5776mmHg（770kPa）。其中胶体渗透压仅占25mmHg（3.3kPa）。由于血浆和组织液中的晶体物质绝大部分不易透过细胞膜，所以细胞外液的晶体渗透压对于保持细胞内外的水平衡极为重要；另外，在生理情况下，由于血浆蛋白不能透过毛细血管壁，所以血浆胶体渗透压虽小，但对维持血管内外的水平衡有着重要的作用。

【例题】 血清与血浆的主要不同点是前者不含（　　）

A. 钙离子　B. 球蛋白　C. 白蛋白　D. 凝集素　E. 纤维蛋白原

【解析】 答案：E

血清指血液凝固后析出的当黄色清亮的液体，其中已无纤维蛋白原及凝血因子，所以选择E。

理解应用（二） 血细胞

红细胞、白细胞和血小板的数量及基本功能：

1. 红细胞的数量及基本功能

（1）红细胞数量：红细胞是血液中数量最多的一种血细胞，我国正常成年男性的红细胞数量为$(4.0\sim5.5)\times10^{12}/L$，平均为$5.0\times10^{12}/L$；女性较少，平均为$4.2\times10^{12}/L$。

（2）红细胞的基本功能：运输O_2和CO_2，由红细胞内的血红蛋白实现的，一旦红细胞破裂，血红蛋白逸出，即丧失运输气体的功能。红细胞内有多种缓冲对，能缓冲机体产生的酸碱物质。

2. 白细胞的数量及基本功能

（1）白细胞的数量：正常成年人白细胞总数是$(4.0\sim10)\times10^9/L$，白细胞在血液中的数目生理变异范围较大。当白细胞超过$10\times10^9/L$时，称为白细胞增多，白细胞少于$4.0\times10^9/L$时，称为白细胞减少。机体有炎症时常出现白细胞增多。

（2）白细胞的功能：中性粒细胞的主要功能是吞噬，在非特异性免疫反应起重要作用，它处于机体的抵御微生物病原体，特别是化脓性细菌入侵的第一线。

	名称	正常值	主要功能
颗粒细胞	中性粒细胞	50%~70%	变形运动和吞噬能力都很强，并具有渗出性和趋化性，这是它们执行防御功能的生理基础。当血液中的中性粒细胞减少时，机体抵抗力明显降低；而当机体内有细菌感染时，血液中的中性粒细胞数将增多
	嗜碱性粒细胞	0~1%	胞质中的颗粒含有多种生物活性物质，如组胺、肝素、过敏性慢反应物质和嗜酸性粒细胞趋化因子A等。这些活性物质的作用，一方面引起哮喘、荨麻疹等过敏反应的症状；另一方面又可通过释放嗜酸性粒细胞趋化因子A，把嗜酸性粒细胞吸引过来，聚集于局部以限制嗜碱性粒细胞在过敏反应中的作用
	嗜酸性粒细胞	0.5%~5%	嗜酸性粒细胞在体内的主要作用是，血液中的限制嗜碱性粒细胞在速发型过敏反应中的作用，并参与对蠕虫的免疫反应
无颗粒细胞	嗜酸性粒细胞	0.5%~5%	单核细胞在血液中停留2~3天后便渗出毛细血管进入组织，进一步发育成巨噬细胞，后者具有很强的吞噬能力
	淋巴细胞	20%~40%	淋巴细胞有变形能力，在免疫应答反应过程中具有重要作用。T细胞主要参与细胞免疫反应，B细胞参与体液免疫反应

3. 血小板的数量及基本功能

（1）血小板的数量：正常成年人的血小板数量是$(100\sim300)\times10^9/L$。当血小板数减少到$50\times10^9/L$以下时，微小创伤或仅血压增高也能使皮肤和黏膜下出现瘀点，甚至出现大块紫癜。

(2) 血小板的基本功能

1) 参与生理止血功能：在生理性止血过程中，血小板的功能活动大致可分为三个阶段，第一阶段是受损伤的血管收缩，若损伤不大，可使血管破口封闭；第二阶段是血小板黏附于血管损伤处暴露的内膜下胶原组织，并聚集成团，形成较松软的止血栓；第二阶段是促进血液凝固并形成坚实的止血栓。在止血栓的形成过程中要经过血小板的黏附、聚集和释放反应。

2) 参与血液凝固：血小板对于血液凝固有重要的促进作用，血小板表面的质膜结合有多种凝血因子，如纤维蛋白原、因子Ⅴ、因子Ⅺ、因子ⅩⅢ等，这些因子的相继激活可加速凝血过程。当血小板聚集形成止血栓时，凝血过程已在此局部进行，血小板已暴露大量磷脂表面，为因子Ⅹ和凝血酶原的激活提供了极为有利的条件。血小板内的收缩蛋白收缩，使血凝块回缩，挤压出其中的血清而成为坚实的止血栓，牢固地封住血管缺口，从而实现永久性止血。

3) 维持血管内皮细胞的完整性：血小板可融合于血管内皮细胞，对修复内皮细胞，保持内皮细胞完整性及正常通透性具有重要作用。当血小板数量显著减少时，这些功能就难以完成而产生出血倾向。

理解应用(三) 血型

ABO 血型系统的分型原则 血型是指血细胞膜上特异抗原(凝集原)的类型。

(1) 红细胞凝集：若将血型不相容的两个人的血滴放在玻片上混合，其中的红细胞即凝集成簇，这种现象称为红细胞凝集。红细胞的凝集常伴有溶血，输血时如发生凝集反应，可堵塞毛细血管，溶血则可损害肾小管，同时伴有过敏反应，甚至危及生命。

(2) ABO 血型系统：在 ABO 血型系统中，红细胞膜上含有两种不同的抗原，分别称为 A 抗原和 B 抗原。在人类血清中还含有与其相对的两种抗体，即抗 A 抗体和抗 B 抗体。ABO 血型系统根据红细胞膜上所含抗原的种类，将人类血液分为四型：另外，A 型中还可含有 A_1 和 A_2 亚型。因此，在测定血型和输血时都应注意到 A 亚型的存在。

ABO 血型系统分型

血型	红细胞上的凝集原(抗原)	血清中的凝集素(抗体)
A	A_1 型 $A+A_1$	抗 B
	A_2 型 A	抗 B+ 抗 A_1
B	B	抗 A
AB	A_1B 型 $A+A_1+B$	无
	A_2+B 型 A 和 B	抗 A_1
O	无 A 和 B	抗 A 和抗 B

ABO 血型系统中的抗原和抗体

血型	红细胞膜上的凝集原	血清中的凝集素	凝集试验	
			抗 A 凝集素	抗 B 凝集素
A 型	A	抗 B	+	–
B 型	B	抗 A	–	+
AB 型	A 和 B	无	+	+
O 型	无	抗 A 及抗 B	–	–

注："+" 表示有凝集反应，"–" 表示无凝集反应

【例题】 一位 A 型血的男子有一男一女两个孩子，其中女孩的血清与其父的红细胞不发生凝集，

而男孩的血清与其父的红细胞发生凝集，男孩的血型可能是（　　）

A. A 型或 B 型　　B. A 型或 AB 型　　C. A 型或 O 型

D. B 型或 O 型　　E. B 型或 AB 型

【解析】 答案：D

根据题意 A 型血的男子其红细胞膜具有 A 凝集原，其男孩血清与之凝集，证明其男孩的血清中具有抗 A 凝集素，所以血型可能是 B 型或 O 型。

（冯润荷）

第三章 血液循环

理解应用(一) 心脏生理

1. 心率和心动周期的概念

(1) 心率:指心脏每分钟跳动的次数。正常成年人安静时的心率为60~100次/min,有显著的个体差异,平均在75次/min。心率可因年龄、性别及其他生理情况而不同。

(2) 心动周期:指心脏一次收缩和舒张构成的一个机械活动周期。

(3) 心率与心动周期的关系:心动周期时程的长短与心率有关,心率增加,心动周期缩短,收缩期和舒张期都缩短,但舒张期缩短的比例较大,心肌工作的时间相对延长,故心率过快将影响心脏泵血功能。

2. 心脏射血过程中心室容积、压力以及瓣膜的启闭和血流方向的变化。

心动周期中心室内压力、瓣膜、血流和容积的变化

分期		心室压力	瓣膜开闭		血流方向	心室容积
			房室瓣	主动脉瓣		
收缩期	等容收缩期	房内压<室内压↑<主动脉压	关	关	无血液进出心室	不变
	快速射血期	房内压<室内压↑↑>主动脉压	关	开	心室→动脉(量大、速度快)	快速减小
	减慢射血期	房内压<室内压↓<主动脉压	关	开	心室→动脉(量小、速度慢)	减小
舒张期	等容舒张期	房内压<室内压↓<主动脉压	关	关	无血液进出心室	不变
	快速充盈期	房内压>室内压↓↓<主动脉压	开	关	心房→心室(量大、速度快)	快速增大
	减慢充盈期	房内压>室内压↑<主动脉压	开	关	心房→心室(量小、速度慢)	增大
	房缩期	房内压>室内压↑<主动脉压	开	关	心房→心室	增大

在等容收缩期和等容舒张期,室内压上升和下降速度最快。快速射血期室内压达最高值。

减慢射血期,室内压虽已低于主动脉压,但动脉瓣仍然开放,其原因在于当时血液具有较高的动能,能够依其惯性冲开动脉瓣,逆着压力梯度继续射入主动脉。

心室充盈主要依赖心室本身舒张所致的低压抽吸作用,心房收缩虽可使心室的充盈量有所增加,但不起主要作用。

【试题】 在等容舒张期,心脏各瓣膜的功能状态是( )

A. 房室瓣关闭,动脉瓣开放　　B. 房室瓣开放,动脉瓣关闭

C. 房室瓣关闭,动脉瓣关闭　　D. 房室瓣开放,动脉瓣开放

E. 二尖瓣关闭,三尖瓣开放

【解析】 答案:C

等容收缩期：房室瓣关闭、动脉瓣尚未开放，室内压上升速度最快；快速射血期：动脉瓣被冲开，房室瓣仍关闭，室内压达峰值；减慢射血期：动脉瓣开放，房室瓣关闭，室内压下降，并略低于动脉压；等容舒张期：动脉瓣关闭、房室瓣尚未开放，室内压下降速度最快；快速充盈期：动脉瓣关闭、房室瓣开放，心室抽吸血液快速充盈心室(2/3)；减慢充盈期：动脉瓣关闭、房室瓣开放；心房收缩期：心室舒张最后 0.1 秒，心房收缩对心室充盈起初级泵的作用。

3. 心输出量及其影响因素

(1) 心脏的输出量

1) 每搏输出量和每分输出量：一次心搏由一侧心室射出的血液量，称每搏输出量，简称搏出量。每分钟由一侧心室输出的血量，称每分输出量，简称心输出量，它等于心率与搏出量的乘积。

2) 心指数：每平方米体表面积的心输出量称为心指数，安静和空腹状态下的心指数，称为静息心指数。心指数是分析比较不同个体之间心功能时常用的评定指标。

3) 射血分数：搏出量占心室舒张末期容积的百分比，称为射血分数。安静状态下，健康成年人的射血分数为 55%~65%。

【例题】 有甲乙两患者，甲患者左心室舒张末期容积为 140ml，收缩末期容积为 56ml；乙患者左心室舒张末期容积为 160ml，收缩末期容积为 64ml，计算甲乙两者的射血分数、比较是否相同，并试分析是否正常（　　）

A. 甲乙相同，正常　　B. 甲大于乙，正常　　C. 乙大于甲，不正常

D. 甲乙相同，不正常　　E. 甲大于乙，不正常

【解析】 答案：A

射血分数为搏出量占心室舒张末期容积的百分比，甲患者搏出量为心室舒张末期容积 140ml 减去收缩末期容积为 56ml，再除以心室舒张末期容积 140ml，经计算甲患者射血分数为 60%，乙患者搏出量为心室舒张末期容积 160ml 减去收缩末期容积为 64ml，再除以心室舒张末期容积 160ml，经计算甲患者射血分数为 60%，甲乙相同，正常，选择 A 。

(2) 影响心输出量的因素：心输出量为搏出量和心率的乘积。而搏出量的多少又受心肌收缩前的初长度(前负荷)、后负荷以及心肌本身的收缩能力等因素的调节和影响。

心输出量	搏出量	前负荷（心室舒张末期容量）	心室肌收缩前所承受的负荷，也就是心室舒张末期容积，与静脉回心血量有关，通过异长自身调节的方式调节心搏出量
		后负荷（大动脉压）	大动脉血压后负荷增高时，心室射血所遇阻力增大，使心室等容收缩期延长，射血期缩短，每搏输出量减少
		心肌收缩力	心肌等长自身调节，神经、体液因素起一定调节作用，儿茶酚胺、强心药，Ca^{2+} 等加强心肌收缩力；乙酰胆碱、缺氧、酸中毒，心衰等降低心肌收缩力，所以儿茶酚胺使心肌长度—张力曲线向左上移位，使张力—速度曲线向右上方移位，乙酰胆碱则相反
	心率		心率在 40~180 次 /min 范围内变化时，每分输出量与心率成正比
			心率超过 180 次 /min 时，由于快速充盈期缩短导致搏出量明显减少，所以心输出量随心率增加而降低
			心率低于 40 次 /min 时，使心输出量减少

4. 窦房结、心室肌细胞的动作电位

(1) 窦房结细胞的跨膜电位及其形成原理

1) 去极化过程：0 期去极，L 型 Ca^{2+} 通道激活，Ca^{2+} 内流。

2) 复极化过程：3 期复极，L 型 Ca^{2+} 通道失活，Ca^{2+} 内流减少，IK 通道的开放，K^{+} 外流增加。

3) 4 期自动去极化：①进行性衰减的 K^{+} 外流是窦房结细胞 4 期去极化的重要离子基础之一；②进

行性增强的内向离子流（主要是 Na^+ 内流）。当去极化达 -40mV 时，引起下一个自律性动作电位。

特点：自律细胞无静息期，复极到 3 期末后开始自动去极化，3 期末电位称为最大复极电位。

(2) 心室肌细胞的跨膜电位及其形成原理：心室肌细胞动作电位的主要特征在于复极过程比较复杂，持续时间很长，通常用 0、1、2、3、4 等数字分别代表心室肌细胞动作电位的各个时期。各期的特点和离子机制见下表。

心室肌细胞动作电位的分期及形成机制

	去极化过程	复极化过程			
分期	0 期 （去极化期）	1 期 （快速复极初期）	2 期 （平台期）	3 期 （快速复极末期）	4 期 （静息期）
电位变化	-90mV→+30mV	+30mV→0mV	基本停滞于 0mV	0mV→-90mV	-90mV
历时	1~2ms	10ms 左右	100~150ms	100~150ms	
形成机制	Na^+ 内流	K^+ 外流	K^+ 外流 Ca^{2+} 内流	K^+ 外流	钠泵活动↑， Na^+-Ca^{2+} 交换↑

2 期复极的平台期是心室肌细胞区别于神经和骨骼肌细胞动作电位的主要特征，也是心室肌动作电位复极较长的主要原因。

(3) 心室肌细胞与窦房结起搏细胞跨膜电位的不同点

	心室肌细胞	窦房结细胞
静息电位/最大舒张电位值	静息电位值 -90mV	最大舒张电位 -70mV
阈电位	-70mV	-40mV
0 期去极化速度	迅速	缓慢
0 期结束时膜电位值	+30mV（反极化）	0mV（不出现反极化）
去极幅度	大（120mV）	小（70mV）
4 期膜电位	稳定	不稳定，可自动去极化
膜电位分期	0、1、2、3、4 共 5 个时期	0、3、4 共 3 期，无平台

【例题】 心室肌细胞动作电位平台期是下列哪些离子跨膜流动的综合结果（　　）

A. Na^+ 内流，Cl^- 外流　　B. Na^+ 内流，K^+ 外流　　C. Na^+ 内流，Cl^- 内流

D. K^+ 外流，Cl^- 内流　　E. Ca^{2+} 内流，K^+ 外流

【解析】 答案：E

心室肌细胞动作电位平台期是 Ca^{2+}、Na^+ 内流与 K^+ 外流处于平衡，所以主要是 Ca^{2+} 内流与 K^+ 外流的结果。

5. 心肌细胞的自动节律性、传导性、兴奋性及收缩性的特点

(1) 心肌的自动节律性：自律细胞在没有外来刺激的条件下，能够自动发生节律性兴奋的特性称为自动节律性。

1) 心搏起点：心脏各自律细胞在单位时间（每分钟）内能够自动发生兴奋的次数不同。正常情况下，窦房结的自律性最高，整个心脏的兴奋和收缩是由它自动产生的兴奋引起的，所以，窦房结为心脏跳动的正常起搏点。

2) 窦性节律：由窦房结控制的心节律。

3) 异位节律：在某些异常情况下，窦房结以外的其他自律细胞也可发生兴奋，心房或心室跟随其他自律细胞的节律而跳动，这种由窦房结以外其他自律细胞控制心脏活动的节律称为异位节律。

4）影响自律性的因素：自律细胞的自动兴奋是4期膜自动去极化，使膜电位从最大复极电位达到阈电位水平而引起的。最大复极电位水平—最大复极电位绝对值减少，自律性增高，反之亦然；阈电位水平—阈电位水平上移，自律性降低，反之亦然；4期自动去极化速度—去极化速度增快，自律性增高。

(2) 心肌的兴奋性：所有心肌细胞都有兴奋性。心肌细胞的兴奋性是可变的。一次兴奋过程中，兴奋性的周期性变化。包括①有效不应期；②相对不应期；③超常期。

兴奋性变化分期	与动作电位的关系	对刺激的反应	兴奋性
有效不应期			
绝对不应期	0期~3期膜电位 –55mv	任何强大刺激无反应	下降到零
局部反应期	3期膜电位 –55mv~–60mv	强大刺激产生局部反应	极度降低
相对不应期	3期膜电位 –60mv~–80mv	阈上刺激产生去极化速度和幅度较小的动作电位	低于正常
超常期	3期膜电位 –80mv~–90mv	阈下刺激产生去极化速度和幅度稍小的动作电位	高于正常

心肌兴奋性变化的特点是有效不应期长，相当于整个收缩期和舒张早期。这一特点使心脏不会发生完全强直收缩，始终保持收缩与舒张交替的节律活动，心脏的充盈和射血才可能进行。

期前收缩与代偿间歇　在某些病理情况下，心室在有效不应期后，受到窦房结以外的病理性异常刺激，则心室可以接受这一额外刺激，引起一次期前收缩。期前兴奋也有它自己的有效不应期，当紧接在期前兴奋之后传来的一次窦房结兴奋传到心室时，如正巧落在期前兴奋的有效不应期内，就不能引起心室的收缩了，必须等到下一次窦房结的兴奋到达，才能引起心室收缩。因此，在一次期前收缩之后，常常出现一个较长的舒张期，称为代偿间歇。

(3) 心肌的传导性：心肌细胞具有传导兴奋的能力。

1）心脏内兴奋传播的途径：窦房结→心房肌及"优势传导通路"→房室交界区→房室束及左右束支→浦肯野纤维→心室肌。

2）心脏内兴奋传播的特点：心室内传导组织的传导性很高，由房室交界是传入心室的兴奋可迅速向左右心室壁传导，使整个心室同步收缩；房室交界区细胞的传导性很低，使心房传至心室的兴奋在这里延搁一段时间（房-室延搁），这样，心房收缩完毕之后心室才开始收缩，不致产生房室收缩重叠。

(4) 心肌的收缩性：心肌细胞的肌质网不发达，贮 Ca^{2+} 量少，细胞外内流的 Ca^{2+}→触发肌质网释放 Ca^{2+}→心肌收缩。一个细胞的兴奋可以同时在细胞间迅速传播。它的收缩方式是"全或无"的方式，即要么不产生收缩，一旦产生收缩，则全部心肌细胞都产生收缩，因此收缩力量大，有利于心脏泵血。

【例题1】 心肌不发生强直收缩的原因是（　）

A. 心肌是同步式收缩　　B. 心肌细胞在功能上是合胞体

C. 心肌呈"全或无"式收缩　　D. 心肌的有效不应期特别长

E. 心肌收缩时对细胞外液 Ca^{2+} 依赖性大

【解析】 答案：D

心肌有效不应期特别长（主要取决于2期持续的时间），相当于整个收缩期及舒张早期，因而心肌不会发生完全强直收缩。

【例题2】 房室延搁一般发生于（　）

A. 兴奋由窦房结传至心房肌时　　B. 兴奋在心房肌内传导时

C. 兴奋在房室交界内传导时　　D. 兴奋在房室束传到左、右束支时

E. 兴奋由浦肯野纤维传到心室肌时

【解析】 答案:C

房室交界处传导速度最慢,兴奋在这里延搁约 0.1 秒,称为房室延搁。

【例题3】 某患者经检查发现有室性期前收缩,之后出现代偿间歇。其代偿间歇出现的原因是( )

A. 窦房结的节律性兴奋延迟发放

B. 窦房结的节律性兴奋少发放一次

C. 窦房结的节律性兴奋传导速度减慢

D. 室性期前收缩后心肌收缩无力

E. 窦房结的一次节律性兴奋落在期前收缩的有效不应期内

【解析】 答案:E

心室在有效不应期后,心室可以接受一额外刺激,引起一次期前收缩。期前兴奋也有它自己的有效不应期,当紧接在期前兴奋之后传来的一次窦房结兴奋传到心室时,正巧落在期前兴奋的有效不应期内,会出现一个比较长的舒张期,即代偿间歇,故选择 E。

理解应用(二) 血管生理

1. 动脉血压的概念 血压是指血管内流动的血液对于单位面积血管壁的侧压力(压强)。动脉血压是指动脉血管内的血压。一般所说的动脉血压是指主动脉压。因为在大动脉中血压降落很小,故通常将在上臂测得的肱动脉压代表主动脉压。

动脉血压	定义	正常值
收缩压	心室收缩时,主动脉压急剧升高,在收缩期的中期达到最高值	13.3~16.0kPa(100~120mmHg)
舒张压	心室舒张时,主动脉压下降,在心舒末期动脉血压的最低值	8.0~10.6kPa(60~80mmHg)
脉搏压	收缩压和舒张压的差值	4.0~5.3kPa(30~40mmHg)
平均动脉压	一个心动周期中每一瞬间动脉血压的平均值,等于舒张压加 1/3 脉压	13.3kPa(100mmHg)

2. 动脉血压的形成及其影响因素

(1) 动脉血压的形成:循环系统内足够的血液充盈是动脉血压的形成的前提;心脏射血和外周阻力是形成血压的基本因素。大动脉管壁的弹性作用

(2) 影响动脉血压的因素

1) 心脏搏出量:如果搏出量增大而外周阻力和心率变化不大,动脉血压的升高主要表现为收缩压的升高,舒张压可能升高不多,故脉压增大。反之,当搏出量减少时,则主要使收缩压降低,脉压减小。在一般情况下,收缩压的高低主要反映心脏搏出量的多少。

2) 心率:如果心率加快,而搏出量和外周阻力都不变,舒张期血压明显升高,收缩压的升高不如舒张压的升高显著,脉压比心率增加前减小。相反,心率减慢时,舒张压降低的幅度比收缩压降低的幅度大,故脉压增大。

3) 外周阻力:如果心输出量不变而外周阻力加大,舒张压明显升高,而收缩压的升高不如舒张压的升高明显,脉压也相应减小。反之,当外周阻力减小时,舒张压的降低比收缩压的降低明显,故脉压加大。可见,在一般情况下,舒张压的高低主要反映外周阻力的大小。

4) 主动脉和大动脉的弹性储器作用:由于主动脉和大动脉的弹性储器作用,动脉血压的波动幅度明显小于心室内压的波动幅度。老年人的动脉管壁硬化,大动脉的弹性储器作用减弱,故收缩压明显升高,舒张压明显降低,脉压增大。

5) 循环血量和血管系统容量的比例:循环血量和血管系统容量相适应,才能使血管系统有足够地

充盈,产生一定的体循环平均充盈压。在正常情况下,循环血量和血管容量是相适应的,血管系统充盈程度的变化不大。失血后,循环血量减少,此时如果血管系统的容量改变不大,则体循环平均充盈压必然降低,使动脉血压降低。在另一些情况下,如果循环血量不变而血管系统容量增大,也会造成动脉血压下降。

影响因素	收缩压	舒张压	脉压	备注
1. 心脏搏出量↑	↑↑	↑	↑	收缩压主要反应每搏输出量
2. 心率↑	↑	↑↑	↓	—
3. 外周阻力↑	↑	↑↑	↓	舒张压主要反映外周阻力
4. 主动脉大动脉的弹性储器作用↓	↑	↑	↑	常伴有外周阻力增加
5. 循环血量↓/血管容量系统↑	↓	↓	↓	—

上述对影响动脉血压的各种因素,都是在假设其他因素不变的前提下,分析某一因素发生变化时对动脉血压可能发生的影响。实际上,在各种不同的生理情况下,上述各种影响动脉血压的因素可同时发生改变。因此,在某种生理情况下动脉血压的变化,往往是各种因素相互作用的综合结果。

【例题1】 冬天某人进入浴室后不久便突然晕倒,其血流动力学的原始因素是( )

A. 全身血管收缩　　B. 心输出量减少　　C. 血管容量增加

D. 血流速度加速　　E. 血量减少

【解析】 答案:C

某人进入浴室后外界的湿热环境刺激使其广泛的血管扩张,血管容量增加,相对循环血量减少,血流速度加速,但仍可能满足不了脑血流供应要求而出现脑缺血而晕倒。答案A和B是错误的,因为它们与本题结果的原始因素没有直接关系。因此,答案C为原始因素,是正确的。

【例题2】 心率减慢(其他形成血压的因素不变)时,将增加的是( )

A. 动脉舒张压　　B. 动脉收缩压　　C. 平均动脉压

D. 心输出量　　E. 动脉脉搏压

【解析】 答案:E

心率减慢时,收缩期和舒张期同时延长,但以舒张期延长为主,因此,舒张压下降显著,脉压增大。

理解应用(三) 心血管活动的调节

1. 颈动脉窦和主动脉弓压力感受性反射　动脉血压升高可引起压力感受性反射,其反射效应是使心率减慢,外周阻力降低,血压回降。

(1) 减压反射的过程:当动脉血压升高时→压力感受器兴奋→窦神经和主动脉神经传入冲动频率增加→心迷走中枢兴奋,心交感中枢和交感缩血管中枢抑制→心率减慢,血管平滑肌舒张→心输出量减少,外周阻力减小→动脉血压下降至正常或接近正常。

当动脉血压下降时,减压反射作用减弱,即压力感受器的刺激减少→窦神经和主动脉神经的传入冲动减少→心迷走中枢抑制,心交感中枢及缩血管中枢兴奋→心率加快,心缩力增强,外周血管收缩→心输出量增加,外周阻力增加→血压回升至正常或接近正常。

(2) 反射特点

1) 压力感受器对波动性血压敏感。

2) 窦内压在正常平均动脉压(100mmHg左右)上下变动时,压力感受性反射最敏感。

3) 减压反射对血压变化及时纠正,在正常血压维持中发挥重要作用。

(3) 压力感受性反射的生理意义:压力感受性反射是一种负反馈调节,其生理意义在于保持动脉血压的相对恒定。该反射在心输出量、外周阻力、血量等发生突然变化的情况下,对动脉血压进行快速调节的过程中起着重要的作用,使动脉血压不致发生过分的波动。

【试题】 在家兔动脉血压实验中,夹闭一侧颈总动脉引起全身动脉血压升高,其主要原因是( )

A. 血管容积减少,相对血容量增多　　B. 颈动脉窦受到牵拉刺激

C. 颈动脉体受到牵拉刺激　　D. 颈动脉窦内压力降低

E. 颈动脉体内压力降低

【解析】 答案:D

在家兔动脉血压实验中,夹闭一侧颈总动脉,由于颈动脉窦内压力降低对颈动脉窦的搏动性压力变化刺激减弱,颈动脉窦受到牵拉刺激减少,即减压反射传入冲动减少,产生升压效应而使全身动脉血压升高。颈动脉体是化学感受器而非压力感受器。所以正确答案应为D。

2. 肾上腺素、去甲肾上腺素对心血管活动的调节　肾上腺素可与α、β两类肾上腺素能受体亚型结合。在心脏,肾上腺素与β_1受体结合,有"强心"作用。在血管,肾上腺素的作用取决于血管平滑肌上α和β受体分布的情况。皮肤、胃肠、肾的血管平滑肌上α_1受体较多,肾上腺素的作用以使这些器官的血管收缩为主;骨骼肌和肝的血管,β_2受体占优势,小剂量的肾上腺素以兴奋β_2受体,引起舒张血管效应为主,大剂量时也兴奋α_1受体,引起血管收缩。

去甲肾上腺素主要与α_1受体结合,也可与心肌的β_1受体结合,但和β_2受体结合的能力较弱。静脉注射去甲肾上腺素,可使全身血管广泛收缩,升高血压,临床上常用去甲肾上腺素作为升压药。但皮下注射可起注射部位血管强烈收缩,导致组织坏死。

【例题1】 去甲肾上腺素对心血管的作用主要是( )

A. 舒张血管　B. 升高血压　C. 心率加快　D. 降低血压　E. 增大脉压

【解析】 答案:B

去甲肾上腺素常作为收缩血管的升压药,肾上腺素常作为强心药。

【例题2】 静脉注射去甲肾上腺素后出现血压升高,心率减慢,后者出现的主要原因是( )

A. 去甲肾上腺素对心脏的抑制作用　　B. 去甲肾上腺素对血管的抑制作用

C. 降压反射活动加强　　D. 降压反射活动减弱

E. 大脑皮质心血管中枢活动减弱

【解析】 答案:C

静脉注射去甲肾上腺素可使全身血管广泛收缩,动脉血压升高;而血压升高又可使压力感受性反射活动加强,由于压力感受性反射对心脏的效应超过去甲肾上腺素对心脏的直接效应,故引起心率减慢。所以选择C。

(冯润荷)

第四章 呼吸

理解应用(一) 肺的通气功能

1. 呼吸的概念及基本环节

(1) 呼吸的概念：机体与外界环境之间的气体交换称为呼吸。

(2) 呼吸的基本过程

①肺通气—肺与外界的气体交换；②肺换气—肺泡与血液间的气体交换；③气体在血液中的运输；④组织换气—血液与组织细胞间的气体交换。

外呼吸包括肺通气和肺换气两个过程；内呼吸是组织换气。

2. 肺通气原理 气体进出肺取决于两方面因素的相互作用：一是推动气体流动的动力；二是阻止其流动的阻力。前者必须克服后者，方能实现肺通气。

(1) 肺通气的动力：呼吸运动（呼吸肌的舒缩运动）是肺通气的原动力。

呼吸运动 引起呼吸运动的肌肉为呼吸肌。使胸廓扩大产生吸气动作的肌肉为吸气肌，主要有膈肌和肋间外肌；使胸廓缩小产生呼气动作的肌肉是呼气肌，主要有肋间内肌和腹壁肌。此外，还有一些辅助呼吸肌，如斜角肌、胸锁乳突肌等其他胸背部的肌肉，这些肌肉只在用力呼吸时才参与呼吸运动。

1) 平静呼吸：吸气是主动的，呼气是被动的。

吸气时：

膈肌、肋间外肌 → 收缩 → 胸廓扩大 {前后径、左右径、上下径} 均增大 → 胸腔容积↑ → 肺容积↑ → 肺内压↓ < 外界大气压 → 气体入肺 → 吸气（主动）

呼气时：

膈肌、肋间外肌 → 舒张 → 膈肌、肋骨胸骨 回位 → 胸容积和肺容积复原 → 呼气（被动）

2) 用力呼吸：吸气是主动的，呼气也是主动的。

吸气时：基本过程同平静呼吸。除膈肌、肋间外肌收缩强度增大外，根据用力程度吸气辅助肌也参与收缩。

呼气时：此时由于呼气肌肉参与，故呼气也是主动的。

肋间内肌收缩 —（肋、胸骨下移肋间向内侧旋转）→ 胸腔 {前后径、左右径、上下径} ↓↓ → 呼气

腹壁肌收缩 —（压迫内脏推动膈肌上移）→

肺内压和胸膜腔内压的概念及其生理意义

肺内压	是指肺泡内的压力 吸气时肺内低于大气压，呼气时肺内压高于大气压，吸气末和呼气末肺内压与大气相等
胸膜腔内压	胸膜腔内压 = 大气压（肺内压）- 肺回缩力 在吸气末和呼气末，肺内压等于大气压，这时胸膜腔内压 =- 肺回缩力，故胸内负压是肺的回缩力造成的
胸内负压形成原因	由于婴儿出生后胸廓比肺的生长快，而胸膜腔的壁层和脏层又粘在一起，故肺处于被动扩张状态，产生一定的回缩力。吸气时回缩力大，胸内负压绝对值大，呼气时，胸内负压绝对值变小
胸内负压的意义	① 保持肺的扩张状态 ② 促进血液和淋巴液的回流（导致胸腔内静脉和胸导管扩张）

(2) 肺通气阻力：包括弹性阻力和非弹性阻力，弹性阻力（肺和胸廓的弹性阻力），是平静呼吸时的主要阻力；非弹性阻力，包括气道阻力，惯性阻力和组织的黏滞阻力，以气道阻力为主。

1) 弹性阻力和顺应性：弹性组织在外力作用下变形时，有对抗变形和弹性回位的倾向，为弹性阻力。用同等大小的外力作用时，弹性阻力大者，变形程度小；弹性阻力小者，变形程度大。一般用顺应性来度量弹性阻力。顺应性是指在外力作用下弹性组织的可扩张性，容易扩张者，顺应性大，弹性阻力小；不易扩张者，顺应性小，弹性阻力大。可见顺应性（C）与弹性阻力（R）成反变关系。

肺弹性阻力来自肺组织本身的弹性回缩力和肺泡内侧的液体层同肺泡内气体之间的液气界面的表面张力所产生的回缩力，两者均使肺具有回缩倾向，故成为肺扩张的弹性阻力。肺组织的弹性阻力仅约占肺总弹性阻力的 1/3，而表面张力的约占 2/3，因此，表面张力对肺的张缩有重要的作用。

2) 肺表面活性物质：是由肺泡Ⅱ型细胞合成并释放的一种脂蛋白混合物（主要成分是二棕榈酰卵磷脂，DPPC）。肺表面活性物质具有降低表面张力的作用，因而具有重要的生理功能。

【例题】 男，65 岁，有 45 年吸烟史，主诉气促，尤其呼气困难，门诊诊断为肺气肿。该患者的肺部出现了下列何种情况（　）

A. 功能余气量减少　　B. 肺顺应性增加　　C. 胸廓顺应性降低
D. 肺表面活性物质减少　　E. 肺弹性阻力增加

【解析】 答案：B

肺弹性阻力来自肺组织本身的弹性回缩力，顺应性（C）与弹性阻力（R）成反变关系，肺气肿患者，肺泡弹性回缩力降低，肺顺应性增加，所以正确答案是 B。

3. 肺活量与用力呼气量

	概念	公式	意义	正常值
肺活量	最大吸气后，从肺内所能呼出的最大气量	VC= 潮气量 + 补吸气量 + 补呼气量	肺一次通气的最大能力，可作为肺通气功能的指标	成年男性平均为 3500ml 女性为 2500ml
用力呼气量	一次最大吸气后，尽力尽快呼气所能呼出的最大气体量	将呼气时前 1、2、3 秒内呼出的气量占肺活量的百分数	反映肺活量容量的大小，也反映呼吸所遇阻力的变化	正常人分别为 83%、96% 和 99% 肺活量

4. 肺通气量和肺泡通气量

	概念	公式	正常值
肺通气量	每分钟吸入或呼出的气体总量	肺通气量 = 潮气量 × 呼吸频率	6~9L
肺泡通气量	每分钟吸入肺泡的新鲜空气量	肺泡通气量 =（潮气量 - 无效腔气量）× 呼吸频率	约 5.6L/min

【例题】 某人解剖无效腔为150ml，正常平静呼吸时潮气量500ml，呼吸频率每分钟12次。今患肺炎，呼吸变浅、加速，若潮气量减半，呼吸频率加倍，其肺泡通气量（L/min）应是下列哪个数据（　　）

A. 1.2　B. 1.6　C. 2.0　D. 2.4　E. 3.6

【解析】 答案：D

肺泡通气量=（潮气量－无效腔气量）× 呼吸频率，患者呼吸变浅、加速，潮气量减半，为250ml，呼吸频率加倍，为24次，依据此公式此人肺泡通气量=（250–150）×24=2400ml（2.4 L/min），正确答案是D。

理解应用（二） 气体的交换与运输

1. 肺换气和组织换气

(1) 肺换气：在肺泡PO_2高于静脉血的PO_2，O_2由肺泡向静脉血扩散；而PCO_2分压则低于静脉血的PCO_2，CO_2由肺泡毛细血管的静脉血中向肺泡内扩散，静脉血变成了动脉血。

影响肺换气的因素

因素	结果
1. 气体分压差、分子量、溶解度	肺换气与气体分子的溶解度、气体的分压差成正比、与分子量的平方根成反比
2. 呼吸膜的厚度和面积	肺换气效率与面积成正比，与厚度成反比
3. 通气/血流比值	指每分钟肺泡通气量与每分钟肺血流量的正值，正常值0.84，增大或减小都不利于气体交换

(2) 组织换气：在组织处，由于细胞代谢不断消耗O_2产生CO_2，故组织内PO_2低于动脉血PO_2；而其PCO_2则高于动脉血PCO_2，故O_2由血液向组织扩散，CO_2则由组织向血液扩散，使动脉血变成了静脉血，形成组织换气。

【例题】 肺换气时气体通过的部位是（　　）

A. 支气管　B. 细支气管　C. 肺泡壁　D. 肺泡小管　E. 呼吸膜

【解析】 答案：E

呼吸膜（肺泡膜），包括六层结构：单分子的表面活性物质层和肺泡液体层；肺泡上皮层；上皮基底膜层；组织间隙层；毛细血管基底膜层；毛细血管内皮细胞层。

2. 氧和二氧化碳在血液中运输的主要形式

(1) 氧气的运输：包括物理溶解和化学结合。

1) 物理溶解量取决于该气体的溶解度和分压大小，占1.5%。

2) 化学结合的形式是氧合血红蛋白，这是氧运输的主要形式，占98.5%，正常人每100ml动脉血中Hb结合的O_2约为19.5ml。Hb是运输O_2的主要工具。正常人动脉血Hb的氧饱和度为97%。

Hb与O_2结合特点：反应快、可逆、不需酶的催化，受PO_2的影响；Hb中的Fe^{2+}仍然是亚铁状态，所以该反应是氧合而不是氧化；1分子Hb可以结合4分子O_2，HbO_2呈鲜红色，去氧Hb呈紫蓝色；Hb与O_2的结合或解离曲线呈S形，与Hb的变构效应有关。

(2) 二氧化碳的运输

1) 运输形式：物理溶解占5%，化学结合HCO_3^-占88%，氨基甲酸血红蛋白占7%。

2) O_2与Hb结合将促使CO_2释放，而去氧Hb则容易与CO_2结合，这一效应称何尔登效应。

O_2和CO_2在血液中以物理溶解和化学结合的方式运输。O_2和CO_2化学结合方式分别占各自总运输量的98.5%和95%，物理溶解的量仅占1.5%和5%。物理溶解的量虽少，但是一重要环节；因为气体必须首先物理溶解后才能发生化学结合。

理解应用(三) 呼吸运动的调节

化学因素对呼吸运动的调节:调节呼吸活动的化学感受器,按所在部位的不同可分为外周化学感受器和中枢化学感受器。外周化学感受器是指颈动脉体和主动脉体,能感受血液中 PCO_2、H^+ 浓度及 PO_2 的变化。中枢化学感受器位于延髓腹外侧浅表部位,不感受缺 O_2 的刺激,但对 CO_2 的敏感性比外周的高,对脑脊液和局部组织间液中 H^+ 浓度的变化极为敏感。

化学感受器反射

	作用	途径
CO_2 对呼吸的调节	CO_2 是调节呼吸的最重要的化学因素,一定水平的 PCO_2 是维持呼吸的重要条件。 适量增加 CO_2 可使呼吸加深加快	中枢化学感受器(主要途径) 外周化学感受器
H^+ 对呼吸的调节	血液中 H^+ 升高,兴奋呼吸; 血液中 H^+ 降低,抑制呼吸;	中枢化学感受器 外周化学感受器(主要途径)
低 O_2 对呼吸的调节	PO_2 降低,兴奋呼吸 急性严重低氧,抑制呼吸	外周化学感受器 呼吸中枢(直接作用抑制)

【例题 1】 血氧降低引起呼吸加强的直接原因是( )

A. 延髓中枢化学感受器兴奋　B. 颈动脉体、主动脉体外周化学感受器兴奋

C. 肺牵张感受器兴奋　D. 呼吸肌本体感受器兴奋

E. 延髓中枢化学感受器抑制

【解析】 答案:B

血氧降低引起呼吸加强,是通过对颈动脉体、主动脉体外周化学感受器的调节,如呼吸抑制则是直接抑制呼吸中枢。

【例题 2】 某患者表现为突发性呼吸困难、强迫端坐体位、发绀、咳出大量粉红色泡沫痰、血压下降、心率快。诊断为急性左心衰竭。引起上述体征的可能原因是( )

A. 动脉血压高　B. 肺水肿和肺淤血　C. 外周阻力增加

D. 气道阻力增加　E. 中心静脉压升高

【解析】 答案:B

患者肺水肿和肺淤血,使肺换气功能障碍,导致低氧和 CO_2 潴留,出现呼吸困难、强迫端坐体位、发绀,又由于肺淤血回心血量减少,心输出量降低,出现血压下降、心率快。

(冯润荷)

第五章 消化和吸收

理解应用(一) 胃内消化

1. 胃液的性质、成分及作用

(1) 性质:纯净胃液是无色、酸性(pH 0.9~1.5)液体,正常成人日分泌量为 1.5~2.5L。

(2) 成分:水、盐酸、胃蛋白酶、黏液、HCO_3^- 和内因子。

(3) 作用

成分	分泌细胞	作用
盐酸	壁细胞	① 激活胃蛋白酶原,提供胃蛋白酶作用的酸性环境 ② 杀死进入胃内的细菌,保持胃和小肠的相对无菌状态 ③ 在小肠内促进胆汁和胰液的分泌 ④ 有助于小肠对铁和钙的吸收 ⑤ 使蛋白质变性,易于消化
胃蛋白酶原	主细胞	在胃腔内经盐酸或已有活性的胃蛋白酶作用变成胃蛋白酶,将蛋白质分解成䏡、胨及少量多肽。该酶作用的最适 pH 为 2~3
黏液和 HCO_3^-	黏液细胞 上皮细胞	黏液 - 碳酸氢盐屏障起润滑和保护作用;可阻挡 H^+ 的逆向弥散和侵蚀作用;黏液深层的中性 pH 环境使胃蛋白酶丧失活性
内因子	壁细胞	在回肠部帮助维生素 B_{12} 吸收,内因子缺乏将发生恶性贫血

【例题】 可促进胰液、胆汁、小肠液分泌的胃液成分是(　　)

A. 胃酸　　B. 胃蛋白酶　　C. 内因子　　D. 黏液　　E. 无机盐

【解析】 答案 A

可促进胰液、胆汁、小肠液分泌的胃液成分是胃酸。

2. 胃的运动方式

(1) 胃的容受性舒张和蠕动

1) 胃的容受性舒张:是由神经反射引起的,传入传出神经都为迷走神经,但传出纤维的递质不是 ACh 而是多肽。

2) 蠕动:消化道平滑肌顺序收缩而完成的一种向前推进的波形运动。蠕动由动作电位引起,但受基本电节律控制。这种推送和回推有利于食物与胃液充分混合,进行机械性和化学性消化。

(2) 胃排空:食物由胃排入十二指肠的过程称为胃排空。胃排空速度与食物性状和化学组成有关,糖类 > 蛋白质 > 脂肪;稀的、流体食物 > 固体、稠的食物。

影响胃排空的因素:①促进因素:胃内食物容量;胃泌素。②抑制因素:肠胃反射;肠抑胃素,促胰液素，抑胃肽，胆囊收缩素等。

【例题】 胃大部分切除的患者出现严重贫血，表现为外周血巨幼红细胞增多，其主要原因是下列哪项减少（ ）

A. HCl B. 内因子 C. 黏液 D. HCO_3^- E. 叶酸

【解析】 答案:B

由于内因子可促进维生素 B_{12} 吸收，维生素 B_{12} 是红细胞生成的成熟因子，其缺乏会导致巨幼红细胞性贫血。胃大部分切除壁细胞减少，内因子分泌减少，维生素 B_{12} 吸收障碍。所以正确答案是 B。

理解应用(二) 小肠内消化

1. 胰液和胆汁的主要成分及作用

(1) 胰液的主要成分及作用:胰液为碱性液体(中和进入小肠内的胃酸)。主要成分有碳酸氢盐和多种消化酶，这些消化酶均由胰腺的腺泡细胞分泌。HCO_3^-、胰淀粉酶、胰脂肪酶、胰蛋白酶和糜蛋白酶，后两种酶都以酶原的形式存在于胰液中，小肠液中的肠致活酶可以激活胰蛋白酶原，此外，酸、胰蛋白酶本身，以及组织液也能使胰蛋白酶原活化；糜蛋白酶原是在胰蛋白酶作用下转化为有活性的糜蛋白酶的。胰液含有三种营养物质的消化酶，所以是最重要的消化液。

1) 碳酸氢盐:由胰腺的小导管上皮细胞分泌，能中和进入十二指肠的胃酸，保护肠黏膜，同时，为胰酶提供适宜的 pH 环境。

2) 胰淀粉酶:将淀粉分解为糊精、麦芽糖和麦芽寡糖。

3) 胰脂肪酶:分解甘油三酯为脂肪酸、甘油一酯和甘油。

4) 胰蛋白酶和糜蛋白酶:由肠致活酶将其酶原形式激活，分解蛋白质为多肽和氨基酸。

5) 核酸酶:包括 DNA 酶和 RNA 酶，分别消化 DNA 和 RNA。

(2) 胆汁的分泌和排出:胆汁呈金黄色，pH7.4，在胆囊中被浓缩为弱酸性(pH6.8)。日分泌量为600~1200ml，水占 97%，胆汁不含消化酶，含有胆盐磷脂、胆固醇、胆色素等有机物及 Na^+、Cl^-、K^+、HCO_3^-等无机物。

胆汁的作用:

1) 乳化脂肪，促进脂肪消化。

2) 与脂肪分解产物形成水溶性复合物，利于脂肪消化产物的吸收。

3) 促进脂溶性维生素的吸收。

4) 利胆作用和中和胃酸。

2. 小肠的运动方式

(1) 小肠的运动形式:有紧张性收缩、分节运动、蠕动等。

分节运动是一种以环行肌为主的节律性收缩和舒张运动。分节运动在空腹时几乎不存在，进食后才逐渐增强起来。分节运动在小肠上部频率较高，下部较低。分节运动的推进作用很小，其作用意义在于:①使食糜与消化液充分混合，便于化学性消化；②使食糜与肠壁紧密接触，为吸收创造良好条件；③挤压肠壁，有助于血液和淋巴的回流。

(2) 回盲括约肌的功能:回盲括约肌平时保持轻度收缩状态，此处肠腔内压力高于结肠内压力。主要功能是:①防止回肠内容物过快进入大肠，有利于消化和吸收的完全进行；②其活瓣样作用阻止大肠内容物向回肠倒流。

【例题 1】 关于胆汁的生理作用，下列哪项是**错误**的（ ）

A. 胆盐、胆固醇和卵磷脂都可乳化脂肪

B. 胆盐可促进脂肪的吸收

C. 胆汁可促进脂溶性维生素的吸收

D. 胆汁在十二指肠中可中和一部分胃酸

E. 胆汁中的脂肪酶可促进脂肪分解

【解析】 答案E

胆汁中不含消化酶，胆汁中的胆盐、胆固醇和卵磷脂等都可作为乳化剂，减低脂肪的表面张力，使脂肪乳化成微滴，分散在肠腔内，这样便增加了胰脂肪酶的作用面积，使其分解脂肪的作用加速。胆盐因其分子结构的特点，当达到一定浓度后，可聚合而形成微胶粒，肠腔中脂肪的分解产物，如脂肪酸、甘油一酯等均可渗入到微胶粒中，形成水溶性复合物，促进脂肪的吸收。胆汁通过促进脂肪分解产物的吸收，对脂溶性维生素的吸收也有促进作用。此外，胆汁在十二指肠中还可中和一部分胃酸。

【例题2】 某胆瘘患者胆汁大量流失至体外，胆汁分泌比正常人少数倍，这是由于下列哪项减少（　　）

A. 合成胆盐的原料　　B. 胆盐的肠肝循环　　C. 促胃液素

D. 促胰液素　　E. 胆囊收缩素

【解析】 答案:B

引起肝细胞分泌胆汁的主要刺激物时通过肠肝循环进入肝脏的胆盐，胆盐能促进胆汁分泌，使肝胆汁流出增加。胆瘘患者胆汁大量流失至体外，进入肠肝循环的胆盐减少，所以胆汁分泌减少，所以正确答案是B。迷走神经和促胰液素可促进肝胆管分泌富含水、Na^+ 和 HCO^- 的胆汁。促胃液素和胆囊收缩素可促进胆囊收缩。

理解应用（三） 小肠的吸收功能

1. 小肠在吸收中的重要地位　胃黏膜仅可吸收少量高度脂溶性的物质如乙醇及某些药物，大肠仅能吸收水和无机盐。小肠才是吸收的主要部位。

2. 小肠吸收的有利条件

(1) 在小肠内、糖类，蛋白质、脂类已消化为可吸收的物质。

(2) 小肠的吸收面积大。小肠黏膜形成许多环行皱襞上有许多小肠绒毛，大大增加了小肠黏膜的表面积。

(3) 小肠绒毛的结构特殊，有利于吸收。绒毛有毛细血管、毛细淋巴管（乳糜管）、平滑肌纤维及神纤维网。

(4) 食物在小肠内停留的时间较长，能被充分吸收。

【例题】 临床观察，外科医生不轻易切除小肠，尤其是十二指肠和空肠，即使切除也不能超过50%，为什么（　　）

A. 小肠回盲瓣的功能　　B. 小肠具有移行性复合运动

C. 小肠是食物消化和吸收的重要部位　　D. 小肠液含有胰液和胆汁

E. 十二指肠和小肠腺是重要的消化腺

【解析】 答案:C

由于小肠吸收面积大，绒毛内富含毛细血管、毛细淋巴管，营养物质在小肠内已被消化为结构简单的可吸收的物质，食物在小肠内停留时间较长等，小肠是消化和吸收的重要部位，所以正确答案C。

理解应用（四） 消化器官活动的调节

1. 交感和副交感神经对消化活动的主要作用　消化系统受自主神经系统和肠内神经系统，即外来神经系统和内在神经系统的双重支配：

(1) 交感神经释放去甲肾上腺素对胃肠运动和分泌起抑制作用。

(2) 副交感神经通过迷走神经和盆神经支配肠胃，释放乙酰胆碱和多肽，调节胃肠功能。

(3) 肠内在神经包括黏膜下神经丛和肌间神经丛，既包括传入神经元、传出神经元，也包括中间神经元，能完成局部反射。内在神经构成了一个完整的可以独立完成反射活动的整合系统，但在完整的机体内，仍受外来神经的调节。

2. 促胃液素对消化活动的主要作用

(1) 调节消化腺的分泌和消化道的运动。

(2) 调节其他激素的释放，如抑胃肽刺激胰岛素分泌。

(3) 营养作用，如胃泌素促进胃黏膜细胞增生。

【例题 1】 有关促胃液素的叙述，错误的是( )

A. 促进胃酸的分泌　　B. 促进胃窦的运动　　C. 刺激胰岛素的释放

D. 刺激消化道黏膜的生长　　E. 促进胰液的分泌和胆固醇的合成

【解析】 答案:E

促胃液素对消化活动的主要作用包括:①调节消化腺的分泌和消化道的运动;②调节其他激素的释放，如抑胃肽刺激胰岛素分泌;③营养作用，如胃泌素促进胃黏膜细胞增生。

【例题 2】 副交感神经对胃肠运动与分泌的作用是( )

A. 胃肠运动增强，分泌抑制　　B. 胃肠运动及分泌均抑制　　C. 胃肠运动及分泌均增强

D. 胃肠运动抑制，分泌增强　　E. 胃肠内的括约肌抑制

【解析】 答案:C

副交感神经可以使消化液分泌增加，消化运动加强;交感神经作用相反，但引起消化道括约肌的收缩。

(冯润荷)

第六章 能量代谢和体温

理解应用(一) 能量代谢

1. 基础代谢 是指基础状态下的能量代谢。

基础状态：机体处于清晨、清醒、静卧、禁食 12 小时未作肌肉活动；精神平静、安宁；环境温度 20~25℃；体温正常的状态时的能量代谢。

2. 基础代谢率(basal metabolic rate，BMR)是指单位时间内的基础代谢，即在基础状态下，单位时间内的能量代谢。基础代谢率随着性别、年龄等不同而有生理变动。

一般男子的 BMR 值比女子的高，儿童比成人高，年龄越大，基础代谢率越低；甲状腺功能的改变总是伴有 BMR 的异常。甲状腺功能低下时，BMR 可比正常值低 20%~40%；甲状腺功能亢进时，BMR 可比正常值高 25%~80%。

【试题】 正常人基础代谢率一般不超过正常平均值的(　　)

A. 15%　　B. 20%　　C. 25%　　D. 30%　　E. 35%

【解析】 答案：A

基础代谢率的测定一般在基础状态下进行，正常变动范围是 ±15%。BMR 是临床诊断甲状腺疾病的重要辅助方法。

理解应用(二) 体温

1. 体温的概念、正常值和生理变异

体温概念	机体深部平均温度	
体温正常值	直肠温度正常为 36.9~ 37.9℃，口腔温度的正常值为 36.7~37.7℃；腋窝温度的正常值为 36.0~37.4℃	
生理变异	昼夜变化	清晨 2~6 时体温最低，午后 1~6 时最高
	性别	成年女子的体温平均比男子高 0.3℃，另外女子的基础体温在月经期和月经后的前半期较低，排卵日最低，排卵后升高 0.3~0.6℃
	年龄影响	新生儿体温易受环境因素的影响而变动，老年人体温降低
	肌肉活动	导致体温升高，所以测量体温之前应先让病人安静一段时间

【例题】 昼夜体温变动的特点是(　　)

A. 昼夜间体温呈现周期性波动　　B. 午后 4~6 小时体温最低

C. 上午 8~10 小时体温最高　　D. 昼夜间波动的幅度超过 1℃

E. 体温昼夜的变化与生物节律无关

【解析】 答案：A

体温在清晨最低，午后最高，称为昼夜节律，变化范围小于1℃。

2. 机体的主要产热器官和散热方式

(1) 机体的总产热量主要包括基础代谢，食物特殊动力作用和肌肉活动所产生的热量。

产热过程：安静时主要由内脏器官产热，其中肝脏产热居首。运动时，主要的产热器官为肌肉，占总产量90%左右。影响产热的最重要因素是骨骼肌的活动。

机体通过战栗产热和非战栗产热两种形式，人在寒冷环境中主要靠战栗产热。特点：屈肌和伸肌同时收缩，不做外功，产生热最高。非战栗产热对新生儿比较重要。体液因子中，肾上腺素、去甲肾上腺素、甲状腺素增加产热。

(2) 散热过程：人体主要散热部位是皮肤。散热方式：辐射、传导、对流和蒸发。

【例题】 炎热环境中(30℃以上)，机体维持体热平衡是通过(　　)

A. 增加有效辐射面积
B. 增加皮肤与环境之间的温度差
C. 交感神经紧张性增加
D. 发汗及增加皮肤血流量
E. 发汗及减少皮肤血流量

【解析】 答案：D

人体主要散热部位是皮肤。散热方式有辐射、传导、对流和蒸发。当外界气温低于人体表层温度时通过辐射、传导、对流方式散热，当环境温度等于或高于皮肤温度时，蒸发散热是唯一散热途径。

(冯润荷)

第七章 肾的排泄功能

理解应用(一) 尿量

1. 尿量的正常值　正常成年人的尿量为 1~2L/d，平均 1.5L/d。受摄入水量和通过其他途径排出水量多少的影响，尿量可呈现一定幅度的变化。

2. 多尿、少尿、无尿的概念　尿量经常保持在 2500ml/d 以上，称为多尿；在 100~500ml/d，称为少尿；在 100ml/d 以下，则称为无尿，均属于不正常现象。多尿可因水分丢失过多而发生脱水，少尿或无尿可使代谢产物蓄积体内，这些变化都将扰乱机体内环境的相对稳定，影响机体正常的生命活动。

理解应用(二) 尿生成的过程

1. 尿生成的基本过程　尿生成的基本过程包括肾小球的滤过、肾小管和集合管的重吸收、肾小管和集合管的分泌三个基本过程。

(1) 肾小球的滤过功能：滤过膜由肾小球毛细血管内皮细胞、基膜和肾小囊脏层上皮细胞构成。血浆中除大分子蛋白质外，其余成分都可通过滤过膜形成原尿，因此，原尿是血浆的超滤液。

(2) 肾小管和集合管的重吸收功能

1) 小管液中的成分经肾小管上皮细胞重新回到管周血液中去的过程，称为重吸收。原尿中 99% 的水，全部葡萄糖、氨基酸、部分电解质被重吸收，尿素部分被重吸收，肌酐完全不被重吸收。

2) 大部分物质主要吸收部位在近曲小管，有些物质仅在近曲小管被重吸收。

3) Na^+、K^+ 等阳离子主动重吸收，HCO_3^-、Cl^- 等阴离子被动重吸收(Cl^- 在髓袢升支粗段除外)，葡萄糖、氨基酸等有机小分子继发性主动重吸收(与 Na^+ 的重吸收相关联)，水在近端小管等渗性重吸收，在远曲小管和集合管受抗利尿激素调节。

(3) 肾小管和集合管的分泌功能

1) K^+ 的分泌：主要由远端小管、集合管分泌，K^+ 的分泌依赖于 Na^+ 重吸收后形成的管内负电位，分泌方式为 Na^+-K^+ 交换。

2) H^+ 的分泌：通过 Na^+-H^+ 交换进行分泌，同时促进管腔中的 HCO_3^- 重吸收入血。在远曲小管和集合管存在 Na^+-H^+ 和 Na^+-K^+ 交换的竞争，因此，机体酸中毒时会引起血 K^+ 升高，同样，高血钾可以引起血液酸度升高。

3) NH_3 的分泌：肾脏分泌的氨主要是谷氨酰胺脱氨而来。分泌 NH_3 有利于 H^+ 分泌，同时促进 Na^+ 和 HCO_3^- 的重吸收。

2. 有效滤过压和肾小球滤过率

(1) 有效滤过压 = 肾小球毛细血管压 −(血浆胶体渗透压 + 肾小囊内压)。

(2) 肾小球滤过率　是指单位时间内(每分钟)两肾生成的超滤液量。体表面积为 $1.73m^2$ 的个体，其肾小球滤过率为 125ml/min 左右。

【例题】 正常情况下不能通过肾小球滤过膜的物质是(　　)

A. Na^+　　B. 氨基酸　　C. 甘露醇　　D. 葡萄糖　　E. 血浆白蛋白

【解析】 答案:E

物质通过滤过膜的难易决定于分子量和所带电荷,电荷中性分子的通透性取决于分子量的大小,带正电荷物质通透性大于带负电荷物质。内皮细胞表面有带负电荷的糖蛋白,血浆白蛋白也带负电荷,同性相斥,所以不能通过。

理解应用(三) 影响尿生成的因素

1. 影响肾小球滤过的因素　包括:有效滤过压、肾小球滤过膜面积和通透性、肾血浆流量。

因素		正常状态	异常状态
肾小球滤过膜	(1) 滤过膜通透性	正常人肾小球滤过膜通透性较稳定,一般只允许分子量小于 69 000 或有效半径小于 3.6nm 的物质通过;如果物质带负电荷,即使其分子量为 69 000,有效半径为 3.5 也不能被滤过	当肾小球发生病变时,滤过膜通透性增大,或滤过膜上带负电荷的糖蛋白减少或消失,将导致尿量增多,并出现不同程度的蛋白尿、血尿;若通透性减小,则导致少尿
	(2) 滤过膜面积	人体两侧肾全部肾小球毛细血管总面积在 $1.5m^2$ 以上	肾小球病变晚期,肾小球纤维化或玻璃样变,可使滤过面积明显减小而导致少尿
有效滤过压	(1) 肾毛细血管血压	在安静状态下,当血压在 80~180mmHg 范围内变动时,由于肾血流量存在自身调节机制,能使肾小球毛细血管血压和肾小球滤过率保持相对稳定	当动脉血压降到 80mmHg 以下时,超过了其自身调节范围,结果肾血流量减少,肾小球毛细血管血压明显降低,有效滤过压下降,肾小球滤过率减小,可出现少尿,甚至无尿
	(2) 血浆胶体渗透压	人体正常情况下变动不大	静脉输入大量生理盐水使血浆稀释,或当肝脏病变引起血浆蛋白合成减少或肾病引起大量蛋白尿时,导致血浆胶体渗透压降低,有效滤过压增加,肾小球滤过率也随之增加
	(3) 囊内压	正常情况下,囊内压较稳定	肾盂或输尿管结石、肿瘤压迫或其他原因引起的输尿管阻塞,都可使肾盂内压力升高而导致肾小囊内压升高,结果使得有效滤过压降低,滤过减少
肾血浆流量		在其他条件不变时,肾血浆流量与肾小球滤过率呈正变关系	肾血浆流量主要影响滤过平衡的位置,肾血浆流量加大时,滤过平衡位置移向出球小动脉端,使更长或全段肾小球毛细血管都有滤液形成,从而增加肾小球滤过量。肾血浆流量减少时,则发生相反变化

【例题】某患者因外伤急性失血,血压降至 70/30mmHg,尿量明显减少,其尿量减少的原因主要是(　　)

A. 肾小球毛细血管血压下降　　B. 肾小球滤过面积减小

C. 血浆胶体渗透压升高　　D. 血浆晶体渗透压降低

E. 近球小管对水的重吸收增加

【解析】 答案:A

在安静状态下,当血压在 80~180mmHg 范围内变动时,由于肾血流量存在自身调节机制,能使肾小球毛细血管血压和肾小球滤过率保持相对稳定。但患者因外伤急性失血，血压降至70/30mmHg，超过了其自身调节范围，结果肾血流量减少，肾小球毛细血管血压明显降低，有效滤过压下降，肾小球滤过率减小，可出现少尿，甚至无尿。所以正确答案是A。

2. 影响肾小管重吸收的因素　小管液中溶质浓度高，则小管液渗透压大，因而可妨碍肾小管特别是近端小管对水的重吸收，导致尿量增多，NaCl排出也增多。这种由于小管液中溶质浓度升高导致的利尿现象，称为渗透性利尿。例如，糖尿病人的多尿和甘露醇的利尿原理。

【试题】 糖尿病患者由于血浆葡萄糖浓度超过肾糖阈，肾小球滤过的葡萄糖量超过近端小管对糖的最大转运率，造成小管液渗透压升高，结果阻碍了水和NaCl的重吸收，造成的多尿属于（　　）

A. 水利尿　　B. 渗透性利尿　　C. 球-管平衡紊乱

D. 尿浓缩功能降低　　E. 呋塞米的作用

【解析】 答案：B

糖尿病由于血糖升高，肾小球滤过的葡萄糖量超过了近端小管对糖的最大转运率，造成小管液中渗透压升高的利尿现象，称为渗透性利尿。所以正确答案是B。

3. 抗利尿激素及醛固酮对尿生成的调节作用

(1) 抗利尿激素：抗利尿激素由下丘脑视上核（为主）和室旁核的神经内分泌细胞合成和分泌，经下丘脑-垂体束运抵神经垂体储存，并由此释放入血。抗利尿激素通过提高远曲小管（作用较弱）和集合管（主要）上皮细胞对水的通透性，增加水的重吸收而发挥抗利尿作用。血浆晶体渗透压升高、循环血量减少、血压降低、剧烈疼痛和高度精神紧张，均可刺激抗利尿激素的合成和分泌。

(2) 醛固酮：醛固酮由肾上腺皮质球状带的细胞分泌，其主要作用是促进远曲小管和集合管上皮细胞对 Na^+ 的重吸收和对 K^+ 的分泌，Cl^- 和水也随 Na^+ 而被重吸收，因而具有维持 Na^+/K^+ 平衡和细胞外液量相对稳定的作用。醛固酮的分泌主要受肾素-血管紧张素系统的调节。血管紧张素Ⅱ和血管紧张素Ⅲ均可刺激醛固酮分泌，但前者的缩血管作用较强，而后者主要刺激醛固酮的分泌。此外，血 K^+ 浓度升高和（或）血 Na^+ 浓度降低也可刺激醛固酮分泌，反之，则醛固酮分泌减少。但肾上腺皮质球状带对血 K^+ 浓度的改变更为敏感。

【例题】 某12岁男孩，急性发热，腰痛，查体：眼睑水肿，血压145/100mmHg，尿检含一定数量红细胞，尿蛋白阳性，诊断为急性肾小球肾炎。患者出现血尿和蛋白尿的主要原因是（　　）

A. 肾小球毛细血管血压升高　　B. 肾小球滤过膜面积增大

C. 肾小球滤过膜通透性增大　　D. 肾小管重吸收的减少

E. 肾小管排泄功能的下降

【解析】 答案：C

能影响肾小球滤过的因素包括有效滤过压（滤过动力）、肾血浆流量以及滤过膜的面积与通透性（滤过条件）。决定有效滤过压的因素主要有肾小球毛细血管血压、血浆胶体渗透压和肾小囊内压。肾小球毛细血管血压升高和肾小球滤过面积增大可使滤过增多，但不会出现蛋白尿和血尿，出现蛋白尿和血尿与肾小管的重吸收和排泄功能也无关，而肾小球滤过膜通透性增大则可使滤过增多，也可引起蛋白尿和血尿。所以正确答案是C。

（冯润荷）

第八章 感觉器官的功能

略。

第九章 神经系统

理解应用(一) 反射

1. 反射与反射弧 反射是指在中枢神经系统参与下的机体对内外环境刺激做出的应答。反射的基本过程是:感受器接受刺激,经传入神经将刺激信号传递给神经中枢,由中枢进行分析处理,然后再经传出神经,将指令传到效应器,产生效应。

2. 正反馈和负反馈

类型	定义	生理意义	举例
负反馈	受控部分的活动向原来方向减弱的活动	维持稳态	减压反射;体温调节;肺牵张反射
正反馈	受控部分的活动向原来方向加强的活动	使某种生理活动不断加强,直至完成	血液凝固;排尿反射;分娩

3. 突触的概念及其传递过程

(1) 突触的概念:是指神经元与神经元之间发生功能接触的结构。一个经典的突触包括突触前膜、突触间隙和突触后膜三个组成部分。

(2) 突触传递过程:经典突触传递电 - 化学 - 电过程,由突触前神经元的生物电变化,通过突触末梢的化学物质的释放,最终引起突触后神经元的生物电改变。

基本过程为:突触前神经元兴奋→兴奋达神经末梢→神经末梢的动作电位使突触前膜去极化→前膜 Ca^{2+} 通道开放→ Ca^{2+} 进入突触前膜→神经递质的释放→递质进入突触间隙,扩散到突触后膜→使后膜对某种离子的通透性改变→引起后膜的去极化或超极化→产生突触后电位。

突触后电位主要有以下两类:兴奋性突触后电位和抑制性突触后电位。

兴奋性突触后电位和抑制性突触后电位比较

突触前膜释放递质	兴奋性递质 乙酰胆碱	抑制性递质 γ- 氨基丁酸
突触后膜对离子的通透性	对 Na^+、K^+,特别是对 Na^+ 的通透性增加	对 Cl^- 的通透性增加
突触后膜电位变化	去极化	超极化

4. 中枢兴奋传递的特征

单向传递	突触传递具有单向性,兴奋只能由从突触前神经元传向突触后神经元
中枢延搁	兴奋通过化学性突触比在同样长的神经纤维上传导要慢得多

续表

兴奋的总和	突触传递的兴奋可进行加和。若干小的神经纤维的传入冲动同时到达同一中枢,可产生传出效应
兴奋节律的改变	测定某一反射弧的传入神经和传出神经在兴奋传递过程中的放电频率,两者往往不同
后发放	在环式联系中,即使最初的刺激已经停止,由于环式传导冲动传出通路上冲动发放仍可继续一段时间,这种现象称为后发放
易疲劳	突触容易发生疲劳,对内外环境变化敏感

【例题】 条件反射的特点是( )

A. 先天遗传而获得 B. 后天训练而建立 C. 种族共有的反射

D. 是一种初级的神经活动 E. 反射弧固定不变

【解析】 答案:B

条件反射:通过后天学习和训练而形成的反射,是高级形式。非条件反射:指生来就有、数量有限比较固定和形式低级的反射活动。包括防御反射、食物反射、性反射等。

理解应用(二) 神经系统的感觉功能

1. 特异投射系统和非特异投射系统

特异投射系统和非特异投射系统比较

	特异投射系统	非特异投射系统
细胞群	丘脑第一类细胞群(特异感觉接替核)、第二类细胞群(联络核)	丘脑的第三类细胞群(非特异投射核)
范围	投射向大脑皮质的特定区域	投射到大脑皮质的广泛区域
方式	点对点的投射	弥散性投射
功能	引起特定感觉,并激发大脑皮质发出神经冲动	不能单独激发皮质神经元放电,但可改变大脑皮质的兴奋状态,是感觉特异性刺激的基础
药物	不敏感	敏感

【例题1】 非特异性感觉投射系统的生理功能是( )

A. 产生各种内脏感觉和痛觉 B. 维持和改变大脑皮质兴奋状态

C. 抑制大脑皮质的兴奋活动 D. 激发大脑皮质的传出活动

E. 建立大脑皮质与丘脑间的反馈链多

【解析】 答案:B

非特异性感觉投射系统本身不能单独激发皮质神经元放电,但可改变大脑皮质的兴奋状态。

【例题2】 特异性投射系统的特点是( )

A. 弥散投射到大脑皮质广泛区域 B. 点对点投射到大脑皮质特定区域

C. 上行激活系统是其主要结构 D. 改变大脑皮质兴奋状态是其主要功能

E. 对催眠药和麻醉药敏感

【解析】 答案B

特异投射系统是指丘脑的第一类细胞群,它们投向大脑皮质的特定区域,具有点对点的投射关系。第二类细胞群在结构上大部分也与大脑皮质有特定的投射关系,也可归入特异投射系统。

理解应用(三) 神经系统对躯体运动的调节

1. 骨骼肌牵张反射的概念及其类型 牵张反射指有神经支配的骨骼肌在受到外力牵拉时能引起受牵拉的同一肌肉收缩的反射活动。包括腱反射和肌紧张两种。

类型	腱反射	肌紧张
定义	快速牵拉肌腱时发生的牵张反射	缓慢持续牵拉肌腱时发生的牵张反射
感受器	肌梭	肌梭
反射	单突触反射	多突触反射
特点	传入纤维较粗,传导速度快,反射潜伏期短,肌肉快速收缩	中枢的突触接替不止一个,受牵拉肌肉紧张性收缩,阻止被拉长
意义	快速牵拉肌腱时的反射	维持躯体姿势最基本的反射活动,姿势反射的基础
举例	膝反射、跟腱反射	人体直立姿势的维持

【例题】 维持身体姿势最基本的反射是( )

A. 肌紧张反射　B. 跟腱反射　C. 膝反射
D. 肱二头肌反射　E. 对侧伸肌反射

【解析】 答案:A

是指缓慢持续牵拉肌腱时发生的牵张反射,其表现为受牵拉肌肉能发生紧张性收缩。肌紧张是维持躯体姿势最基本的多突触反射,是姿势反射的基础。

2. 小脑的主要功能

部位	结构	功能
前庭小脑	绒球小结叶	控制躯体的平衡和眼球运动 受损伤后会出现躯体平衡障碍及位置性眼震颤
脊髓小脑	蚓部和半球中间	调节正在进行运动过程汇总的运动,协助大脑皮质对随意运动进行适时的控制 如果受损伤,会出现意向性震颤,小脑性共济失调
皮质小脑	半球外侧部	参与随意运动的设计和程序的编制 损伤后可有起始运动的延缓和已形成的快速而熟练动作的缺失

【例题】 某患者脊髓小脑损伤,会出现( )

A. 小脑性共济失调　B. 躯体平衡功能障碍　C. 肌张力加强
D. 随意运动缺失　E. 舞蹈症

【解析】 答案:A

脊髓小脑与脊髓和与大脑皮质的功能联系,协调随意运动,使随意运动的力量、方向、速度和稳定性等方面受到适当的控制,使动作稳定而准确。如损伤会出现动作性协调障碍,称为小脑性共济失调,所以正确答案是A。维持身体平衡主要由前庭小脑完成,故不选B。调节肌紧张主要由脊髓小脑完成,易化肌紧张的作用占主要地位,如脊髓小脑损伤,主要表现为肌紧张降低,肌无力等症状,故不选C。发动随意运动的主要是大脑皮质,故不选D。

基底神经节损害出现肌紧张不全而运动过多性疾病,舞蹈症故不选E。

理解应用(四) 神经系统对内脏活动的调节

自主神经系统主要的递质和受体 自主神经系统的功能在于调节心肌、平滑肌和腺体(消化腺、汗腺、部分内分泌腺)的活动,分为交感和副交感两类,一般器官都接受双重支配。

(1) 乙酰胆碱及其受体:所有自主神经节前纤维、大多数副交感节后纤维(少数纤维释放肽类除外)、少数交感节后纤维(引起汗腺分泌和骨骼肌血管舒张的舒血管纤维),以及支配骨骼肌的纤维,都属于胆碱能纤维。以 ACh 为配体的受体称为胆碱能受体:

	毒蕈碱受体(M 受体)	烟碱受体(N 受体)
分布	大多数副交感节后纤维效应器细胞,交感节后纤维所支配的汗腺、骨骼肌、血管平滑肌细胞膜上	自主神经元的突触后膜(N1),神经-肌肉接头的终板膜上(N2)
作用	心脏活动的抑制、支气管平滑肌的收缩、胃肠平滑肌的收缩、膀胱逼尿肌的收缩、虹膜环行肌的收缩、消化腺分泌的增加,以及汗腺分泌的增加和骨骼肌血管的舒张	小剂量可引起骨骼肌收缩,大于剂量则阻断自主神经的突触传递
拮抗剂	阿托品	筒箭毒碱

【例题】 某人因有机磷农药中毒,致使神经纤维末梢释放的乙酰胆碱不能失活而作用加强。患者不会出现的症状是( )

A. 消化道运动增强,腹痛,腹泻　　B. 瞳孔缩小,视力模糊　　C. 肌肉震颤,抽搐

D. 皮肤干燥,无汗　　E. 支气管平滑肌收缩,呼吸困难

【解析】 答案:D

乙酰胆碱与 N_2 受体结合,骨骼肌收缩,出现肌肉震颤,抽搐。乙酰胆碱与 M 受体结合,产生一系列副交感神经兴奋的效应,如心脏活动抑制,支气管、消化道平滑肌、逼尿肌收缩,消化腺分泌增加,瞳孔缩小,汗腺分泌增加,所以不包括 D 答案。

(2) 儿茶酚胺及其受体:多数交感神经节后纤维释放的递质是去甲肾上腺素(NA),以 NA 作为递质的神经纤维,称为肾上腺素能纤维。

分布	多数交感节后纤维(除支配汗腺和骨骼肌血管的交感胆碱能纤维外)		
受体	$\alpha(\alpha_1\alpha_2)$	平滑肌兴奋效应(血管、子宫、虹膜辐射状肌收缩)	α 受体阻断剂酚妥拉明
		抑制性效应(小肠平滑肌舒张)	
	$\beta(\beta_1\beta_2\beta_3)$	兴奋性效应(与心肌 β_1 结合)	β 受体阻断剂普萘洛尔
		β_2 平滑肌抑制效应(血管、子宫、小肠、支气管舒张)	
		β_3 脂肪分解作用(脂肪细胞)	

【例题】 下列药物或毒物中可阻断 N 型胆碱能受体的物质是( )

A. 筒箭毒碱　　B. 普奈洛尔　　C. 酚妥拉明

D. 阿托品　　E. 烟碱

【解析】 答案:A

能与 ACh 结合并发挥生理效应的受体为胆碱能受体,有 M 受体和 N 受体两种。阿托品是从受体阻断剂,筒箭毒碱是 N 受体阻断剂,肾上腺受体有 α 受体和 β 受体,酚妥拉明是 α 受体阻断药,普奈洛尔是 β 受体阻断药。

理解应用(五) 脑的高级功能

条件反射的概念及意义

1. 条件反射的概念　是指机体在后天生活过程中,在非条件反射的基础上,于一定条件下建立起来的反射,简言之,是通过后天训练、学习而获得的反射。因此,条件反射是条件刺激与非条件刺激在时间上的结合而建立起来的。这个过程称为强化。

非条件反射和条件反射的基本区别

非条件反射	条件反射
先天遗传，种属共有	后天习得，有个体差异
数量有限	数量无限
反射弧较固定，不变或少变	反射弧易变性极大，可建立，可消退
适应性有限	高度完善

2. 条件反射的意义　与非条件反射相比，条件反射更具有预见性、灵活性、精确性，因而对复杂多变的环境变化具有更加完善的适应能力。

【例题】 形成条件反射的重要条件是（　　）

A. 大脑皮质必须健全
B. 要有非条件刺激强化
C. 要有适当的无关刺激
D. 非条件刺激出现在无关刺激之前
E. 无关刺激与非条件刺激在时间上多次结合

【解析】 答案 E

任何无关刺激只要多次重复地与非条件刺激结合，都可能成为条件刺激，都有可能建立条件反射。因此条件反射数量无限。条件反射具有极大的易变性、高度适应性，能有预见性地、准确地适应环境变化，提高机体对环境的适应能力，维持机体与环境之间的平衡。

（冯润荷）

第十章 内分泌

理解应用(一) 垂体的功能

腺垂体是人体内最重要的内分泌腺,能合成和分泌的激素有:促甲状腺激素(TSH)、促肾上腺皮质激素(ACTH)、促卵泡激素(FSH)、黄体生成素(LH)、生长激素(GH)、催乳素(PRL)、促黑(素细胞)激素(MSH)。

生长激素的生理功能:

1. 生长作用　幼年时缺乏患侏儒症,过多患巨人症,成年时生长激素过多患肢端肥大症。

2. 代谢的作用　加速蛋白质的合成,促进脂肪分解,生理水平生长激素加强葡萄糖的利用,过量生长激素则抑制葡萄糖的利用。

3. 参与应激　应激时生长激素增多。

除生长激素外,促生长作用的激素还有甲状腺素、胰岛素、雄激素等。凡促进合成代谢、加速蛋白质合成的激素均有促生长作用,而促进分解代谢的激素则抑制生长。

【例题】 人在幼年时由于缺乏某种激素而导致侏儒症,这种激素是(　　)

A. 生长激素　　B. 甲状腺激素　　C. 糖皮质激素

D. 肾上腺素　　E. 胰岛素

【解析】 答案:A

由腺垂体分泌的生长激素具有促进生长和影响代谢的作用。生长激素对各组织、器官的生长均有促进作用,尤其是对骨骼、肌肉及内脏器官的作用更为显著,但不影响脑的发育。所以人在幼年时期若缺乏生长激素,将出现生长停滞,身材矮小,但不影响智力,这种病症称为侏儒症。甲状腺激素也具有促进生长和影响代谢的作用。甲状腺激素主要影响长骨和脑的生长发育,因此先天性甲状腺功能不全的婴儿,脑和长骨的生长发育明显障碍,表现为智力低下,身材矮小,这种病症称为呆小症。糖皮质激素、肾上腺素和胰岛素都能影响代谢,但对生长发育无明显作用。所以正确答案是A。

理解应用(二) 甲状腺激素生理作用

甲状腺激素可促进人体生长发育,影响长骨和中枢神经的发育,特别是促进神经系统的发育。

1. 对生长发育的作用　影响长骨和中枢神经的发育,婴幼儿缺乏甲状腺激素患呆小病。

2. 对机体代谢的影响　①提高基础代谢率,提高绝大多数组织细胞的耗氧量和产热量;②对三大营养物质的代谢既有合成作用又有分解作用,剂量大时主要表现出分解作用。甲状腺激素升糖作用大于降糖作用。适量的甲状腺激素加速蛋白质,分泌过多时,则加速蛋白质分解;甲状腺激素对脂肪分解速度超过合成。

3. 对神经系统的影响　甲状腺功能亢进时,中枢神经系统的兴奋性增高,低下时,兴奋性降低。

4. 对心血管系统的作用　使心率增快,心缩力增强。收缩压增高,舒张压正常或稍低,脉压增大。

【例题 1】 影响神经系统发育最重要的激素(　　)

A. 生长激素　　B. 甲状腺激素　　C. 糖皮质激素
D. 胰岛素　　E. 性激素

【解析】 答案:B

甲状腺激素可促进人体生长发育,影响长骨和中枢神经的发育,特别是促进神经系统的发育。

【例题 2】 治疗呆小症最能奏效的时间是在出生后(　　)

A. 3 个月左右　　B. 6 个月左右　　C. 10 个月左右
D. 12 个月左右　　E. 1~3 岁时

【解析】 答案:A

甲状腺激素促进人体生长发育,主要促进脑与长骨的生长与发育。先天性甲状腺功能不全的婴儿,脑和长骨的生长发育明显障碍,表现为智力低下,身材矮小,称为呆小症。生长发育障碍在出生后最初的 3 个月内表现最明显,所以,治疗呆小症应在出生后 3 个月以内补充甲状腺激素,过后再补充则难以逆转,所以正确是 A。

理解应用(三)　肾上腺糖皮质激素生理作用

1. 对物质代谢的影响　糖皮质激素是促进分解代谢的激素,促进糖异生,升高血糖,促进蛋白质分解。有抗胰岛素作用使血糖升高,对脂肪的作用存在部位差异。

2. 对水盐代谢的影响　对水的排出有促进作用,有较弱的保钠排钾作用。

3. 在应激中发挥作用　机体受到有害刺激,如创伤、手术、寒冷、饥饿、疼痛、感染以及精神紧张和焦虑不安等,血中 ACTH 浓度立即增加,糖皮质激素也相应增多。这一反应称为应激。

4. 其他方面作用

糖皮质激素的基本调节效应

器官系统	调节效应
血细胞	↑红细胞、中性粒细胞、单核细胞、血小板数量;↓淋巴细胞和嗜酸性粒细胞数量
心血管系统	对维持正常血压是必需的。因为:①↑血管平滑肌对儿茶酚胺的敏感性(允许作用)以增强血管平滑肌的紧张性;②↓前列腺素的合成以对抗其舒血管作用;③↓毛细血管通透性以利于维持血容量;④对离体心脏有强心作用。
神经系统	提高中枢神经系统的兴奋性
消化系统	↑胃酸和胃蛋白酶分泌;↓胃黏膜的保护和修复功能,长期大量服用糖皮质激素可诱发和加剧胃溃疡

↑促进或增强,↓抑制或减弱

【例题】 患者当出现圆脸、厚背、躯干发胖而四肢消瘦的“向心性肥胖”特殊体形时,提示(　　)

A. 甲状腺激素分泌过多　　B. 生长激素分泌过多　　C. 糖皮质激素分泌过多
D. 肾上腺素分泌过多　　E. 胰岛素分泌不足

【解析】 答案:C

糖皮质激素是人体内影响物质代谢的重要激素。它对脂肪代谢的作用较为特殊,即对不同部位脂肪细胞代谢的影响存在差异,分泌过多时,可引起四肢脂肪分解加强,而腹部、面部、肩部和背部脂肪合成增强,从而出现“向心性肥胖”的特殊体形。甲状腺激素、生长激素和肾上腺素分泌过多或胰岛素分泌不足均可引起脂肪分解加强,但不会出现“向心性肥胖”的特殊体形。所以正确答案是 C。

理解应用(四) 胰岛素生理作用

主要在于促进合成代谢,调节血糖稳定。

1. 对糖代谢　胰岛素能促进全身组织对葡萄糖的摄取和利用,加速肌糖原合成,促进葡萄糖转变为脂肪,并抑制糖原分解和糖异生,导致血糖降低。

2. 对脂肪代谢　胰岛素能促进脂肪的合成和储存,同时抑制脂肪的分解。

3. 对蛋白质代谢　胰岛素可促进细胞摄取氨基酸和蛋白质合成,抑制蛋白质分解,因而有利于生长。对人体生长来说,胰岛素也是不可缺少的激素之一。

(冯润荷)

第十一章 生 殖

理解应用(一) 男性生殖

睾酮的生理作用

1. 促进男性附性器官的生长发育,并维持它们处于成熟状态。

2. 刺激男性副性征,维持正常性欲。

3. 维持生精作用。

4. 对代谢的影响 总趋势是促进合成代谢:①促进蛋白质合成;②参与水、盐代谢,有轻度水、钠潴留的作用;③促进骨骼生长与钙、磷沉积;④直接刺激骨髓,促进红细胞生成。

【例题】 睾丸间质细胞的主要生理功能是( )

A. 营养和支持生殖细胞　　B. 产生精子　　C. 分泌雄激素

D. 促进精子成熟　　E. 分泌抑制素

【解析】 答案:C

睾丸由生精小管和间质细胞组成,生精小管的主要生理功能是生成精子,间质细胞具有内分泌功能,可分泌雄激素、抑制素及激活素等。

理解应用(二) 女性生殖

雌激素和孕激素生理作用

	雌激素	孕激素
对生殖器官的作用	促进排卵 有利于精子与卵子的运行 促进子宫发育 增强阴道的抵抗力	使子宫内膜继续增殖并呈黄体期的变化,为受精卵着床提供良好条件
对乳腺和副性征的作用	雌激素可促使脂肪沉积于乳腺、臀部等部位,毛发呈女性分布,音调较高,出现并维持女性第二性征。	促进乳腺组织发育成熟,并在妊娠后为泌乳做好准备
对代谢的作用	① 促进蛋白质的合成 ② 刺激成骨细胞的活动,加速骨的生长和促进骺软骨的愈合 ③ 提高血中载脂蛋白 A_1,降低胆固醇,抗动脉硬化 ④ 高浓度的雌激素有导致水、钠潴留的趋势	使每个周期体温呈双相分布

【例题】 下列各项功能性描述中,属于孕激素生理作用的是( )

A. 促进子宫内膜增生和腺体分泌　　B. 增强子宫平滑肌的兴奋性
C. 提高子宫对缩宫素的敏感性　　D. 促进输卵管蠕动
E. 刺激阴道上皮细胞增生、角化和分泌

【解析】 答案:A

孕激素的主要生理作用是为胚泡着床做好准备,并为妊娠的维持提供适宜环境。孕激素能使增生期子宫内膜进一步增厚,进入分泌期;并能降低子宫平滑肌的兴奋性,降低子宫对缩宫素的敏感性,抑制输卵管蠕动,抑制母体对胚胎的免疫排斥反应,总之是起到安宫保胎的作用。备选答案中除促进子宫内膜腺体分泌属于孕激素特有的作用外,其他各项都是雌激素的生理作用,而促进子宫内膜增生则是雌、孕激素共有的生理作用。所以正确答案是 A。

(冯润荷)

练习题

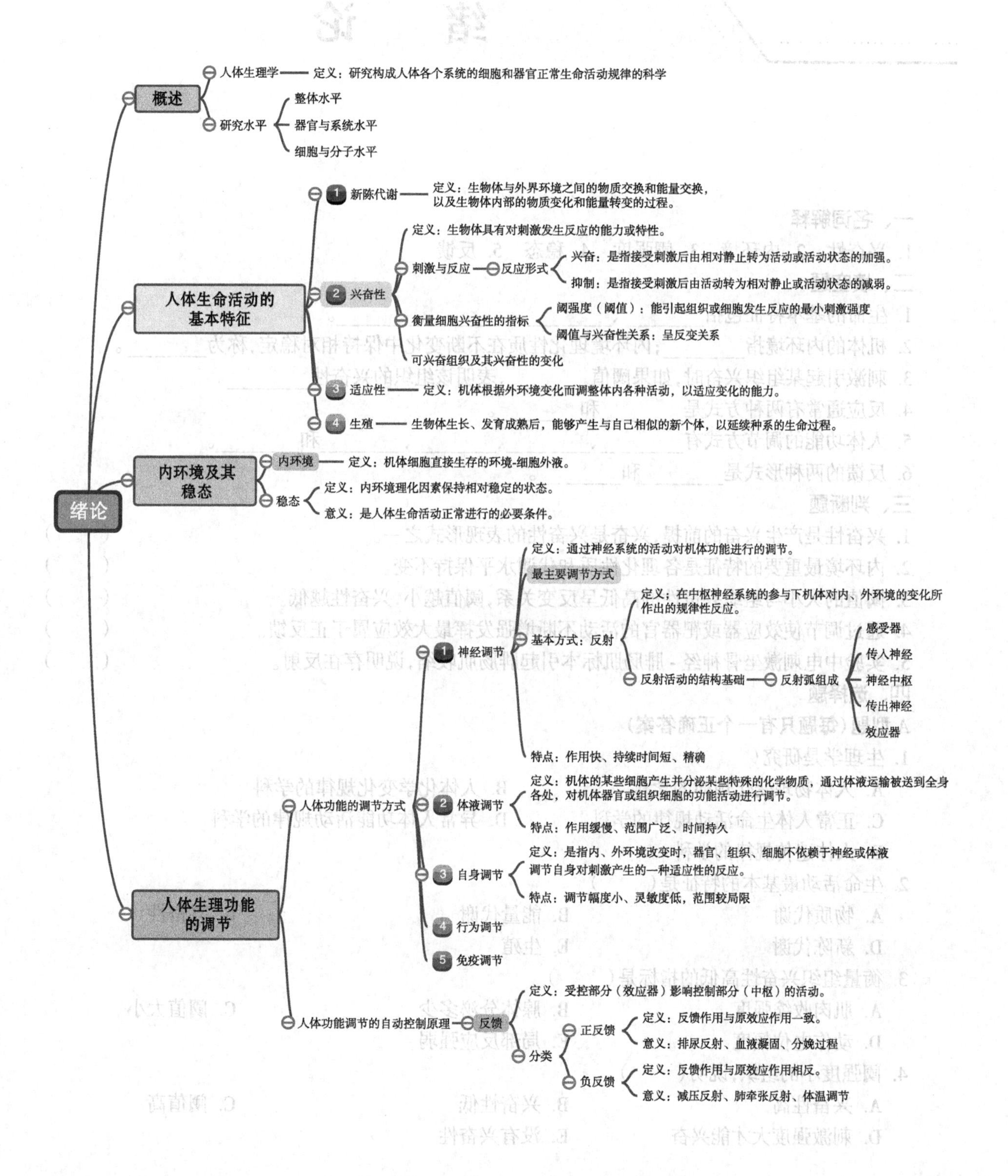

绪论
概述
人体生理学
定义：研究构成人体各个系统的细胞和器官正常生命活动规律的科学
研究水平
整体水平
器官与系统水平
细胞与分子水平
人体生命活动的基本特征
1 新陈代谢
定义：生物体与外界环境之间的物质交换和能量交换，以及生物体内部的物质变化和能量转变的过程。
2 兴奋性
定义：生物体具有对刺激发生反应的能力或特性。
刺激与反应
反应形式
兴奋：是指接受刺激后由相对静止转为活动或活动状态的加强。
抑制：是指接受刺激后由活动转为相对静止或活动状态的减弱。
衡量细胞兴奋性的指标
阈强度（阈值）：能引起组织或细胞发生反应的最小刺激强度
阈值与兴奋性关系：呈反变关系
可兴奋组织及其兴奋性的变化
3 适应性
定义：机体根据外环境变化而调整体内各种活动，以适应变化的能力。
4 生殖
生物体生长、发育成熟后，能够产生与自己相似的新个体，以延续种系的生命过程。
内环境及其稳态
内环境
定义：机体细胞直接生存的环境-细胞外液。
稳态
定义：内环境理化因素保持相对稳定的状态。
意义：是人体生命活动正常进行的必要条件。
人体生理功能的调节
人体功能的调节方式
1 神经调节
定义：通过神经系统的活动对机体功能进行的调节。
最主要调节方式
基本方式：反射
定义：在中枢神经系统的参与下机体对内、外环境的变化所作出的规律性反应。
反射活动的结构基础
反射弧组成
感受器
传入神经
神经中枢
传出神经
效应器
特点：作用快、持续时间短、精确
2 体液调节
定义：机体的某些细胞产生并分泌某些特殊的化学物质，通过体液运输被送到全身各处，对机体器官或组织细胞的功能活动进行调节。
特点：作用缓慢、范围广泛、时间持久
3 自身调节
定义：是指内、外环境改变时，器官、组织、细胞不依赖于神经或体液调节自身对刺激产生的一种适应性的反应。
特点：调节幅度小、灵敏度低，范围较局限
4 行为调节
5 免疫调节
人体功能调节的自动控制原理
反馈
定义：受控部分（效应器）影响控制部分（中枢）的活动。
分类
正反馈
定义：反馈作用与原效应作用一致。
意义：排尿反射、血液凝固、分娩过程
负反馈
定义：反馈作用与原效应作用相反。
意义：减压反射、肺牵张反射、体温调节

练习题

绪　论

一、名词解释

1. 兴奋性　2. 内环境　3. 阈强度　4. 稳态　5. 反馈

二、填空题

1. 生命的基本特征包括________、________、________。
2. 机体的内环境指________；内环境理化性质在不断变化中保持相对稳定，称为________。
3. 刺激引起某组织兴奋时，如果阈值________，表明该组织的兴奋性________。
4. 反应通常有两种方式是________和________。
5. 人体功能的调节方式有________、________、________、________和________。
6. 反馈的两种形式是________和________。

三、判断题

1. 兴奋性是产生兴奋的前提，兴奋是兴奋性的表现形式之一。（　　）
2. 内环境最重要的特征是各理化性质和代谢水平保持不变。（　　）
3. 阈值的大小与组织兴奋性的高低呈反变关系，阈值越小，兴奋性越低。（　　）
4. 通过调节使效应器或靶器官的活动不断增强发挥最大效应属于正反馈。（　　）
5. 实验中电刺激坐骨神经 - 腓肠肌标本引起腓肠肌收缩，说明存在反射。（　　）

四、选择题

A 型题（每题只有一个正确答案）

1. 生理学是研究（　　）
   A. 人体物理变化规律的学科　B. 人体化学变化规律的学科
   C. 正常人体生命活动规律的学科　D. 异常人体功能活动规律的学科
   E. 人体遗传规律的学科
2. 生命活动最基本的特征是（　　）
   A. 物质代谢　B. 能量代谢　C. 兴奋性
   D. 新陈代谢　E. 生殖
3. 衡量组织兴奋性高低的指标是（　　）
   A. 肌肉收缩强度　B. 腺体分泌多少　C. 阈值大小
   D. 动作电位幅度　E. 局部反应强弱
4. 阈强度小的组织，说明（　　）
   A. 兴奋性高　B. 兴奋性低　C. 阈值高
   D. 刺激强度大才能兴奋　E. 没有兴奋性

5. 引起组织兴奋的最小刺激强度是（ ）
A. 阈电位 B. 阈值（阈强度） C. 阈下刺激
D. 阈刺激 E. 阈上刺激
6. 机体的内环境指（ ）
A. 细胞内液 B. 细胞外液 C. 体液 D. 血浆 E. 淋巴液
7. 神经、肌肉、腺体受到一定强度刺激后产生兴奋的共同表现是（ ）
A. 释放递质 B. 产生收缩 C. 分泌物质 D. 动作电位 E. 静息电位
8. 稳态是指（ ）
A. 维持内环境中物理性质相对恒定的状态
B. 维持内环境中化学性质相对恒定的状态
C. 维持内环境中理化性质相对恒定的状态
D. 维持内环境中理化性质绝对恒定的状态
E. 维持内环境中各种物质浓度相对恒定的状态
9. 神经调节的特点是（ ）
A. 有负反馈调节 B. 有正反馈调节
C. 调节幅度小，不十分灵敏 D. 作用缓慢、持续时长、作用范围广
E. 作用迅速、精确、持续时间短
10. 维持机体稳态的重要途径是（ ）
A. 正反馈调节 B. 负反馈调节 C. 神经调节
D. 体液调节 E. 自身调节
11. 引起机体发生反应的内外环境变化称（ ）
A. 反应 B. 刺激 C. 兴奋性 D. 兴奋 E. 抑制
12. 机体对适宜刺激所产生的反应，由活动状态转变为相对静止状态，称为（ ）
A. 兴奋反应 B. 抑制反应 C. 双向反应
D. 适应反应 E. 加强反应
13. 机体活动调节最主要的方式是（ ）
A. 体液调节 B. 神经调节 C. 神经 - 体液调节
D. 自身调节 E. 反馈
14. 下列哪项是错误的（ ）
A. 大于阈强度的刺激称阈上刺激 B. 一切活组织都是可兴奋组织
C. 兴奋性与阈强度呈反比关系 D. 细胞外液是机体的内环境
E. 兴奋是组织反应的一种形式
15. 电刺激肌细胞发生收缩属于（ ）
A. 兴奋性 B. 兴奋反应 C. 抑制反应 D. 新陈代谢 E. 能量转化
16. 机体或组织对刺激发生反应的能力称（ ）
A. 兴奋 B. 阈强度 C. 反应 D. 兴奋性 E. 适应
17. 神经调节的基本方式是（ ）
A. 反射 B. 反馈 C. 适应 D. 反应 E. 分泌

B 型题（每题只有一个正确答案）

A. 神经调节 B. 体液调节 C. 自身调节
D. 负反馈调节 E. 正反馈调节

1. 食物进入口腔后，引起唾液腺、胃腺等的分泌，这一过程属于（ ）

2. 甲状旁腺分泌甲状旁腺激素调节血浆中钙离子浓度，属于（　　）
3. 正常的分娩过程，属于（　　）
4. 减压反射过程，属于（　　）
   A. 兴奋　B. 抑制　C. 反射　D. 刺激　E. 反应
5. 某心脏病患者注射肾上腺素后，心率由 70 次 / 分变为 90 次 / 分，此现象属于（　　）
6. 静脉输液时，针刺手背静脉引起缩手的动作，此现象属于（　　）

X 型题（每题有两个或两个以上的正确答案）

1. 关于反射的描述，正确的是（　　）
   A. 在中枢神经系统参与下发生规律性的反应
   B. 结构基础是反射弧
   C. 是神经系统活动的基本方式
   D. 反射弧由五部分组成
   E. 实现反射要有完整的反射弧
2. 可兴奋组织是（　　）
   A. 神经组织　B. 骨骼　C. 肌肉组织
   D. 腺体　E. 脂肪组织
3. 体液调节的特点是（　　）
   A. 反应速度慢　B. 作用范围广　C. 灵敏度低
   D. 作用时间长　E. 反应速度快
4. 关于兴奋性的叙述正确的是（　　）
   A. 是生命的基本特征之一　B. 与阈强度呈反变关系
   C. 是机体对刺激发生反应的能力　D. 神经组织是兴奋性最高的组织之一
   E. 具有兴奋性的组织一定能兴奋
5. 属于正反馈调节的是（　　）
   A. 排尿反射　B. 减压反射　C. 血液凝固
   D. 血糖水平的调节　E. 分娩
6. 属于负反馈调节的是（　　）
   A. 减压反射　B. 体温调节　C. 血糖浓度的调节
   D. 甲状腺激素的调节　E. 排尿反射
7. 人体功能的调节方式包括（　　）
   A. 神经调节　B. 体液调节　C. 自身调节
   D. 适应　E. 反应
8. 以下叙述正确的是（　　）
   A. 体液是机体液体的总称
   B. 刺激的条件包括强度、时间和强度 - 时间变化率
   C. 机体最主要的调节方式是神经调节
   D. 条件反射的反射弧不固定
   E. 稳态是指外环境的相对稳定

五、问答题

1. 比较兴奋性与兴奋有何不同？
2. 比较反射与反应的区别和联系。

（冯润荷）

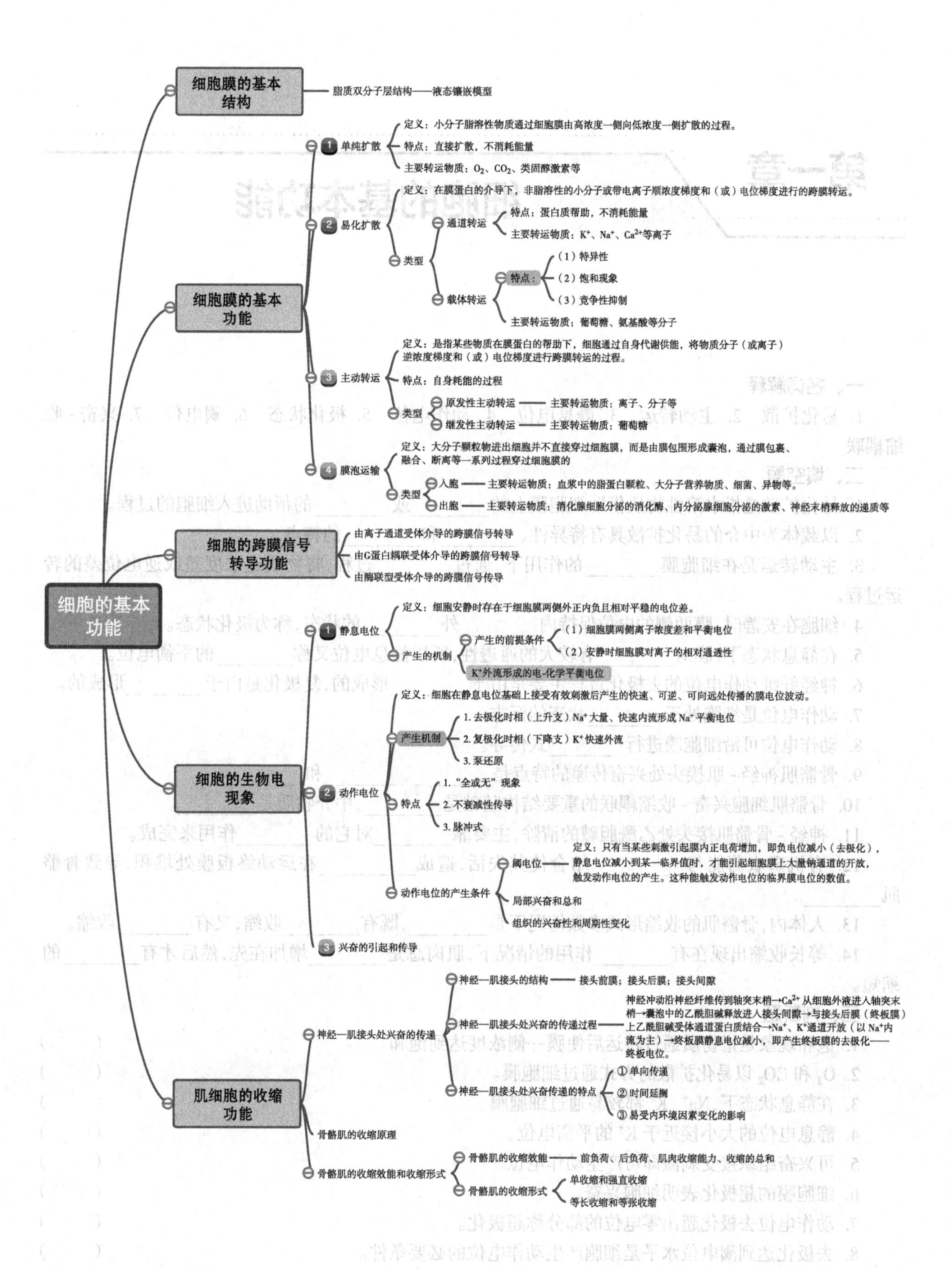

细胞的基本功能
细胞膜的基本结构
脂质双分子层结构——液态镶嵌模型
细胞膜的基本功能
1 单纯扩散
定义：小分子脂溶性物质通过细胞膜由高浓度一侧向低浓度一侧扩散的过程。
特点：直接扩散，不消耗能量
主要转运物质：O_2、CO_2、类固醇激素等
2 易化扩散
定义：在膜蛋白的介导下，非脂溶性的小分子或带电离子顺浓度梯度和（或）电位梯度进行的跨膜转运。
类型
通道转运
特点：蛋白质帮助，不消耗能量
主要转运物质：K^+、Na^+、Ca^{2+}等离子
载体转运
特点：
（1）特异性
（2）饱和现象
（3）竞争性抑制
主要转运物质：葡萄糖、氨基酸等分子
3 主动转运
定义：是指某些物质在膜蛋白的帮助下，细胞通过自身代谢供能，将物质分子（或离子）逆浓度梯度和（或）电位梯度进行跨膜转运的过程。
特点：自身耗能的过程
类型
原发性主动转运——主要转运物质：离子、分子等
继发性主动转运——主要转运物质：葡萄糖
4 膜泡运输
定义：大分子颗粒物进出细胞并不直接穿过细胞膜，而是由膜包围形成囊泡，通过膜包裹、融合、断离等一系列过程穿过细胞膜的
类型
入胞——主要转运物质：血浆中的脂蛋白颗粒、大分子营养物质、细菌、异物等。
出胞——主要转运物质：消化腺细胞分泌的消化酶、内分泌腺细胞分泌的激素、神经末梢释放的递质等
细胞的跨膜信号转导功能
由离子通道受体介导的跨膜信号转导
由G蛋白耦联受体介导的跨膜信号转导
由酶联型受体介导的跨膜信号传导
细胞的生物电现象
1 静息电位
定义：细胞安静时存在于细胞膜两侧外正内负且相对平稳的电位差。
产生的机制
产生的前提条件
（1）细胞膜两侧离子浓度差和平衡电位
（2）安静时细胞膜对离子的相对通透性
K^+外流形成的电-化学平衡电位
2 动作电位
定义：细胞在静息电位基础上接受有效刺激后产生的快速、可逆、可向远处传播的膜电位波动。
产生机制
1. 去极化时相（上升支）Na^+大量、快速内流形成Na^+平衡电位
2. 复极化时相（下降支）K^+快速外流
3. 泵还原
特点
1. “全或无”现象
2. 不衰减性传导
3. 脉冲式
动作电位的产生条件
阈电位
定义：只有当某些刺激引起膜内正电荷增加，即负电位减小（去极化），静息电位减小到某一临界值时，才能引起细胞膜上大量钠通道的开放，触发动作电位的产生。这种能触发动作电位的临界膜电位的数值。
局部兴奋和总和
组织的兴奋性和周期性变化
3 兴奋的引起和传导
肌细胞的收缩功能
神经—肌接头处兴奋的传递
神经—肌接头的结构——接头前膜；接头后膜；接头间隙
神经—肌接头处兴奋的传递过程——神经冲动沿神经纤维传到轴突末梢→Ca^{2+}从细胞外液进入轴突末梢→囊泡中的乙酰胆碱释放进入接头间隙→与接头后膜（终板膜）上乙酰胆碱受体通道蛋白质结合→Na^+、K^+通道开放（以Na^+内流为主）→终板膜静息电位减小，即产生终板膜的去极化——终板电位。
神经—肌接头处兴奋传递的特点
① 单向传递
② 时间延搁
③ 易受内环境因素变化的影响
骨骼肌的收缩原理
骨骼肌的收缩效能和收缩形式
骨骼肌的收缩效能——前负荷、后负荷、肌肉收缩能力、收缩的总和
骨骼肌的收缩形式
单收缩和强直收缩
等长收缩和等张收缩

第一章 细胞的基本功能

一、名词解释

1. 易化扩散　2. 主动转运　3. 静息电位　4. 动作电位　5. 极化状态　6. 阈电位　7. 兴奋-收缩耦联

二、填空题

1. 易化扩散是指水溶性物质借助细胞膜上的________或________的帮助进入细胞的过程。
2. 以载体为中介的易化扩散具有特异性、________和________的特点。
3. 主动转运是在细胞膜________的作用下，通过________过程，将物质逆浓度差或逆电位差的转运过程。
4. 细胞在安静时，膜两侧的电位保持内________外________的状态，称为极化状态。
5. 在静息状态下，膜对________有较大的通透性，所以静息电位又称________的平衡电位。
6. 神经纤维动作电位的去极化过程主要是由于________形成的，复极化是由于________形成的。
7. 动作电位是细胞处于________状态的标志。
8. 动作电位可沿细胞膜进行________式传导。
9. 骨骼肌神经-肌接头处兴奋传递的特点是________、________和________。
10. 骨骼肌细胞兴奋-收缩耦联的重要结构基础是________，中介物质是________。
11. 神经-骨骼肌接头处乙酰胆碱的清除，主要靠________对它的________作用来完成。
12. 有机磷农药能与________结合使其失活，造成________在运动终板膜处堆积，导致骨骼肌________。
13. 人体内，骨骼肌的收缩形式多数情况下是________，既有________收缩，又有________收缩。
14. 等长收缩出现在有________作用的情况下，肌肉总是________增加在先，然后才有________的缩短。

三、判断题

1. 饱和现象是指物质通过转运后使膜一侧浓度达到饱和。　（　　）
2. O_2 和 CO_2 以易化扩散的方式通过细胞膜。　（　　）
3. 在静息状态下，Na^+、K^+ 都较易通过细胞膜。　（　　）
4. 静息电位的大小接近于 K^+ 的平衡电位。　（　　）
5. 可兴奋组织接受刺激即可产生动作电位。　（　　）
6. 细胞膜的超极化表明细胞兴奋。　（　　）
7. 动作电位去极化超出零电位的部分称超极化。　（　　）
8. 去极化达到阈电位水平是细胞产生动作电位的必要条件。　（　　）

9. 无髓神经纤维的传导速度快于有髓神经纤维。 ( )
10. 局部反应可以总和。 ( )
11. 动作电位的传导随距离变化而衰减。 ( )
12. 动作电位一旦发生可随刺激强度而增加。 ( )
13. 骨骼肌的收缩和舒张都是耗能过程。 ( )
14. 骨骼肌的收缩是肌丝本身长度的缩短。 ( )
15. 生理条件下,骨骼肌的收缩几乎都是强直收缩。 ( )

四、选择题

A型题(每题只有一个正确答案)

1. 以单纯扩散的方式跨膜转运的是( )
   A. Na^+ B. Ca^{2+} C. O_2和CO_2 D. 葡萄糖 E. 氨基酸
2. 葡萄糖顺浓度梯度跨膜转运依赖于细胞膜上的( )
   A. 脂质双分子 B. 紧密连接 C. 通道蛋白 D. 载体蛋白 E. 钠泵
3. 细胞膜对小分子物质的转运形式,不含( )
   A. 单纯扩散 B. 载体扩散 C. 通道扩散
   D. 主动运转 E. 出胞和入胞作用
4. Na^+通过离子通道的跨膜转运过程属于( )
   A. 单纯扩散 B. 易化扩散 C. 主动转运
   D. 出胞作用 E. 入胞作用
5. 关于钠泵的论述,错误的是( )
   A. 镶嵌于细胞膜上的特殊蛋白质 B. 又称Na^+-K^+依赖式ATP酶
   C. 排出K^+摄入Na^+ D. 对膜内外[K^+]/[Na^+]变化敏感
   E. 消耗能量
6. 神经末梢释放递质,通过什么方式进行的( )
   A. 主动转运 B. 单纯扩散 C. 易化扩散 D. 入胞作用 E. 出胞作用
7. 细胞兴奋的共同表现是( )
   A. 静息电位 B. 动作电位 C. 阈电位 D. 终板电位 E. 后电位
8. 静息电位产生的机制是( )
   A. K^+内流的平衡电位 B. K^+外流的平衡电位
   C. K^+外流和Na^+内流的平衡电位 D. Na^+内流的平衡电位
   E. Na^+外流的平衡电位
9. 峰电位由顶点向静息电位水平方向变化的过程称为( )
   A. 去极化 B. 超极化 C. 复极化 D. 反极化 E. 极化
10. 细胞膜内外正常Na^+和K^+浓度差的形成与维持是由于( )
    A. 膜在安静时对K^+通透性大 B. 膜在兴奋时对Na^+通透性增加
    C. Na^+、K^+易化扩散的结果 D. 细胞膜上Na^+-K^+泵的作用
    E. 细胞膜上ATP的作用
11. 细胞膜在静息情况下,对下列哪种离子通透性最大( )
    A. K^+ B. Na^+ C. Cl^- D. Ca^{2+} E. Mg^{2+}
12. 增加细胞外液K^+浓度,静息电位绝对值将( )
    A. 增大 B. 不变 C. 减小
    D. 先减小后增大 E. 先增大后减小

13. 静息电位从 -90mV 变为 -100mV,表明细胞处于( )
A. 极化 B. 去极化 C. 反极化 D. 复极化 E. 超极化
14. 神经纤维动作电位去极化过程,主要离子是( )
A. K^+ B. Cl^- C. Ca^{2+} D. Na^+ E. Mg^{2+}
15. 神经细胞动作电位的幅度接近于( )
A. K^+ 平衡电位 B. Na^+ 平衡电位
C. 静息电位绝对值与局部电位之和 D. 静息电位绝对值与 K^+ 平衡电位之差
E. 静息电位绝对值与 Na^+ 平衡电位之和
16. 阈电位是( )
A. 引起细胞兴奋的最小刺激强度
B. 膜对 K^+ 通道大量开放的临界膜电位数值
C. 膜对 Na^+ 通道大量开放的临界膜电位数值
D. 引起局部电位的临界膜电位数值
E. 衡量兴奋性高低的指标
17. 动作电位后,依靠什么方式将离子调整到静息水平( )
A. 单纯扩散 B. 载体扩散 C. 通道扩散
D. 钠泵主动转运 E. 出入胞作用
18. 神经纤维静息电位的大小接近于( )
A. K^+ 平衡电位 B. Na^+ 平衡电位
C. Na^+ 平衡电位与 K^+ 平衡电位之差 D. Na^+ 平衡电位与 K^+ 平衡电位之和
E. 阈电位
19. 极化是指( )
A. 兴奋状态下存在于膜两侧的内负外正状态
B. 静息状态下存在于膜两侧的内正外负状态
C. 静息状态下存在于膜两侧的内负外正状态
D. 膜内电位向负值加大的方向变化
E. 膜内电位向负值减少的方向变化
20. 神经 - 肌接头处的化学递质是( )
A. 肾上腺素 B. 去甲肾上腺素 C. 乙酰胆碱
D. 5- 羟色胺 E. γ- 氨基丁酸
21. 在神经 - 肌接头处,消除乙酰胆碱的酶是( )
A. 腺苷酸环化酶 B. ATP 酶 C. 胆碱酯酶
D. 单胺氧化酶 E. Na^+-K^+ 依赖式 ATP 酶
22. 骨骼肌兴奋 - 收缩耦联中起关键作用的离子是( )
A. K^+ B. Cl^- C. Mg^{2+} D. Na^+ E. Ca^{2+}
23. 骨骼肌收缩和舒张的基本单位是( )
A. 肌原纤维 B. 细肌丝 C. 肌纤维 D. 粗肌丝 E. 肌节
24. 给骨骼肌一定强度的连续刺激,使每个刺激都落在前一个刺激引起收缩的收缩期内,骨骼肌会出现( )
A. 等长收缩 B. 等张收缩 C. 单收缩 D. 不完全强直收缩 E. 强直收缩
25. 将肌细胞膜的电变化和肌细胞内的收缩过程耦联起来的关键部位是( )
A. 横管系统 B. 纵管系统 C. 肌浆 D. 纵管终末池 E. 三联管结构

26. 骨骼肌细胞中横管的功能是( )
A. Ca^{2+} 的贮存库
B. Ca^{2+} 进出细胞的通道
C. 使兴奋传向肌细胞的深部
D. 使 Ca^{2+} 与肌钙蛋白结合
E. 使 Ca^{2+} 通道开放
27. 当张力增加到超过后负荷时,肌肉收缩呈( )
A. 等长收缩
B. 等张收缩
C. 单收缩
D. 不完全强直收缩
E. 完全强直收缩
28. 肌肉的初长度取决于( )
A. 前负荷
B. 后负荷
C. 肌肉收缩能力
D. 前负荷与后负荷之和
E. 前负荷与后负荷之差

B 型题(每题只有一个正确答案)

A. Ca^{2+} 的内流
B. K^+ 的外流
C. K^+ 平衡电位
D. Na^+ 的内流
E. Na^+ 平衡电位
1. 静电息电位接近于( )
2. 神经纤维锋电位上升支的形成是由于( )
3. 神经纤维锋电位的超射顶点接近于( )
4. 神经纤维锋电位下降支的形成是由于( )

A. 动作电位
B. 局部电位
C. 静息电位
D. 阈电位
E. 后电位
5. 引起动作电位去极化的临界膜电位是( )
6. 可以代表兴奋的电位变化是( )
7. 安静时细胞膜内外的电位差是( )

A. 极化
B. 去极化
C. 复极化
D. 超极化
E. 反极化
8. 细胞受刺激发生兴奋时,膜内负电位绝对值变小,称为( )
9. 动作电位产生过程中,K^+ 外流引起的膜电位变化,称为( )
10. 动作电位产生过程中,膜内电位由负变正,称为( )

A. 等长收缩
B. 等张收缩
C. 单收缩
D. 不完全强直收缩
E. 混合式收缩
11. 抗重力肌的收缩主要表现为( )
12. 上肢肌肉提起重物时的收缩属于( )

A. 肌动蛋白
B. 肌钙蛋白
C. 终末池
D. 原肌球蛋白
E. 横桥
13. 具有 ATP 酶活性的是( )
14. 能直接发挥“位阻效应”的是( )

X 型题(每题有两个或两个以上的正确答案)

1. 主动转运的特点有( )
A. 逆浓度梯度转运
B. 消耗能量
C. 需载体蛋白的帮助
D. 逆电位梯度转运
E. 需要受体的帮助
2. 经载体的易化扩散有哪些特点( )
A. 特异性高
B. 有饱和现象
C. 有竞争抑制
D. 需要消耗 ATP
E. 需要 Ca^{2+}
3. 与细胞内液相比,细胞外液含有( )
A. 较多的 Na^+
B. 较多的 K^+
C. 较多的 Ca^{2+}

D. 较多的 Cl^-　　E. 较多的有机负离子

4. 动作电位的特点有（　）
   A. "全或无"现象　　B. 不衰减传导　　C. 有不应期
   D. 可以总和　　E. 可紧张性扩布
5. 动作电位产生过程中，可出现（　　）
   A. Na^+ 内流　　B. K^+ 外流　　C. Na^+，K^+ 同时内流
   D. 钠泵使 Na^+ 向外转运　　E. 钠泵使 K^+ 向内转运
6. 生物电产生的前提是细胞膜（　　）
   A. 内、外离子分布不同　　B. 内、外离子浓度不同
   C. 对不同离子的通透性不同　　D. 厚度不同
   E. 受刺激的种类不同
7. 下列关于神经 - 肌接头兴奋传递的描述，正确的是（　　）
   A. 单向性传递　　B. 时间延搁
   C. 易受环境变化的影响　　D. 通过化学性的神经递质介导完成
   E. 一次神经冲动，只能引起一次肌细胞的兴奋

五、问答题

1. 细胞膜物质转运形式有哪些？各有何特点？
2. 钠泵的化学本质和功能是什么？
3. 什么是静息电位？简述其产生机制。
4. 以神经纤维为例，简述动作电位的产生机制。
5. 电刺激蛙坐骨神经后，引起腓肠肌的收缩，试分析其兴奋传递的过程。
6. 简述神经 - 肌接头处兴奋传递的特点。

（王笑梅）

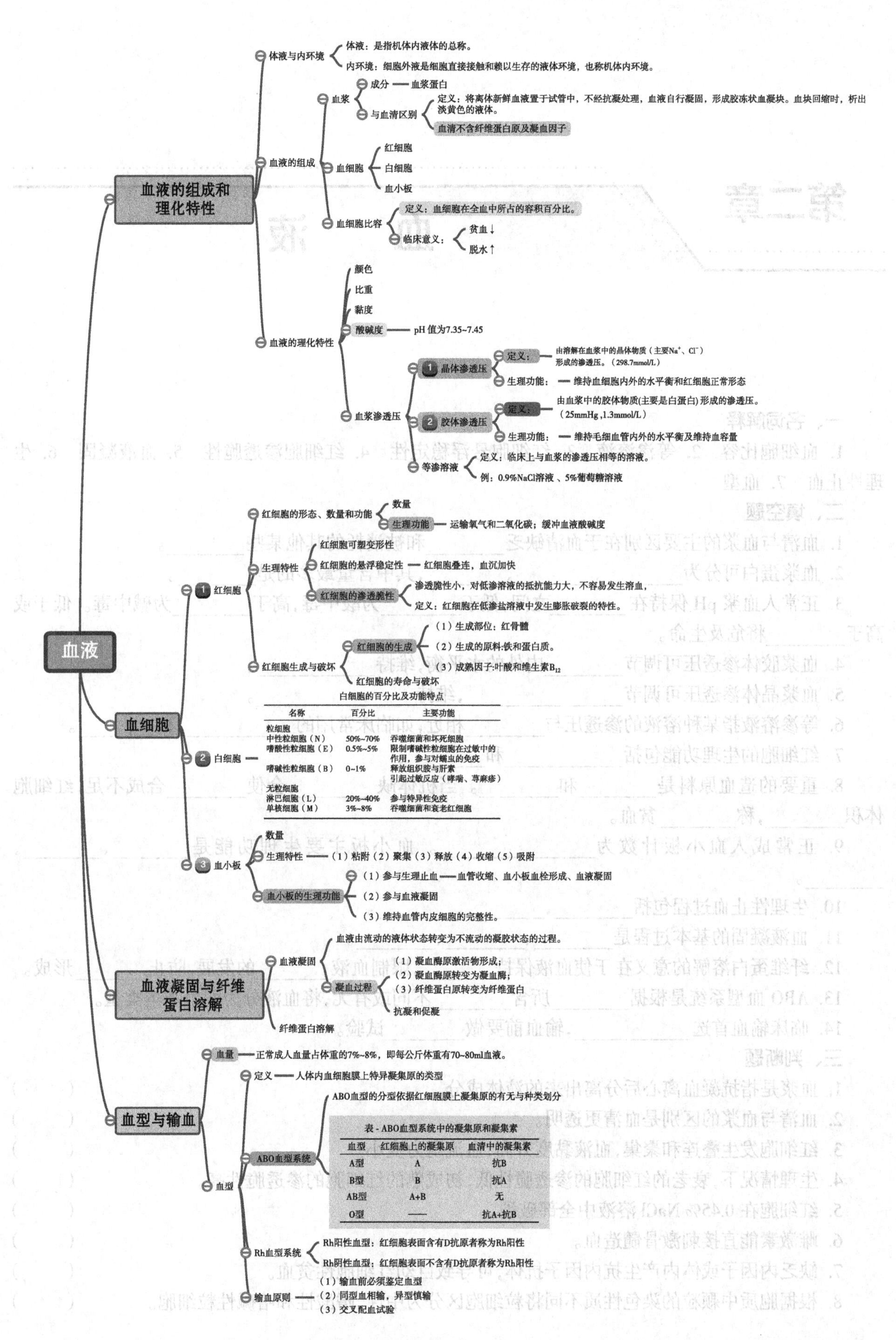
血液
血液的组成和理化特性
体液与内环境
体液：是指机体内液体的总称。
内环境：细胞外液是细胞直接接触和赖以生存的液体环境，也称机体内环境。
血液的组成
血浆
成分——血浆蛋白
与血清区别
定义：将离体新鲜血液置于试管中，不经抗凝处理，血液自行凝固，形成胶冻状血凝块。血块回缩时，析出淡黄色的液体。
血清不含纤维蛋白原及凝血因子
血细胞
红细胞
白细胞
血小板
血细胞比容
定义：血细胞在全血中所占的容积百分比。
临床意义：
贫血↓
脱水↑
血液的理化特性
颜色
比重
黏度
酸碱度——pH值为7.35~7.45
血浆渗透压
1 晶体渗透压
定义：由溶解在血浆中的晶体物质（主要Na+、Cl-）形成的渗透压。（298.7mmol/L）
生理功能：——维持血细胞内外的水平衡和红细胞正常形态
2 胶体渗透压
定义：由血浆中的胶体物质(主要是白蛋白) 形成的渗透压。（25mmHg ,1.3mmol/L）
生理功能：——维持毛细血管内外的水平衡及维持血容量
等渗溶液
定义：临床上与血浆的渗透压相等的溶液。
例：0.9%NaCl溶液、5%葡萄糖溶液
血细胞
1 红细胞
红细胞的形态、数量和功能
数量
生理功能——运输氧气和二氧化碳；缓冲血液酸碱度
生理特性
红细胞可塑变形性
红细胞的悬浮稳定性——红细胞叠连，血沉加快
红细胞的渗透脆性
渗透脆性小，对低渗溶液的抵抗能力大，不容易发生溶血，
定义：红细胞在低渗盐溶液中发生膨胀破裂的特性。
红细胞生成与破坏
红细胞的生成
（1）生成部位：红骨髓
（2）生成的原料:铁和蛋白质。
（3）成熟因子:叶酸和维生素B12
红细胞的寿命与破坏
2 白细胞
3 血小板
数量
生理特性——（1）粘附（2）聚集（3）释放（4）收缩（5）吸附
血小板的生理功能
（1）参与生理止血——血管收缩、血小板血栓形成、血液凝固
（2）参与血液凝固
（3）维持血管内皮细胞的完整性。
血液凝固与纤维蛋白溶解
血液凝固
血液由流动的液体状态转变为不流动的凝胶状态的过程。
凝血过程
（1）凝血酶原激活物形成；
（2）凝血酶原转变为凝血酶；
（3）纤维蛋白原转变为纤维蛋白
抗凝和促凝
纤维蛋白溶解
血型与输血
血量——正常成人血量占体重的7%~8%，即每公斤体重有70~80ml血液。
血型
定义——人体内血细胞膜上特异凝集原的类型
ABO血型系统
ABO血型的分型依据红细胞膜上凝集原的有无与种类划分
Rh血型系统
Rh阳性血型：红细胞表面含有D抗原者称为Rh阳性
Rh阴性血型：红细胞表面不含有D抗原者称为Rh阳性
输血原则
（1）输血前必须鉴定血型
（2）同型血相输，异型慎输
（3）交叉配血试验

白细胞的百分比及功能特点

名称	百分比	主要功能
粒细胞		
中性粒细胞（N）	50%~70%	吞噬细菌和坏死细胞
嗜酸性粒细胞（E）	0.5%~5%	限制嗜碱性粒细胞在过敏中的作用，参与对蠕虫的免疫
嗜碱性粒细胞（B）	0~1%	释放组织胺与肝素 引起过敏反应（哮喘、荨麻疹）
无粒细胞		
淋巴细胞（L）	20%~40%	参与特异性免疫
单核细胞（M）	3%~8%	吞噬细菌和衰老红细胞

表 - ABO血型系统中的凝集原和凝集素

血型	红细胞上的凝集原	血清中的凝集素
A型	A	抗B
B型	B	抗A
AB型	A+B	无
O型	——	抗A+抗B

第二章 血液

一、名词解释

1. 血细胞比容 2. 等渗溶液 3. 红细胞悬浮稳定性 4. 红细胞渗透脆性 5. 血液凝固 6. 生理性止血 7. 血型

二、填空题

1. 血清与血浆的主要区别在于血清缺乏________和被消耗的其他某些________。

2. 血浆蛋白可分为________、________、________,其中含量最多的是________。

3. 正常人血浆pH保持在________之间,低于________为酸中毒,高于________为碱中毒。低于或高于________将危及生命。

4. 血浆胶体渗透压可调节________内外的水平衡,维持________。

5. 血浆晶体渗透压可调节________________,维持________________。

6. 等渗溶液指某种溶液的渗透压与________相近,如临床常用的____________和________。

7. 红细胞的生理功能包括____________和________。

8. 重要的造血原料是________和________。当机体缺________,会使________合成不足,红细胞体积________,称________贫血。

9. 正常成人血小板计数为____________。血小板主要生理功能是________、________、________。

10. 生理性止血过程包括________、________、________。

11. 血液凝固的基本过程是________、________、________。

12. 纤维蛋白溶解的意义在于使血液保持________,限制血液________的发展,防止________形成。

13. ABO血型系统是根据________所含________不同或有无,将血液分为四个基本类型。

14. 临床输血首选____________,输血前要做________试验。

三、判断题

1. 血浆是指抗凝血离心后分离出来的液体成分。 ( )

2. 血清与血浆的区别是血清更透明。 ( )

3. 红细胞发生叠连和聚集,血液黏度升高,血流阻力变小。 ( )

4. 生理情况下,衰老的红细胞的渗透脆性低,初成熟的红细胞的渗透脆性高。 ( )

5. 红细胞在0.45% NaCl溶液中全部破裂。 ( )

6. 雌激素能直接刺激骨髓造血。 ( )

7. 缺乏内因子或体内产生抗内因子抗体,可导致巨幼红细胞性贫血。 ( )

8. 根据胞质中颗粒的染色性质不同将粒细胞区分为中性、嗜酸性和嗜碱性粒细胞。 ( )

9. 嗜碱性粒细胞能杀伤蠕虫。 ( )
10. 正常成人血液总量约占体重的 60%。 ( )
11. 内源性凝血过程的启动因子是Ⅻ,外源性凝血过程的启动因子是组织因子Ⅲ。 ( )
12. 枸橼酸钠抗凝是激活抗凝物质的结果。 ( )
13. ABO 血型是根据凝集素不同确定的。 ( )
14. 输同型血前可不做交叉配血试验。 ( )

四、选择题

A 型题(每题只有一个正确答案)

1. 关于血清正确的是( )
   A. 去掉纤维蛋白的血液　B. 血液加抗凝剂离心后的上清液
   C. 血清没有纤维蛋白原　D. 全血去掉血细胞
   E. 全血去掉血小板
2. 血清与血浆的最主要区别在于血清缺乏( )
   A. 纤维蛋白　B. 纤维蛋白原　C. 凝血酶
   D. 血小板　E. 凝血因子
3. 血细胞比容是指血细胞( )
   A. 与血清容积之比　B. 与血浆容积之比　C. 与血管容积之比
   D. 在全血中所占的容积百分比　E. 在血液中所占重量的百分比
4. 血液中的 pH 为( )
   A. 7.15~7.25　B. 7.35~7.45　C. 6.35~6.45　D. 8.35~8.45　E. 7.30~7.50
5. 构成血浆晶体渗透压的主要成分是( )
   A. 葡萄糖　B. 氨基酸　C. NaCl　D. 白蛋白　E. 球蛋白
6. 构成血浆胶体渗透压的主要成分是( )
   A. 葡萄糖　B. 氨基酸　C. NaCl　D. 白蛋白　E. 球蛋白
7. 血浆蛋白浓度下降时,引起水肿的原因是( )
   A. 毛细血管通透性增高　B. 组织液胶渗压降低　C. 血浆胶渗压降低
   D. 血浆晶渗压降低　E. 淋巴回流增加
8. 血浆胶体渗透压降低时,可引起( )
   A. 组织液减少　B. 组织液增多　C. 尿少
   D. 红细胞萎缩　E. 红细胞膨胀破裂
9. 红细胞悬浮稳定性差是由于( )
   A. 溶血　B. 凝集　C. 血栓形成　D. 叠连加速　E. 聚集
10. 当红细胞渗透脆性增大时( )
   A. 红细胞不易破裂　B. 对高渗盐溶液抵抗力增强
   C. 对高渗盐溶液抵抗力减小　D. 对低渗盐溶液抵抗力增强
   E. 对低渗盐溶液抵抗力减小
11. 在 0.6% 的 NaCl 溶液中正常人的红细胞的形态是( )
   A. 不变　B. 膨胀　C. 缩小　D. 破裂　E. 先缩小后破裂
12. 红细胞在某溶液中发生皱缩,该溶液是( )
   A. 等渗溶液　B. 低渗溶液　C. 高渗溶液
   D. 0.9% NaCl 溶液　E. 5% 的葡萄糖溶液

13. 红细胞的重要功能是(　　)
A. 提供营养　B. 缓冲温度　C. 运输激素
D. 运输 O_2 和 CO_2　E. 提供铁
14. 关于红细胞的生成错误的是(　　)
A. 需要铁和蛋白质作原料
B. 成熟因子为叶酸和 VB_{12}
C. 调节生成因素有促红细胞生成素和雄激素
D. 血中 PO_2 分压降低,红细胞生成减少
E. 主要在骨髓造血
15. 有关 Hb 的叙述错误的是(　　)
A. Hb 含亚铁血红素　B. Hb 含量男性多于女性
C. Hb 含量低于正常称贫血　D. 成人男性正常值为 120~160mg/L
E. Hb 存在于 RBC 内才能发挥其功能
16. 小血管损伤后,止血栓正确定位于损伤部位,是由于血小板的哪一生理特征(　　)
A. 吸附　B. 黏附　C. 聚集　D. 释放　E. 收缩
17. 下列不属于血小板生理特性的是(　　)
A. 黏附　B. 聚集　C. 释放　D. 收缩　E. 吞噬异物
18. 血液凝固是指(　　)
A. 血小板聚集　B. 红细胞聚集　C. 红细胞叠连
D. 出血停止　E. 血液由流体状态变为凝胶状态
19. 血液凝固的本质是(　　)
A. 纤维蛋白的溶解　B. 纤维蛋白的激活
C. 纤维蛋白原变为纤维蛋白　D. 血小板的聚集
E. 凝血因子Ⅻ的激活
20. 正常成人的血量相当于体重的(　　)
A. 8%　B. 15%　C. 20%　D. 40%　E. 60%
21. 60kg 体重的健康人,其血量约为(　　)
A. 3.4L　B. 4.8L　C. 5.6L　D. 7.2L　E. 8.2L
22. 通常所说的血型是指(　　)
A. RBC 膜上的受体类型　B. RBC 膜表面特异凝集素类型
C. RBC 膜表面特异凝集原类型　D. 血浆中特异凝集素类型
E. 血浆中特异凝集原类型
23. 某人血浆中只含有抗 A 凝集素,则该人的血型可能的是(　)
A. A 型　B. B 型　C. O 型　D. AB 型　E. Rh 型
24. A 型标准血清与 B 型血液混合,可引起(　)
A. 血凝　B. RBC 凝集　C. 叠连　D. 收缩　E. 沉淀
25. 某人的红细胞与 B 型血清凝集,其血清与 B 型血的红细胞也凝集,此人的血型为(　)
A. A 型　B. B 型　C. O 型　D. AB 型　E. Rh 型
26. 某人的红细胞与 B 型血清凝集,其血清与 B 型的红细胞不凝集,此人的血型为(　)
A. A 型　B. B 型　C. O 型　D. AB 型　E. Rh 型
27. 关于输血的原则错误的是(　　)
A. 必须保证 ABO 血型相合　B. 输同型血要做交叉配血试验

C. O型血可少量、缓慢接受其他型血液　D. AB型血可少量、缓慢接受其他型血液
E. 反复输血的人必须保证Rh血型相合

28. 输血时主要考虑(　)
A. 供血者RBC不被受血者RBC凝集　B. 供血者血浆不与受血者血浆发生凝集
C. 供血者血浆不与受血者RBC凝集　D. 供血者RBC不与受血者血清凝集
E. 受血者RBC不与其血浆发生凝集

29. 在异型输血中严禁(　)
A. O型血输给B型人　B. O型血输给A型人
C. A型血输给B型人　D. A型血输给AB型人
E. B型血输给AB型人

B型题(每题只有一个正确答案)

A. 不变　B. 膨胀　C. 部分破裂　D. 全部破裂　E. 皱缩

1. 在0.9%的NaCl溶液中正常人的红细胞的形态是(　)
2. 在0.6%~0.8%的NaCl溶液中正常人的红细胞的形态是(　)
3. 在0.3%~0.35%的NaCl溶液中正常人的红细胞的形态是(　)
4. 在0.42%~0.45%的NaCl溶液中正常人的红细胞的形态是(　)

A. 维生素B_2和氨基酸　B. 铁和蛋白质　C. 维生素B_{12}和叶酸
D. 内因子　E. 雄激素

5. 促进RBC成熟的物质是(　)
6. 与维生素B_{12}吸收有关的物质是(　)
7. RBC生成的原料是(　)

A. 150×10^9/L　B. 100×10^9/L　C. 50×10^9/L　D. 1000×10^9/L　E. 10×10^9/L

8. 血液中,血小板的数量低于哪一数值,可引起出血(　)
9. 血液中,血小板的数量高于哪一数值,易发生血栓(　)

A. 红细胞　B. 血小板　C. 淋巴细胞　D. 嗜碱性粒细胞　E. 嗜酸性粒细胞

10. 参与免疫的血细胞是(　)
11. 与过敏反应有关的细胞是(　)
12. 参与对蠕虫免疫反应的细胞是(　)
13. 参与生理性止血的细胞是(　)
14. 运输O_2和CO_2的细胞是(　)

X型题(每题有两个或两个以上的正确答案)

1. 与RBC生成调节有关的是(　)
A. 红骨髓正常的造血功能　B. 足够的造血原料
C. 必要的红细胞成熟因子　D. 缺O_2
E. 雄激素

2. 凝血过程(　)
A. 是许多凝血因子相继激活　B. 是一系列酶促反应　C. 是正反馈
D. 是免疫反应　E. 是RBC凝集反应

3. 正常情况下,血液在血管内不凝的原因是(　)
A. 血液流动快　B. 血管内膜光滑完整
C. 纤维蛋白溶解系统的作用　D. 有抗凝血物质的存在
E. 血钙的存在

4. 可延缓或防止体外血液凝固的方法有(　　)
   A. 将血液置于零度水中
   B. 在血液中加入肝素
   C. 在血液中加入草酸盐
   D. 在血液中加入氯化钙
   E. 在血液中加入枸橼酸盐
5. 纤溶系统包括(　　)
   A. 纤溶酶原
   B. 纤溶酶
   C. 纤溶酶原激活物
   D. 纤溶酶原抑制物
   E. 抗凝血酶
6. 关于血量的叙述正确的是(　　)
   A. 是指人体内血液的总量
   B. 人体内血液的总量是相对稳定的
   C. 血量包括循环血量和储存血量
   D. 一次失血占全身血量的10%以下时,没有明显的影响
   E. 严重失血占全身血量的30%以上时,可危及生命
7. Rh阴性的人(　　)
   A. 在我国有的少数民族中较多
   B. 可以第一次接受Rh阳性血液
   C. 再次接受Rh阳性血液发生凝集反应
   D. 红细胞膜上不含D抗原
   E. 可以第二次孕育Rh阳性胎儿

五、问答题

1. 简述血液凝固的基本过程。
2. 血浆渗透压是怎样形成的?其生理意义如何?
3. 简述血小板的生理功能。
4. 正常情况下,血液在血管内为什么不发生凝固?
5. 简述红细胞的生成条件。
6. 试述ABO血型系统的分型原则,输入异型血为什么可能会有危险?
7. 输同型血时为什么还要做交叉配血试验?

(蔡凤英)

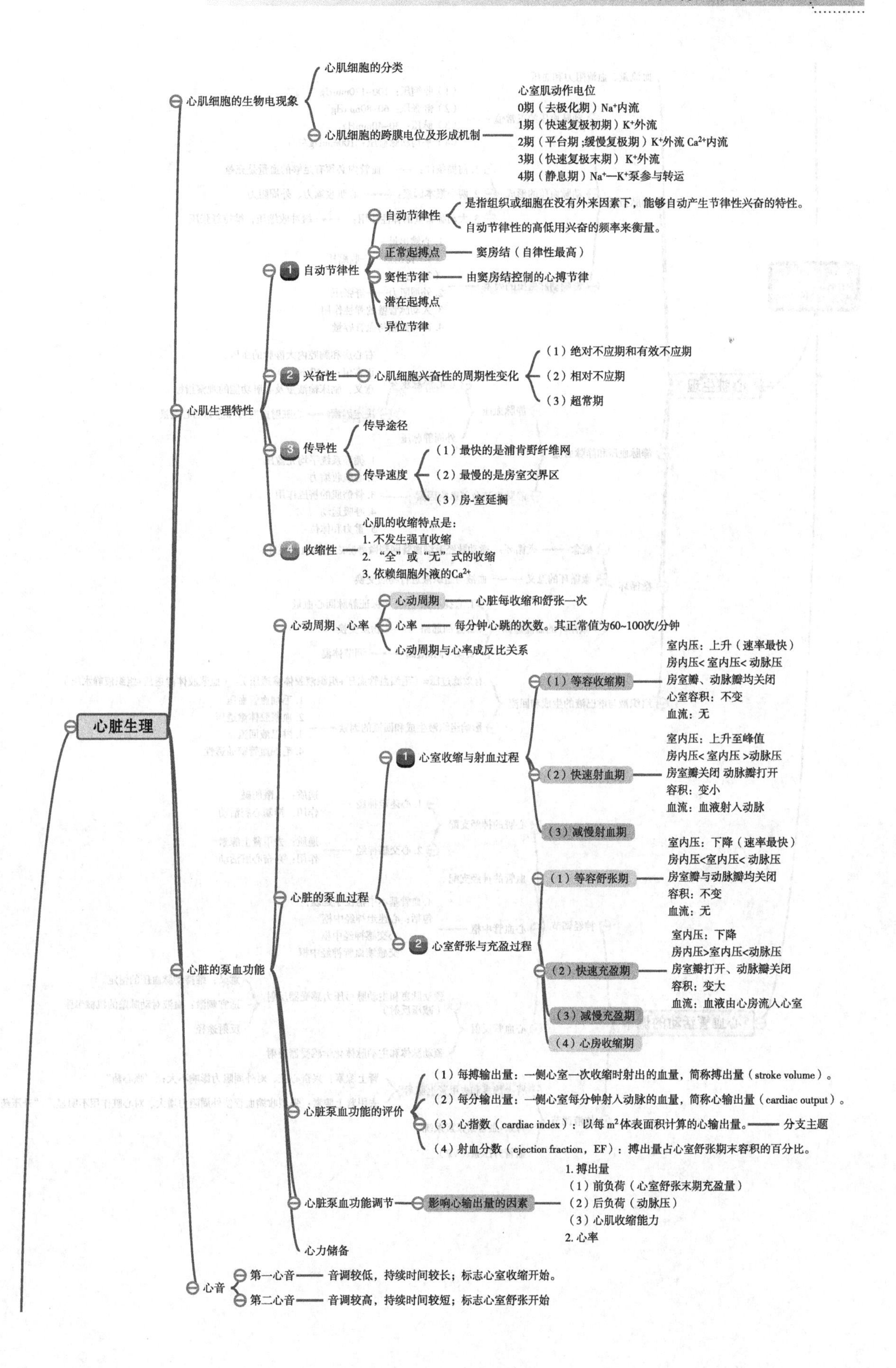
心脏生理
心肌细胞的生物电现象
心肌细胞的分类
心肌细胞的跨膜电位及形成机制
心室肌动作电位
0期（去极化期）Na^+内流
1期（快速复极初期）K^+外流
2期（平台期;缓慢复极期）K^+外流 Ca^{2+}内流
3期（快速复极末期）K^+外流
4期（静息期）Na^+—K^+泵参与转运
心肌生理特性
1 自动节律性
自动节律性
是指组织或细胞在没有外来因素下，能够自动产生节律性兴奋的特性。
自动节律性的高低用兴奋的频率来衡量。
正常起搏点
窦房结（自律性最高）
窦性节律
由窦房结控制的心搏节律
潜在起搏点
异位节律
2 兴奋性
心肌细胞兴奋性的周期性变化
（1）绝对不应期和有效不应期
（2）相对不应期
（3）超常期
3 传导性
传导途径
传导速度
（1）最快的是浦肯野纤维网
（2）最慢的是房室交界区
（3）房-室延搁
4 收缩性
心肌的收缩特点是：
1. 不发生强直收缩
2. “全”或“无”式的收缩
3. 依赖细胞外液的Ca^{2+}
心脏的泵血功能
心动周期、心率
心动周期
心脏每收缩和舒张一次
心率
每分钟心跳的次数。其正常值为60~100次/分钟
心动周期与心率成反比关系
心脏的泵血过程
1 心室收缩与射血过程
（1）等容收缩期
室内压：上升（速率最快）
房内压<室内压<动脉压
房室瓣、动脉瓣均关闭
心室容积：不变
血流：无
（2）快速射血期
室内压：上升至峰值
房内压<室内压>动脉压
房室瓣关闭 动脉瓣打开
容积：变小
血流：血液射入动脉
（3）减慢射血期
2 心室舒张与充盈过程
（1）等容舒张期
室内压：下降（速率最快）
房内压<室内压<动脉压
房室瓣与动脉瓣均关闭
容积：不变
血流：无
（2）快速充盈期
室内压：下降
房内压>室内压<动脉压
房室瓣打开、动脉瓣关闭
容积：变大
血流：血液由心房流入心室
（3）减慢充盈期
（4）心房收缩期
心脏泵血功能的评价
（1）每搏输出量：一侧心室一次收缩时射出的血量，简称搏出量（stroke volume）。
（2）每分输出量：一侧心室每分钟射入动脉的血量，简称心输出量（cardiac output）。
（3）心指数（cardiac index）：以每m^2体表面积计算的心输出量。
分支主题
（4）射血分数（ejection fraction，EF）：搏出量占心室舒张期末容积的百分比。
心脏泵血功能调节
影响心输出量的因素
1. 搏出量
（1）前负荷（心室舒张末期充盈量）
（2）后负荷（动脉压）
（3）心肌收缩能力
2. 心率
心力储备
心音
第一心音
音调较低，持续时间较长；标志心室收缩开始。
第二心音
音调较高，持续时间较短；标志心室舒张开始

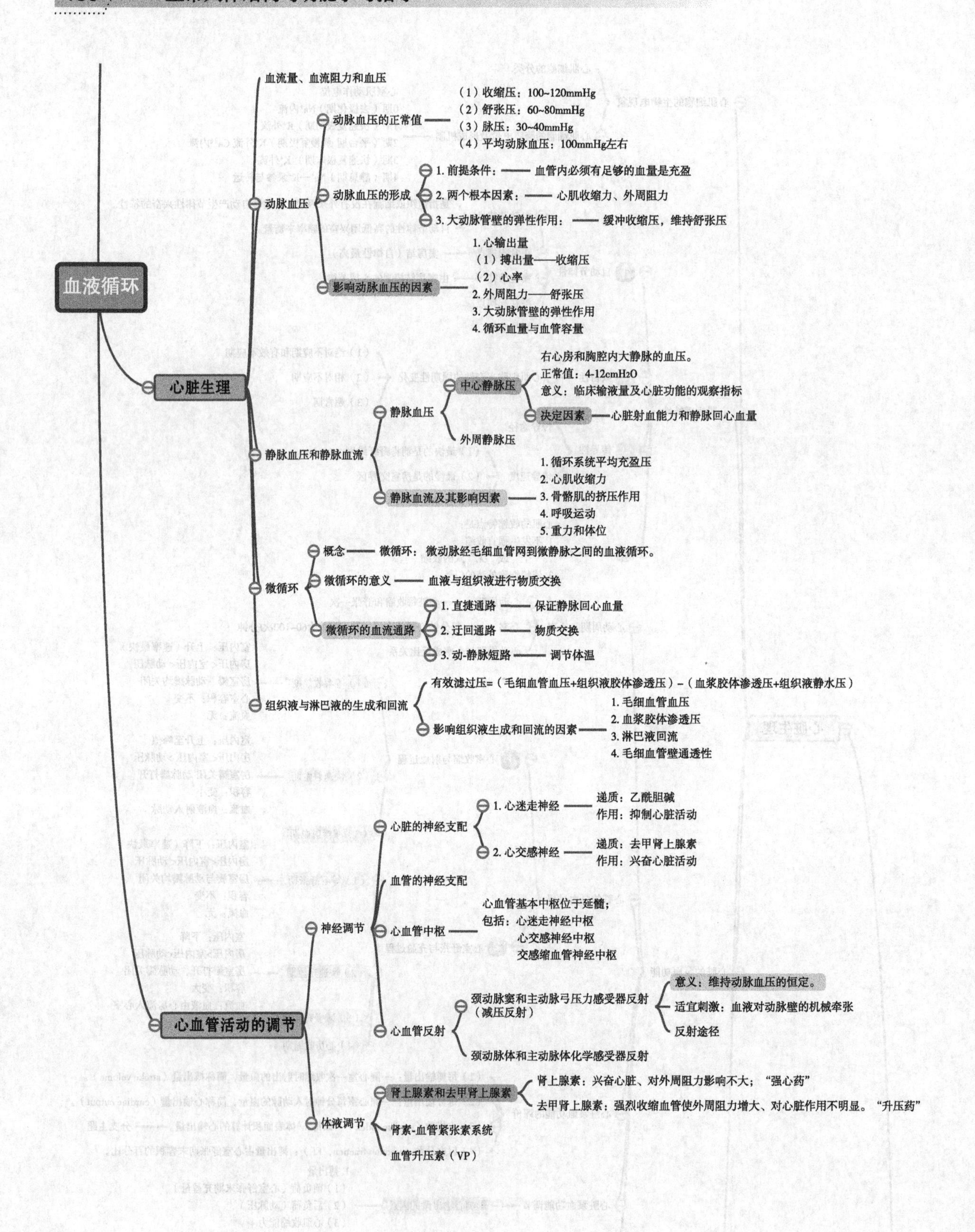
血液循环
心脏生理
血流量、血流阻力和血压
动脉血压
动脉血压的正常值
（1）收缩压：100~120mmHg
（2）舒张压：60~80mmHg
（3）脉压：30~40mmHg
（4）平均动脉血压：100mmHg左右
动脉血压的形成
1. 前提条件：血管内必须有足够的血量是充盈
2. 两个根本因素：心肌收缩力、外周阻力
3. 大动脉管壁的弹性作用：缓冲收缩压，维持舒张压
影响动脉血压的因素
1. 心输出量
（1）搏出量——收缩压
（2）心率
2. 外周阻力——舒张压
3. 大动脉管壁的弹性作用
4. 循环血量与血管容量
静脉血压和静脉血流
静脉血压
中心静脉压
右心房和胸腔内大静脉的血压。
正常值：4-12cmH2O
意义：临床输液量及心脏功能的观察指标
决定因素
心脏射血能力和静脉回心血量
外周静脉压
静脉血流及其影响因素
1. 循环系统平均充盈压
2. 心肌收缩力
3. 骨骼肌的挤压作用
4. 呼吸运动
5. 重力和体位
微循环
概念
微循环：微动脉经毛细血管网到微静脉之间的血液循环。
微循环的意义
血液与组织液进行物质交换
微循环的血流通路
1. 直捷通路
保证静脉回心血量
2. 迂回通路
物质交换
3. 动-静脉短路
调节体温
组织液与淋巴液的生成和回流
有效滤过压=（毛细血管血压+组织液胶体渗透压）-（血浆胶体渗透压+组织液静水压）
影响组织液生成和回流的因素
1. 毛细血管血压
2. 血浆胶体渗透压
3. 淋巴液回流
4. 毛细血管壁通透性
心血管活动的调节
神经调节
心脏的神经支配
1. 心迷走神经
递质：乙酰胆碱
作用：抑制心脏活动
2. 心交感神经
递质：去甲肾上腺素
作用：兴奋心脏活动
血管的神经支配
心血管中枢
心血管基本中枢位于延髓；
包括：心迷走神经中枢
心交感神经中枢
交感缩血管神经中枢
心血管反射
颈动脉窦和主动脉弓压力感受器反射（减压反射）
意义：维持动脉血压的恒定。
适宜刺激：血液对动脉壁的机械牵张
反射途径
颈动脉体和主动脉体化学感受器反射
体液调节
肾上腺素和去甲肾上腺素
肾上腺素：兴奋心脏、对外周阻力影响不大；“强心药”
去甲肾上腺素：强烈收缩血管使外周阻力增大、对心脏作用不明显。“升压药”
肾素-血管紧张素系统
血管升压素（VP）

第三章 循 环

一、名词解释

1. 自动节律性 2. 窦性心律 3. 心律 4. 心动周期 5. 搏出量 6. 心输出量 7. 射血分数 8. 心指数 9. 心力贮备 10. 血压 11. 脉压 12. 平均动脉压 13. 中心静脉压 14. 微循环

二、填空题

1. 心室肌细胞动作电位的主要特征是________,是由于________所形成的。
2. 心肌的生理特性包括________、________、________和________。
3. 正常心脏的起搏点是________,因为________。
4. 影响心肌自律性的因素有________、________、________。
5. 心肌细胞每兴奋一次,其兴奋性将发生相应的周期性变化,依次经历________期,________期和________期。
6. 心动周期的长短与心率是________关系,当心率加快时,心动周期将________。
7. 在一个心动周期中,心室的收缩与射血过程依次为________、________和________。
8. 在一个心动周期中,心室的舒张与充盈过程依次为______、______、______和________。
9. 等容收缩期房室瓣________,心室内压逐渐________,动脉瓣________。
10. 影响心输出量的因素有________、________、________和________。
11. 动脉血压形成的主要因素是________和________相互作用的结果。
12. 心力衰竭患者的中心静脉压________,静脉回流________,可导致下肢水肿。
13. 影响静脉回心血量的因素包括:循环系统平均充盈压、________、________、________和________。
14. 微循环的三条血流通路是________、________、________;其中营养通路是________。
15. 组织液生成的动力是________,其结构基础是________。
16. 影响组织液生成和回流的因素是________、________、________和________。
17. 心脏接受交感、副交感神经双重支配,心迷走神经兴奋其末梢释放________,使心率________。
18. 当血压突然升高时,颈动脉窦、主动脉弓压力感受器的冲动________,引起的效应是________。
19. 减压反射属于________调节机制,其生理意义是________。
20. 冠脉血流的特点是________、________、________。

三、判断题

1. 窦房结发生病变或传导障碍时,心脏会停止跳动。 (　　)
2. 在心肌的有效不应期内,不论给予多么强的刺激也不会引起心肌细胞膜任何反应。 (　　)
3. 正常机体在运动状态,体内交感神经 - 肾上腺髓质系统兴奋,心肌收缩力增强。 (　　)
4. 血液 pH 降低,心肌收缩力减弱;血液 pH 升高,心肌收缩力增强。 (　　)

5. 血 K^+ 浓度明显升高时，心肌兴奋性降低，表现为心率减慢，传导阻滞和心肌收缩力减弱。( )
6. 正常成人心率超过 180 次 / 分时，心输出量减少，这主要是由于心脏收缩期缩短所致。( )
7. 心电图反映心脏兴奋的产生，传导和恢复过程，是心脏收缩和舒张的图形。( )
8. 心输出量相同的心脏不等于它们的做功量相等。( )
9. 长期高血压引起心肌肥大是因为心室在射血时要克服较大阻力的缘故。( )
10. 健康成人射血分数为 60%，心功能不全时，射血分数可增大。( )
11. 血流阻力决定于血管长度、血液黏滞度、血管的口径。生理情况下，血管的口径易受神经 - 体液因素的影响而发生改变。( )
12. 老年期，大动脉管壁弹性降低，如伴有小、微动脉硬化，外周阻力增加，会使收缩压和舒张压都增高。( )
13. 心脏射血能力减低，静脉回流量减少，则中心静脉压较低。( )
14. 吸气时，胸膜腔负压值减少，中心静脉压降低，有利于外周静脉内的血液回流入右心房。( )
15. 当组织活动水平增高时，代谢加快，代谢产物积聚增多，微循环灌流量增加。( )
16. 在烧伤、过敏反应时发生的水肿，主要是由于毛细血管血压升高，组织液回流障碍所致。( )
17. 心迷走神经兴奋时，导致心率减慢、心房肌收缩力减弱、房室传导减慢，心输出量减少，动脉血压降低。( )
18. 当动脉血压骤降时，可引起压力感受器刺激减弱，心迷走中枢紧张性增加，心交感神经中枢紧张性减弱。( )
19. 静脉注射肾上腺素和去甲肾上腺素引起血管和心脏的变化是相同的。( )
20. 心房钠尿肽是由心房肌细胞合成和释放的一种多肽，具有利钠和利尿作用。( )

四、选择题

A 型题(每题只有一个正确答案)

1. 心率是指( )
   A. 心脏跳动的节律　B. 每分钟心脏收缩和舒张次数之和
   C. 每分钟心动周期的次数　D. 正常成人安静时平均约为 130 次 / 分
   E. 心室收缩和舒张的时间
2. 心动周期中，心室血液充盈主要是由于( )
   A. 血液的重力作用　B. 心房收缩的挤压作用　C. 胸内负压的作用
   D. 心室舒张的抽吸作用　E. 胸廓的扩张
3. 心动周期持续的时间长短取决于( )
   A. 心房收缩时程　B. 心房舒张时程　C. 心室收缩时程
   D. 心室舒张时程　E. 心率
4. 主动脉瓣关闭主要是由于( )
   A. 心室肌收缩　B. 心房肌收缩　C. 主动脉瓣收缩
   D. 主动脉压高于心室内压　E. 房内压低于室内压
5. 心动周期中，左室内压升高速率最快的时相在( )
   A. 心房收缩期　B. 等容收缩期　C. 快速射血期
   D. 减慢射血期　E. 快速充盈期
6. 房室瓣关闭主要是由于( )
   A. 心房收缩　B. 心室收缩　C. 乳头肌收缩
   D. 室内压高于房内压　E. 房室瓣的扩张

7. 动脉血压升高可引起(　　)
A. 心室收缩期延长　B. 等容收缩期延长　C. 心室射血期延长
D. 心室舒张期延长　E. 心房收缩期延长
8. 以下哪种细胞**不是**自律细胞(　　)
A. 窦房结P细胞　B. 心房、心室肌细胞
C. 心室传导束的浦肯野细胞　D. 房室交界的房结区细胞
E. 房室交界的结希区细胞
9. 人和哺乳动物的心室肌细胞静息电位为(　　)
A. −50mV　B. −70mV　C. −90mV　D. −100mV　E. −60mV
10. 心室肌细胞各时期跨膜电位变化**不包括**(　　)
A. 0期去极　B. 1期复极　C. 2期平台期　D. 3期复极　E. 4期自动去极
11. 心室肌细胞复极化1期形成机制是(　　)
A. Na^+内流　B. K^+外流　C. Cl^-内流
D. Ca^{2+}内流　E. K^+外流和Ca^{2+}内流
12. 心室肌细胞动作电位3期复极是由于(　　)
A. K^+外流　B. Cl^-内流　C. Na^+内流　D. Ca^{2+}内流　E. K^+内流
13. 心室肌细胞动作电位的0期去极化是由于何种通道开放引起(　　)
A. Na^+　B. Cl^-　C. Ca^{2+}　D. K^+　E. Mg^{2+}
14. 心室肌细胞动作电位的2期复极期的离子基础是(　　)
A. Na^+内流,K^+外流　B. K^+外流,Cl^-内流　C. K^+外流,Ca^{2+}内流
D. Na^+内流,K^+内流　E. K^+内流,Ca^{2+}外流
15. 心室肌细胞动作电位持续时间长的主要原因是(　　)
A. 0期去极化时程长　B. 1期复极化时程长　C. 2期复极化时程长
D. 3期复极化时程长　E. 4期复极化时程长
16. 衡量心肌细胞自律性高低的指标是(　　)
A. 阈强度　B. 兴奋性
C. 是否是快慢反应细胞　D. 4期自动去极速度
E. 绝对不应期
17. 心室肌细胞兴奋性的特点是(　　)
A. 有效不应期长　B. 相对不应期长　C. 超常期长
D. 低常期长　E. 局部反应期长
18. 自律性最高的部位是(　　)
A. 窦房结　B. 心房肌　C. 房室交界　D. 浦肯野纤维　E. 房室束
19. 心脏内传导速度最慢的部位是(　　)
A. 窦房结　B. 心房肌　C. 房室交界　D. 浦肯野纤维　E. 房室束
20. 心指数为(　　)
A. 心输出量 / 体重　B. 心输出量 / 体表面积
C. 心输出量 / 心室舒张末期容积　D. 每搏输出量 / 体重
E. 每搏输出量 / 体表面积
21. 可引起射血分数增大的因素是(　　)
A. 心室舒张末期容积增大　B. 动脉血压升高　C. 心率减慢
D. 心肌收缩力增强　E. 快速射血时相缩短

22. 心肌的等长调节通过改变下列哪个因素调节心脏的泵血功能(　　)
A. 肌小节初长　B. 肌钙蛋白活性　C. 肌浆游离 Ca^{2+}
D. 心肌收缩力　E. 横桥 ATP 酶活性

23. 影响心输出量的因素,不含(　　)
A. 前负荷　B. 后负荷　C. 心率
D. 心肌收缩力　E. 心房舒张初期充盈量

24. 心肌后负荷指(　　)
A. 初长度　B. 动脉血压　C. 心输出量
D. 静脉回心血量　E. 心率

25. 某成年人体表面积为 $1.6m^2$,心输出量为 5.12L,其心指数是(　　)
A. $3.0L/(min \cdot m^2)$　B. $3.2L/(min \cdot m^2)$　C. $3.5L/(min \cdot m^2)$
D. $4.0L/(min \cdot m^2)$　E. $4.2L/(min \cdot m^2)$

26. 某人一侧心室舒张末期容积为 125ml,搏出量为 80ml,射血分数是(　　)
A. 50%　B. 55%　C. 64%　D. 60%　E. 70%

27. 每搏输出量占心室舒张末期容积百分比(　　)
A. 心指数　B. 心力储备　C. 射血分数　D. 心输出量　E. 心脏作功

28. 用于分析比较不同身材个体心功能的常用指标是(　　)
A. 每分钟输出量　B. 心指数　C. 射血分数
D. 心脏作功　E. 心力储备

29. 反映心脏健康程度最好的指标是(　　)
A. 每分钟输出量　B. 心指数　C. 射血分数
D. 心脏作功　E. 心力贮备

30. 下列哪一心音可作为心室收缩期开始的标志(　　)
A. 第一心音　B. 第二心音　C. 第三心音
D. 第四心音　E. 主动脉,二尖瓣关闭音

31. 下列哪一心音可作为心室舒张期开始的标志(　　)
A. 第一心音　B. 第二心音　C. 第三心音
D. 第四心音　E. 主动脉,二尖瓣关闭音

32. 一般情况下,收缩压的高低主要反映(　　)
A. 心率　B. 外周阻力　C. 循环血量
D. 每搏输出量　E. 大动脉管壁弹性

33. 影响外周阻力最主要的因素是(　　)
A. 血液黏滞性　B. 红细胞数目　C. 血管长度
D. 小动脉口径　E. 小静脉口径

34. 在一个心动周期中,动脉血压的平均值称为(　　)
A. 收缩压　B. 舒张压　C. 脉压
D. 平均动脉压　E. 中心静脉压

35. 平均动脉压等于(　　)
A. 舒张压　B. 1/3 脉压　C. 舒张压 +1/3 脉压
D. (收缩压 + 舒张压)/2　E. 收缩压 - 舒张压

36. 中心静脉压的高低取决于下列哪项因素(　　)
A. 血管容量和血量　B. 动脉血压和静脉血压之差

C. 心脏射血能力和静脉回心血量　　D. 心脏射血能力和外周阻力
E. 外周静脉压

37. 中心静脉压(　　)
A. 指右心房和胸腔内大静脉血压　　B. 与射血能力有关
C. 与静脉血的回流速度有关　　D. 可作为观察心血管功能状态的重要指标
E. 以上均是

38. 下列哪项引起静脉回心血量减少(　　)
A. 体循环平均充盈压增大　　B. 心脏收缩力量增强
C. 平卧体位　　D. 骨骼肌节律收缩
E. 呼气动作

39. 心肌收缩力加强导致静脉回心血量增加的机制是(　　)
A. 动脉血压升高　　B. 血流速度快
C. 心缩期室内压降低　　D. 心舒张期室内压降低
E. 静脉血流阻力下降

40. 微循环的最主要的生理意义是(　　)
A. 物质交换　　B. 促进散热　　C. 保存热量
D. 贮存热量　　E. 调节排泄

41. 微循环中参与体温调节的是(　　)
A. 迂回通路　　B. 毛细血管前括约肌　　C. 动 - 静脉短路
D. 直捷通路　　E. 微动脉

42. 进行物质交换的主要部位是(　　)
A. 微动脉　　B. 通血毛细血管　　C. 真毛细血管
D. 微静脉　　E. 动 - 静脉短路

43. 血浆蛋白显著减少引起水肿,是因为(　　)
A. 淋巴回流减少　　B. 组织液渗透压显著降低
C. 血浆胶体渗透压显著升高　　D. 有效滤过压升高
E. 组织静水压升高

44. 组织液的生成主要取决于(　　)
A. 毛细血管血压　　B. 有效滤过压　　C. 血浆胶体渗透压
D. 淋巴回流　　E. 组织液静水压

45. 临床上常用的升压药是(　　)
A. 肾素　　B. 去甲肾上腺素　　C. 抗利尿激素
D. 血管紧张素Ⅰ　　E. 前列腺素

46. 强烈缩血管作用的是(　　)
A. 肾上腺素　　B. 去甲肾上腺素　　C. 肾素
D. 血管紧张素Ⅱ　　E. 乙酰胆碱

47. 临床上常用的“强心药”是(　　)
A. 去甲肾上腺素　　B. 肾上腺素　　C. 乙酰胆碱
D. 前列腺素　　E. 血管紧张素

48. 调节心血管活动的基本中枢位于(　　)
A. 大脑半球　　B. 脊髓　　C. 中脑
D. 延髓　　E. 脑桥

49. 对动脉血压波动性变化较敏感的感受器位于( )
A. 颈动脉窦 B. 主动脉弓 C. 颈动脉体 D. 主动脉体 E. 心肺感受器
50. 老年人动脉管壁硬化,大动脉的弹性贮器作用减弱,同时伴有小、微动脉硬化,可引起( )
A. 收缩压降低 B. 舒张压降低 C. 脉压减小
D. 舒张压升高 E. 收缩压、舒张压都升高
51. 一般情况下,影响有效滤过压最主要的是( )
A. 毛细血管血压 B. 血浆胶体渗透压 C. 组织液静水压
D. 组织液胶体渗透压 E. 血浆晶体渗透压
52. 夹闭兔双侧颈总动脉可引起( )
A. 心率减慢 B. 心肌收缩力降低 C. 外周血管压升高
D. 动脉血压升高 E. 动脉血压下降
53. 降压反射的生理意义是( )
A. 降低动脉血压 B. 升高动脉血压 C. 减弱心血管活动
D. 加强心血管活动 E. 维持动脉血压相对恒定
54. 下列哪项可引起心率减少( )
A. 交感活动增强 B. 迷走神经活动增强 C. 肾上腺素
D. 甲状腺素 E. 发热
55. 急性失血时最先出现的调节反应是( )
A. 血管的自身调节 B. 交感神经兴奋 C. 迷走神经兴奋
D. 血中血管升压素增多 E. 血中血管紧张素Ⅱ增多

B 型题(每题只有一个正确答案)

A. 快速射血期末 B. 等容收缩期初 C. 等容收缩期末
D. 等容舒张期初 E. 等容舒张期末
1. 房室瓣开放见于( )
2. 房室瓣关闭见于( )
3. 动脉瓣关闭见于( )

A. 等容收缩期 B. 等容舒张期 C. 快速充盈期
D. 减慢射血期 E. 快速射血期
4. 左室内压上升速度最快是在( )
5. 左室容积下降速度最快是在( )
6. 左室内压下降速度最快是在( )

A. K^+ 的外流 B. Na^+ 的内流 C. Ca^{2+} 的内流
D. Na^+ 的内流和 K^+ 的外流 E. Ca^{2+} 的内流和 K^+ 的外流
7. 心室肌动作电位 0 期去极化的离子机制( )
8. 心室肌 2 期平台期的离子机制( )
9. 浦肯野细胞 4 期自动除极的离子机制( )

A. 窦房结 B. 心房肌 C. 房室交界
D. 浦肯野纤维 E. 房室束
10. 自律性最高的部位是( )
11. 传导速度最快的部位是( )
12. 传导速度最慢的部位是( )

A. 每搏输出量 B. 心率 C. 大动脉弹性 D. 外周阻力 E. 循环血量

13. 在一般情况下,主要影响舒张压的因素是( )
14. 在一般情况下,主要影响收缩压的因素是( )

A. 毛细血管血压升高 B. 血浆胶体渗透压降低
C. 组织液静水压升高 D. 组织液胶体渗透压升高
E. 血浆晶体渗透压降低

15. 右心衰竭引起全身水肿,其主要原因是( )
16. 蛋白质摄入过少,导致营养不良引起水肿,其主要原因是( )
17. 炎症时引起局部水肿的主要原因是( )

A. 组胺 B. 乙酰胆碱 C. 肾上腺素
D. 去甲肾上腺素 E. 谷氨酸

18. 心迷走神经末梢释放的递质是( )
19. 心交感神经末梢释放的递质是( )
20. 交感缩血管神经末梢释放的递质是( )

A. P 波 B. QRS 波群 C. T 波 D. P-R 间期 E. ST 段

21. 可反映左右心房除极过程的是( )
22. 可反映左右心室除极过程的是( )
23. 可反映左右心室复极过程的是( )

X 型题(每题有两个或两个以上的正确答案)

1. 影响动脉血压的因素有( )
A. 心率 B. 呼吸频率 C. 外周阻力
D. 每搏输出量 E. 大动脉管壁弹性

2. 减压反射( )
A. 感受器位于全身动脉管壁 B. 传入神经是窦神经和主动脉神经
C. 是一种负反馈 D. 反射中枢位于延髓
E. 对血压 100mmHg 左右变化最敏感

3. 影响组织液生成的因素有( )
A. 毛细血管壁通透性 B. 组织液胶体渗透压 C. 血浆晶体渗透压
D. 组织液静水压 E. 血浆胶体渗透压

4. 影响静脉回流的因素有( )
A. 心肌收缩力 B. 重力和体位
C. 骨骼肌的挤压作用 D. 呼吸运动
E. 毛细血管内血液黏滞度

5. 中心静脉压( )
A. 右心房内压 B. 胸腔内大静脉压
C. 器官的静脉血压 D. 变异范围为 0.39~1.18kPa($4\sim12cmH_2O$)
E. 取决于心射血功能和静脉回流速度

6. 与动脉压形成有关的是( )
A. 心血管足够的血量 B. 心射血的动力 C. 血流的外周阻力
D. 心射血时间的长短 E. 血流速度

7. 4 期自动去极化的是( )
A. 心房肌细胞 B. 心室肌细胞 C. 窦房结细胞

D. 浦肯野细胞　　E. 窦房结和心室肌细胞

8. 心室肌动作电位平台期的形成主要是由于(　　)

A. Na^+ 内流　　B. Ca^{2+} 内流　　C. Cl^- 内流　　D. K^+ 外流　　E. K^+ 内流

9. 在一个心动周期中,房室瓣动脉瓣均关闭是(　　)

A. 等容收缩期　　B. 等容舒张期　　C. 充盈期

D. 射血期　　E. 房缩期

10. 影响心输出量的因素有(　　)

A. 前负荷　　B. 后负荷　　C. 心肌收缩力

D. 心率　　E. 不受动脉压影响

11. 维持动脉血压相对稳定的反射感受器主要是(　　)

A. 压力感受器　　B. 容量感受器　　C. 化学感受器

D. 渗透压感受器　　E. 温度感受器

12. 当动脉血压骤降时,可引起(　　)

A. 窦神经、主动脉神经传入冲动增加,心交感神经紧张性增加

B. 窦神经、主动脉神经传入冲动减少

C. 心迷走神经传出冲动增加

D. 心交感神经传出冲动增加

E. 交感缩血管纤维传出冲动减少

13. 肾上腺素的作用是(　　)

A. 心肌的收缩力增强　　B. 心输出量增加　　C. 心率加快

D. 升压药　　E. 强心药

14. 冠脉循环血流量主要取决于(　　)

A. 收缩压高低　　B. 舒张压高低　　C. 心缩期长短

D. 心舒期长短　　E. 心肌代谢水平

15. 使脑血管扩张的主要因素有(　　)

A. 颅内高压　　B. 缺血　　C. 二氧化碳增多

D. H^+ 浓度升高　　E. 低氧

五、问答题

1. 请说明正常心脏内兴奋传导的途径和意义。
2. 期前收缩和代偿间歇是怎样产生的?
3. 在一个心动周期中,心脏是怎样完成射血功能的?
4. 何谓搏出量、心输出量?影响心输出量的因素有哪些?
5. 循环血量的改变是怎样影响动脉血压的?
6. 何谓中心静脉压,其高低反映什么问题?临床上观察中心静脉压有何意义?
7. 为什么人由蹲位突然直立时,有时感到头晕眼花,但片刻即可恢复?
8. 微循环血流通路有哪些?其主要功能是什么?
9. 应用组织液生成和回流的原理来分析水肿产生的原因。
10. 简述减压反射的过程和意义。
11. 肾上腺素和去甲肾上腺素对心血管的作用有何异同点?
12. 甲患者左心室舒张末期容积为 140ml,收缩末期容积为 56ml;乙患者左心室舒张末期容积为 160ml,收缩末期容积为 61ml,计算并比较甲乙两患者的射血分数是否相同,并分析是否正常?

(冯润荷)

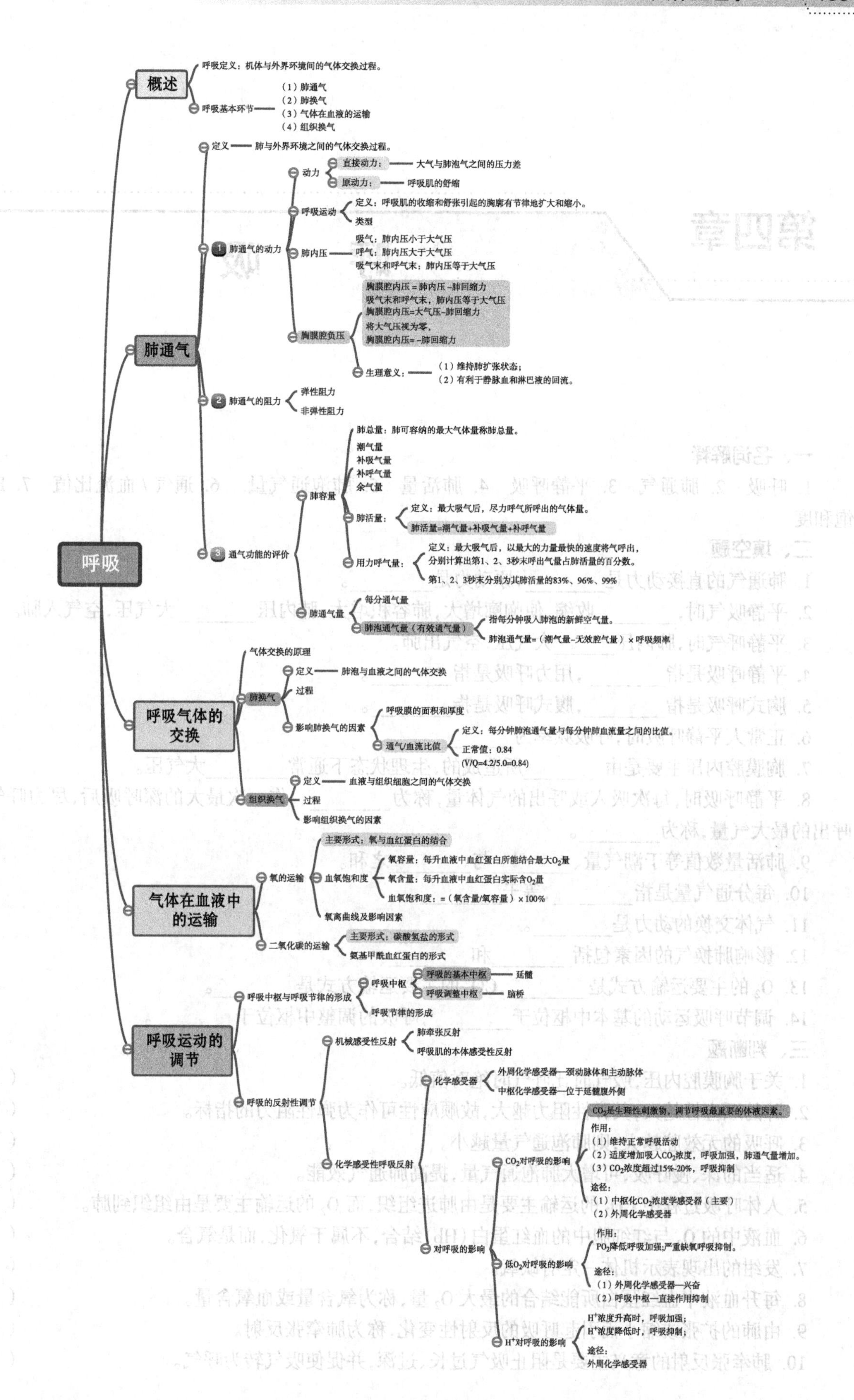

呼吸
概述
呼吸定义：机体与外界环境间的气体交换过程。
呼吸基本环节
（1）肺通气
（2）肺换气
（3）气体在血液的运输
（4）组织换气
肺通气
定义
肺与外界环境之间的气体交换过程。
1 肺通气的动力
动力
直接动力：
大气与肺泡气之间的压力差
原动力：
呼吸肌的舒缩
呼吸运动
定义：呼吸肌的收缩和舒张引起的胸廓有节律地扩大和缩小。
类型
肺内压
吸气：肺内压小于大气压
呼气：肺内压大于大气压
吸气末和呼气末：肺内压等于大气压
胸膜腔负压
胸膜腔内压＝肺内压－肺回缩力
吸气末和呼气末，肺内压等于大气压
胸膜腔内压=大气压-肺回缩力
将大气压视为零，
胸膜腔内压=－肺回缩力
生理意义：
（1）维持肺扩张状态；
（2）有利于静脉血和淋巴液的回流。
2 肺通气的阻力
弹性阻力
非弹性阻力
3 通气功能的评价
肺容量
肺总量：肺可容纳的最大气体量称肺总量。
潮气量
补吸气量
补呼气量
余气量
肺活量：
定义：最大吸气后，尽力呼气所呼出的气体量。
肺活量=潮气量+补吸气量+补呼气量
用力呼气量：
定义：最大吸气后，以最大的力量最快的速度将气呼出，分别计算出第1、2、3秒末呼出气量占肺活量的百分数。
第1、2、3秒末分别为其肺活量的83%、96%、99%
肺通气量
每分通气量
肺泡通气量（有效通气量）
指每分钟吸入肺泡的新鲜空气量。
肺泡通气量=（潮气量-无效腔气量）×呼吸频率
呼吸气体的交换
气体交换的原理
肺换气
定义
肺泡与血液之间的气体交换
过程
影响肺换气的因素
呼吸膜的面积和厚度
通气/血流比值
定义：每分钟肺泡通气量与每分钟肺血流量之间的比值。
正常值：0.84
(V/Q=4.2/5.0=0.84)
组织换气
定义
血液与组织细胞之间的气体交换
过程
影响组织换气的因素
气体在血液中的运输
氧的运输
主要形式：氧与血红蛋白的结合
血氧饱和度
氧容量：每升血液中血红蛋白所能结合最大O_2量
氧含量：每升血液中血红蛋白实际含O_2量
血氧饱和度：=（氧含量/氧容量）×100%
氧离曲线及影响因素
二氧化碳的运输
主要形式：碳酸氢盐的形式
氨基甲酰血红蛋白的形式
呼吸运动的调节
呼吸中枢与呼吸节律的形成
呼吸中枢
呼吸的基本中枢
延髓
呼吸调整中枢
脑桥
呼吸节律的形成
呼吸的反射性调节
机械感受性反射
肺牵张反射
呼吸肌的本体感受性反射
化学感受性呼吸反射
化学感受器
外周化学感受器—颈动脉体和主动脉体
中枢化学感受器—位于延髓腹外侧
对呼吸的影响
CO_2对呼吸的影响
CO_2是生理性刺激物，调节呼吸最重要的体液因素。
作用：
（1）维持正常呼吸活动
（2）适度增加吸入CO_2浓度，呼吸加强，肺通气量增加。
（3）CO_2浓度超过15%-20%，呼吸抑制
途径：
（1）中枢化CO_2浓度学感受器（主要）
（2）外周化学感受器
低O_2对呼吸的影响
作用：
PO_2降低呼吸加强;严重缺氧呼吸抑制。
途径：
（1）外周化学感受器—兴奋
（2）呼吸中枢—直接作用抑制
H^+对呼吸的影响
H^+浓度升高时，呼吸加强；
H^+浓度降低时，呼吸抑制；
途径：
外周化学感受器

第四章 呼 吸

一、名词解释

1. 呼吸 2. 肺通气 3. 平静呼吸 4. 肺活量 5. 肺泡通气量 6. 通气/血流比值 7. Hb氧饱和度

二、填空题

1. 肺通气的直接动力是________,原动力是________。
2. 平静吸气时,________收缩,使胸廓增大,肺容积增大,肺内压________大气压,空气入肺。
3. 平静呼气时,肺内压______大气压,空气出肺。
4. 平静呼吸是指________,用力呼吸是指________。
5. 胸式呼吸是指________,腹式呼吸是指________。
6. 正常人平静呼吸时,呼吸频率为________。
7. 胸膜腔内压主要是由________所造成的,生理状态下通常________大气压。
8. 平静呼吸时,每次吸入或呼出的气体量,称为________。作一次最大的深呼吸后,尽力呼气,所呼出的最大气量,称为________。
9. 肺活量数值等于潮气量、________与________之和。
10. 每分通气量是指________,等于________。
11. 气体交换的动力是________。
12. 影响肺换气的因素包括________和________。
13. O_2的主要运输方式是________,CO_2的主要运输方式是________。
14. 调节呼吸运动的基本中枢位于________,呼吸的调整中枢位于________。

三、判断题

1. 关于胸膜腔内压,吸气时比呼气时绝对值低。 ( )
2. 肺的顺应性越大,其弹性阻力越大,故顺应性可作为弹性阻力的指标。 ( )
3. 呼吸的无效腔越大,则肺泡通气量越小。 ( )
4. 适当的深、慢呼吸,可增大肺泡通气量,提高肺通气效能。 ( )
5. 人体呼吸过程中CO_2的运输主要是由肺进组织,而O_2的运输主要是由组织到肺。 ( )
6. 血液中的O_2与红细胞中的血红蛋白(Hb)结合,不属于氧化,而是氧合。 ( )
7. 发绀的出现表示机体一定有缺氧。 ( )
8. 每升血液中血红蛋白所能结合的最大O_2量,称为氧含量或血氧含量。 ( )
9. 由肺的扩张或缩小而引起呼吸的反射性变化,称为肺牵张反射。 ( )
10. 肺牵张反射的意义主要是阻止吸气过长、过深,并促使吸气转为呼气。 ( )

11. 如切断动物双侧迷走神经,该动物将出现浅而快的呼吸。 (　　)
12. CO_2 是生理条件下刺激呼吸最重要的因素。 (　　)
13. 在缺氧时呼吸中枢的神经元兴奋性升高,因而使呼吸增强,以体现调节作用。 (　　)
14. 当血液中 H^+ 浓度降低,可导致呼吸加深加快,肺通气量增加。 (　　)

四、选择题

A 型题(每题只有一个正确答案)

1. 呼吸运动是指(　　)
   A. 肺的扩大和缩小　B. 肺内压升高和降低
   C. 胸膜腔内压的变化　D. 胸廓节律性扩大和缩小
   E. 肺弹性回缩力
2. 肺通气的原动力是(　　)
   A. 肺内压的变化　B. 胸膜腔内压的变化　C. 呼吸肌的舒缩
   D. 肺本身的弹性　E. 气道的管径大小
3. 肺通气的直接动力是来自(　　)
   A. 呼吸肌运动　B. 肺内压与大气压之差
   C. 肺内压与胸膜腔内压之差　D. 气体的分压差
   E. 肺的弹性回缩
4. 肺内压的描述错误的是(　　)
   A. 指肺泡内的压力
   B. 在平静呼吸过程中,肺内压呈周期性变化
   C. 吸气末和呼气末肺内压与大气压相等
   D. 吸气时肺内压高于大气压,气体进入肺内
   E. 人工呼吸就是利用肺通气的原理,人为改变肺内压实现的
5. 维持胸内负压的必要条件是(　　)
   A. 气道阻力的存在　B. 吸气肌的收缩　C. 呼吸肌的收缩
   D. 胸膜腔的密闭　E. 肺泡表面活性物质的存在
6. 胸内负压的形成是(　　)
   A. 大气压 + 跨肺压　B. 大气压 - 跨肺压　C. 大气压 + 肺回缩力
   D. 大气压 - 肺回缩力　E. 大气压 - 肺泡表面张力
7. 安静时胸膜腔内压(　　)
   A. 吸气时低于大气压,呼气时高于大气压　B. 呼气时高于大气压
   C. 呼气和吸气时均低于大气压　D. 不随呼吸运动变化
   E. 等于大气压
8. 吸气末与呼气末(　　)
   A. 胸膜腔内压相等　B. 肺内压相等　C. 肺回缩力相等
   D. 胸廓的回缩力相等　E. 肺泡余气量相等
9. 气胸时造成肺萎缩的直接原因是(　　)
   A. 肺弹性回缩力增大　B. 肺内压降低
   C. 肺泡表面张力增大　D. 胸内负压降低或消失
   E. 肺表面活性物质减少
10. 引起肺泡回缩的主要因素是(　　)
    A. 支气管平滑肌收缩　B. 肺泡表面张力　C. 胸内负压

D. 大气压　　E. 肺泡表面活性物质

11. 引起肺泡回缩的主要作用力是(　　)
A. 肺泡弹力纤维的弹性回缩力　　B. 肺泡内液体的表面张力
C. 胸膜腔内负压力　　D. 肺泡表面张力 + 弹性回缩力
E. 胸廓弹性阻力

12. 肺泡表面活性物质缺乏时(　　)
A. 肺的弹性阻力增大　　B. 气道阻力增大
C. 胸廓的顺应性增大　　D. 呼吸膜通透性增大
E. 胸膜腔内压减小

13. 可较好地评价肺通气功能的指标(　　)
A. 潮气量　　B. 肺活量　　C. 余气量
D. 时间肺活量　　E. 功能余气量

14. 时间肺活量的第一秒末应为(　　)
A. 63%　　B. 73%　　C. 83%　　D. 93%　　E. 95%

15. 解剖无效腔增加,其他因素不变,这时通气 / 血流比值(　　)
A. 增大　　B. 减少　　C. 不变　　D. 等于零　　E. 肺换气效率提高

16. 每分肺通气量是指(　　)
A. 每次吸入或呼出的气量　　B. 每分钟进或出肺的气体总量
C. 每分钟进或出肺泡的新鲜气体量　　D. 用力吸入的气体量
E. 无效腔气量

17. 肺泡通气量是指(　　)
A. 每次吸入或呼出的气量　　B. 每分钟进或出肺的气体总量
C. 每分钟进或出肺泡的新鲜气体量　　D. 用力吸入的气体量
E. 无效腔气量

18. 肺的有效通气量是(　　)
A. 每分肺通气量　　B. 肺活量　　C. 潮气量
D. 每分肺泡通气量　　E. 每分最大通气量

19. 肺泡气与血液之间的气体交换称为(　　)
A. 肺通气　　B. 肺换气　　C. 内呼吸　　D. 组织换气　　E. 外呼吸

20. 肺换气的动力是(　　)
A. 呼吸运动　　B. 肺内压与大气压之差
C. 肺内压与胸膜腔内压之差　　D. 呼吸膜两侧气体的分压差
E. 肺的弹性回缩

21. 气体扩散的方向取决于换气组织两侧(　　)
A. 气体溶解度　　B. 气体分子量　　C. 气体分压差
D. 温度差　　E. 气体扩散距离

22. 正常时 O_2 分压最高的部位是(　　)
A. 动脉血　　B. 静脉血　　C. 肺泡气　　D. 细胞　　E. 组织间隙

23. 正常时 CO_2 分压最高的部位是(　　)
A. 动脉血　　B. 静脉血　　C. 肺泡气　　D. 细胞　　E. 组织间隙

24. 肺通气 / 血流比值是指每分钟(　　)
A. 肺通气量与血流量之比　　B. 肺通气量与心输出量之比

C. 肺泡通气量与心输出量之比　D. 潮气量与每搏心输出量之比
E. 肺活量与心输出量之比

25. 组织换气是指(　　)
A. 肺与血液之间的气体交换　B. 外界环境与气道间的气体交换
C. 肺与外界之间的气体交换　D. 血液与组织细胞之间的气体交换
E. 肺泡中 CO_2 排至外界环境的过程

26. CO_2 在血液中的主要运输形式是(　　)
A. 形成碳酸氢盐　B. 形成氨基甲酸血红蛋白　C. 溶解在血浆中
D. 与血浆蛋白结合　E. 形成碳酸氢钾

27. 肺牵张反射的生理意义(　　)
A. 减少肺弹性阻力　B. 增加呼吸肌收缩力　C. 防止肺泡回缩
D. 使吸气及时向呼气转换　E. 使呼气转为吸气

28. 维持正常呼吸节律的中枢位于(　　)
A. 脊髓和延髓　B. 脑桥　C. 中脑
D. 大脑皮质　E. 延髓和脑桥

29. 随意控制呼吸运动的中枢部位是(　　)
A. 延髓　B. 脑桥　C. 大脑皮质
D. 延髓和脑桥　E. 中脑

30. 维持呼吸中枢兴奋性的生理有效刺激是(　　)
A. 血中适当浓度的 CO_2　B. 血中轻度缺 O_2　C. 血中 H^+ 浓度升高
D. 血中重度缺 O_2　E. 脑脊液中 H^+ 浓度的升高

31. 生理情况下，血液中调节呼吸的最重要的因素是(　　)
A. CO_2　B. O_2　C. H^+　D. OH^-　E. $NaHCO_3$

32. CO_2 对呼吸的调节作用主要是通过(　　)
A. 直接刺激呼吸中枢　B. 刺激中枢化学感受器　C. 刺激呼吸肌
D. 加强肺牵张反射　E. 刺激外周化学感受器

33. 血液中 H^+ 浓度增加，引起呼吸运动变化主要通过(　　)
A. 刺激中枢化学感受器　B. 刺激外周化学感受器
C. 刺激中枢与外周化学感受器　D. 兴奋呼吸肌
E. 呼吸中枢直接受刺激

B 型题(每题只有一个正确答案)

A. 肺泡与血液之间的气体交换　B. 外界环境与气道间的气体交换
C. 肺与外界之间的气体交换　D. 外界的 O_2 进入肺的过程
E. 肺泡中 CO_2 排至外界环境的过程

1. 肺通气是指(　　)
2. 肺换气是指(　　)

A. 呼吸肌的舒缩　B. 肺回缩力
C. 肺内压与大气压之差　D. 肺内压与胸膜腔内压之差
E. 大气压与肺回缩力之差

3. 肺通气的直接动力是(　　)
4. 胸膜腔内压的负值大小取决于(　　)

A. 肺活量　　B. 时间肺活量　　C. 每分通气量
D. 肺总量　　E. 肺泡通气量

5. 能实现有效气体交换的通气量为(　　)
6. 评价肺通气功能较好的指标是(　　)
A. 物理溶解的氧　　B. 氧合血红蛋白
C. 物理溶解的二氧化碳　　D. 碳酸氢盐
E. 碳酸氢盐和氨基甲酸血红蛋白
7. 血液中氧运输的主要形式(　　)
8. 血液中二氧化碳运输的主要形式(　　)
A. 血红蛋白能结合氧的最大量　　B. 血红蛋白实际结合氧的量
C. 血液氧含量占氧容量的百分比　　D. 血浆溶解氧量
E. 氧扩散的量
9. 血红蛋白氧含量是指(　　)
10. 血红蛋白氧容量是指(　　)
11. 血氧饱和度是指(　　)
A. 中枢化学感受器　　B. 外周化学感受器　　C. 延髓呼吸中枢
D. 脑桥呼吸中枢　　E. 大脑皮质
12. CO_2 增强呼吸运动主要是通过刺激(　　)
13. 缺氧时呼吸运动增强主要是通过刺激(　　)
14. 血液中 H^+ 浓度增加引起呼吸运动增强主要是通过刺激(　　)

X 型题(每题有两个或两个以上的正确答案)

1. 胸内负压的生理意义是(　　)
A. 使肺保持扩张状态　　B. 促进静脉血和淋巴液回流　　C. 保持肺的顺应性
D. 减少气道阻力　　E. 降低胸廓的弹性阻力
2. 肺泡表面活性物质的生理作用是(　　)
A. 降低肺泡表面张力　　B. 稳定大小肺泡容积
C. 防止肺毛细血管内液体渗出　　D. 增加呼吸膜通透性
E. 防止肺泡回缩
3. 肺活量等于(　　)
A. 潮气量 + 补吸气量 + 补呼气量　　B. 深吸气量 + 功能余气量
C. 深吸气量 + 补呼气量　　D. 深吸气量 + 余气量
E. 潮气量 + 功能余气量
4. 血液中 Hb 含量减少时(　　)
A. 血液携氧能力下降　　B. 血氧饱和度下降　　C. 血氧分压下降
D. 血氧容量下降　　E. 血液中二氧化碳分压升高
5. 有关发绀的叙述,正确的是(　　)
A. 每升血液中去氧 Hb 含量达到 50g 以上时可出现发绀
B. CO 中毒时不出现发绀
C. 严重贫血时可出现发绀
D. 高原性红细胞增多症可出现发绀
E. 肺原性心脏病时可出现发绀

6. CO_2 在血液中的运输形式有（　　）
   A. 形成碳酸氢盐　　B. 形成氨基甲酸血红蛋白　　C. 溶解在血浆中
   D. 与血浆蛋白结合　　E. 形成碳酸氢钾
7. 动物实验时，使呼吸加快加深的是（　　）
   A. 吸入 CO_2　　B. 吸入 O_2　　C. 静脉注射乳酸
   D. 静脉注射葡萄糖　　E. 增加无效腔
8. PCO_2 增加对呼吸的影响是（　　）
   A. 可反射地使呼吸加快，加强　　B. 可直接兴奋呼吸中枢
   C. 可直接抑制呼吸中枢　　D. 通过外周化学感受器起作用
   E. 通过中枢化学感受器起作用
9. H^+ 对呼吸的影响是（　　）
   A. 可反射地使呼吸加快，加强　　B. 可直接兴奋呼吸中枢
   C. 可直接抑制呼吸中枢　　D. 通过外周化学感受器起作用
   E. 通过中枢化学感受器起作用
10. 缺 O_2 对呼吸的影响是（　　）
   A. 可反射地使呼吸加快，加强　　B. 可直接兴奋呼吸中枢
   C. 可直接抑制呼吸中枢　　D. 通过外周化学感受器起作用
   E. 通过中枢化学感受器起作用

五、问答题

1. 什么是呼吸？呼吸的全过程及生理意义是什么？
2. 为什么胸膜腔内是负压？有何生理意义？
3. 某人潮气量为500ml，呼吸频率为12次/分，试问此人每分通气量和每分肺泡通气量各是多少？
4. 何谓肺换气？影响肺换气的因素有哪些？
5. 氧与二氧化碳在血液中的主要运输形式是什么？
6. 简述血液中 CO_2 浓度升高对呼吸的影响和作用机制。
7. 简述血液中低 O_2 对呼吸的影响和作用机制。

（罗　萍）

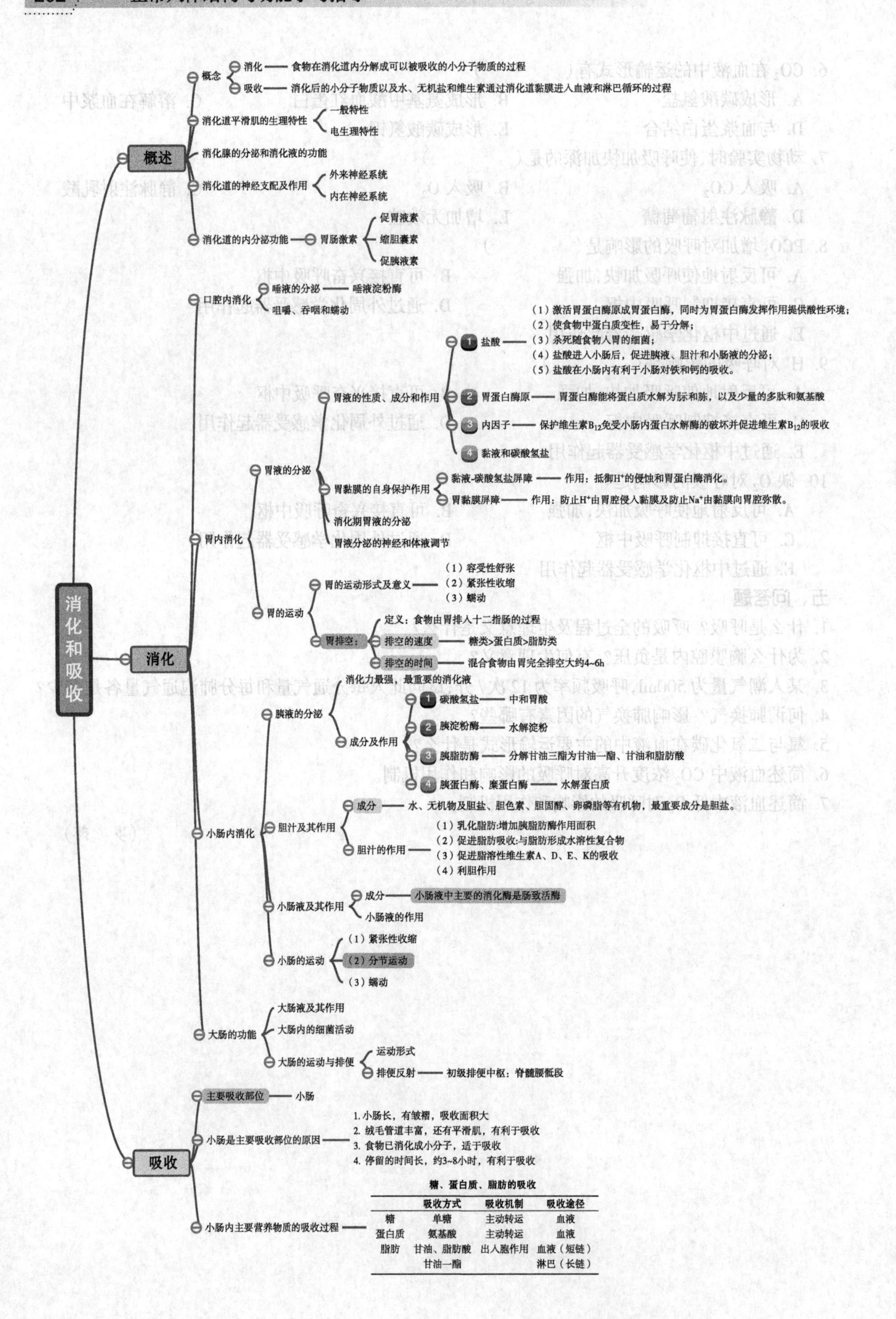

	吸收方式	吸收机制	吸收途径
糖	单糖	主动转运	血液
蛋白质	氨基酸	主动转运	血液
脂肪	甘油、脂肪酸	出入胞作用	血液（短链）
	甘油一酯		淋巴（长链）

第五章 消化与吸收

一、名词解释

1. 消化 2. 吸收 3. 胃排空 4. 胃黏膜屏障 5. 容受性舒张 6. 胆盐的肝-肠循环 7. 分节运动

二、填空题

1. 食物的消化有________、________两种方式。
2. 胃肠激素的生理作用主要有________、________、________。
3. 胃腺的壁细胞分泌________和________，主细胞分泌________，黏液细胞分泌________。
4. 胃的运动形式有____________、____________、____________。
5. 胃液的主要成分有________、________、________、________。
6. 胃排空的原动力是________，直接动力是________。
7. 胰液中的消化酶包括________、________、________和________。
8. 胆汁的主要作用是________，依靠________来完成。
9. 营养物质消化和吸收的主要部位是________。
10. 小肠的运动形式有____________、____________、____________。
11. 糖被吸收的主要形式是________，吸收的主要机制是________。
12. 蛋白质在胃中主要被分解成________和________，在小肠内被分解为________。
13. 支配消化道的迷走神经节后纤维释放的递质主要为________，可使消化系统的活动________。
14. 支配消化道的交感神经节后纤维释放的递质主要为________，可使消化系统的活动________。

三、判断题

1. 食物能够透过消化道的黏膜进入血液循环而被吸收。 (　　)
2. 消化道运动的主要作用在于完成对食物的机械性消化，它对化学性消化和吸收也有促进作用。 (　　)
3. 胃液中的胃蛋白酶原可将蛋白质分解为脲、胨。 (　　)
4. 盐酸的主要作用之一是激活胃蛋白酶原。 (　　)
5. 进食能引起胃容受性舒张及胃肠运动增强。 (　　)
6. 胆盐具有乳化脂肪、促进脂肪酸的吸收等作用。 (　　)
7. 小肠液是所有消化液中最重要的一种。 (　　)
8. 三大营养物质消化和吸收的主要部位是在胃。 (　　)
9. 在消化道的不同部位，吸收的速度是相同的，吸收速度并不取决于该部分消化道的组织结构以及食物的组成及在该部分停留时间。 (　　)

10. 三种营养物质在胃中排空速度的快慢顺序是脂肪、糖、蛋白质。 ( )
11. 维生素的吸收主要在小肠进行。 ( )
12. 支配消化腺的交感神经兴奋,可以使胃肠平滑肌收缩。 ( )
13. 阻断乙酰胆碱作用的药物,能使胃肠运动减弱,唾液分泌减少。 ( )
14. 排便反射的初级中枢位于脊髓腰骶部。 ( )

四、选择题

A 型题(每题只有一个正确答案)

1. 有关消化与吸收的说明,正确的是( )
   A. 食物在消化道内分解的过程称为消化 B. 化学性消化是指水对食物的溶解
   C. 机械性消化是指消化酶对食物作用 D. 糖透过消化道黏膜进入淋巴液过程称吸收
   E. 食物的消化仅依赖于机械性消化
2. 消化道平滑肌对下列刺激因素的反应正确的是( )
   A. 对电刺激敏感性较高 B. 机械牵拉能引起强烈的收缩
   C. 对温度刺激不敏感 D. 对化学性刺激不敏感
   E. 肾上腺素可引起收缩
3. 促胃液素的主要作用是( )
   A. 促进胃酸、胰液、胆汁分泌,促进胃肠运动和胆囊收缩
   B. 抑制胃酸、胰液、胆汁分泌
   C. 抑制胃肠运动和胆囊收缩
   D. 促进胃排空
   E. 促进小肠液分泌
4. 促胰液素引起胰液分泌的特点是( )
   A. 酶多、$NaHCO_3$ 和水少 B. 酶多、$NaHCO_3$ 和水多
   C. 酶少、$NaHCO_3$ 和水多 D. 酶少、$NaHCO_3$ 和水也少
   E. 酶少、$NaHCO_3$ 多,而水少
5. 消化道各段共有的一种运动形式是( )
   A. 蠕动 B. 集团蠕动 C. 分节运动 D. 紧张性收缩 E. 容受性舒张
6. 关于几种消化液的特点,下述哪项是<u>错误</u>的( )
   A. 胃液的 pH 最低 B. 胰液是最重要的消化液
   C. 胆汁中不含任何消化酶 D. 所有消化液的分泌都有神经调节和体液调节
   E. 胰液具有中和胃酸的作用
7. 人唾液中除含有唾液淀粉酶外,还有( )
   A. 凝乳酶 B. 麦芽糖酶 C. 蛋白水解酶
   D. 肽酶 E. 溶菌酶
8. 下列哪项<u>不属于</u>胃液的作用( )
   A. 杀菌 B. 激活胃蛋白酶 C. 使蛋白质变性
   D. 对淀粉进行初步消化 E. 促进 VB_{12} 的吸收
9. 胃液中<u>不含</u>的成分是( )
   A. 盐酸 B. 内因子 C. 黏液 D. 胃蛋白酶 E. 肠致活酶
10. 能使胃蛋白酶原激活的物质是( )
   A. 糜蛋白酶 B. 胃泌素 C. 内因子
   D. 盐酸、胃蛋白酶 E. VB_{12}

11. 胃大部分切除的患者出现严重贫血表现为外周巨幼红细胞增多,其主要原因是下列哪项减少（　　）

A. HCl　B. 黏液　C. 内因子　D. 胃蛋白酶原　E. HCO_3^-

12. 参与构成胃黏膜保护屏障的主要离子是（　　）

A. Na^+　B. Ca^{2+}　C. H^+　D. HCO_3^-　E. Cl^-

13. 胃黏液 - 碳酸氢盐屏障主要作用是（　　）

A. 对 K^+、Ca^{2+} 的扩散有屏障作用　B. 防止 $NaHCO_3$ 对黏膜的侵蚀
C. 防止胃酸对黏膜的侵蚀　D. 对 H^+、Cl^-、Na^+ 的扩散有屏障作用
E. 防止黏液蛋白的侵蚀

14. 胃的容受性舒张是通过下列哪种途径实现的（　　）

A. 交感神经　B. 迷走神经末梢释放的乙酰胆碱
C. 迷走神经末梢释放的血管活性肠肽　D. 壁内神经释放的生长抑素
E. 肠 - 胃反射

15. 关于胃的蠕动,下列哪一项是正确的（　　）

A. 空腹时基本不发生　B. 起始于胃底部
C. 蠕动波向胃底和幽门两个方向传播　D. 发生频率约为 12 次 / 分
E. 一个蠕动波消失后才产生另一个蠕动

16. 三种食物在胃内排空速度快慢顺序是（　　）

A. 糖、脂肪、蛋白质　B. 脂肪、蛋白质、糖　C. 蛋白质、糖、脂肪
D. 糖、蛋白质、脂肪　E. 脂肪、糖、蛋白质

17. 混合食物由胃完全排空通常需要（　　）

A. 1~1.5 小时　B. 2~3 小时　C. 4~6 小时　D. 7~8 小时　E. 12~24 小时

18. 食物消化与吸收最重要的部位是（　　）

A. 大肠　B. 食管　C. 胃　D. 小肠　E. 口腔

19. 小肠是吸收的主要部位,主要与其结构的哪一特点有关（　　）

A. 长度长　B. 壁厚　C. 面积大　D. 通透性大　E. 有缝隙连接

20. 下类哪一物质<u>不属于</u>胰液成分（　　）

A. 碳酸氢盐　B. 胰淀粉酶　C. 胰蛋白酶　D. 糜蛋白酶　E. 盐酸

21. 胆汁中参与消化的主要成分是（　　）

A. 胆色素　B. 胆固醇　C. 胆盐　D. 卵磷脂　E. 脂肪酶

22. 有利于维生素 A、D、E、K 吸收的是（　　）

A. 胰液　B. 小肠液　C. 大肠液　D. 胆汁　E. 胃液

23. 大肠内细菌合成的维生素主要是（　　）

A. 维生素 A　B. 维生素 B　C. 维生素 C　D. 维生素 D　E. 维生素 E

24. 下面关于吸收的叙述中,<u>错误</u>的是（　　）

A. 水、无机盐和维生素在消化管各段均可被吸收并入血
B. 水溶性维生素一般以扩散方式吸收
C. 维生素 B_{12} 的吸收需要有内因子帮助
D. 脂溶性维生素吸收时需要胆盐的帮助
E. 吸收的主要部位在回肠

25. 糖吸收的分子形式是（　　）

A. 淀粉　B. 多糖　C. 寡糖　D. 单糖　E. 麦芽糖

26. 蛋白质主要以下列哪种形式吸收( )
A. 蛋白质 B. 多肽 C. 寡肽
D. 二肽和三肽 E. 氨基酸
27. 小肠黏膜吸收葡萄糖时,同时转运的离子是( )
A. Na^+ B. Cl^- C. K^+ D. Ca^{2+} E. Mg^{2+}
28. 氨基酸在小肠的吸收是( )
A. 滤过作用 B. 主动转运 C. 单纯扩散
D. 易化扩散 E. 入胞
29. 吸收胆盐和维生素 B_{12} 的主要部位是( )
A. 十二指肠 B. 空肠 C. 回肠 D. 结肠 E. 盲肠

B 型题(每题只有一个正确答案)

A. 胃 B. 十二指肠 C. 空肠 D. 回肠 E. 结肠
1. 胆盐的主要吸收部位是( )
2. 维生素 B_{12} 的主要吸收部位是( )
3. 内因子的产生部位是( )

A. 胃壁细胞 B. 胃主细胞
C. 小肠的上部 S 细胞 D. 胃肠黏膜细胞
E. 胃窦黏膜 G 细胞
4. 分泌胃液中 H^+ 的细胞是( )
5. 产生促胰液素的细胞是( )
6. 产生促胃液素的细胞是( )
7. 分泌胃蛋白酶原的细胞是( )

A. 胰液 B. 小肠液 C. 大肠液 D. 胆汁 E. 胃液
8. 不含有消化酶的消化液是( )
9. 胃肠道中最重要的消化液是( )
10. 消化作用最强的消化液是( )

X 型题(每题有两个或两个以上的正确答案)

1. 不属于胃运动形式的是( )
A. 容受性舒张 B. 紧张性收缩 C. 集团运动
D. 蠕动 E. 分节运动
2. 小肠吸收营养物质的有利条件是( )
A. 吸收面积大 B. 食物在小肠停留时间长
C. 食物已被分解为小分子物质 D. 绒毛是吸收的主要途径
E. 小肠容积大
3. 关于胃液的作用,正确的是( )
A. 为胃蛋白酶作用提供适宜 pH B. 促进胰液、小肠液、胆汁分泌
C. 激活胰蛋白酶原 D. 抑制小肠对 Fe^{2+} 和 Ca^{2+} 的吸收
E. 促进食物中蛋白质变性
4. 在消化道中,蛋白质的消化是由下列哪些酶联合作用完成的( )
A. 胰蛋白酶 B. 糜蛋白酶 C. 转氨酶
D. 胃蛋白酶 E. 肠致活酶

5. 加强胃肠道平滑肌收缩的因素有（　　）
A. 迷走神经兴奋　　B. 内脏大神经兴奋　　C. 乙酰胆碱
D. 抑胃肽　　E. 阿托品

6. 关于胃排空的叙述正确的是（　　）
A. 胃的蠕动是胃排空的动力　　B. 混合性食物在进餐后4~6小时完全排空
C. 液体食物排空速度快于固体食物　　D. 糖类食物排空最快,蛋白质排空最慢
E. 迷走神经兴奋促进排空

7. 属于胃肠激素的是（　　）
A. 促胃液素　　B. 胆囊收缩素　　C. 肾上腺素
D. 促胰液素　　E. 生长抑素

8. 有关消化与吸收的说明,正确的是（　　）
A. 食物在消化道内分解的过程称为消化
B. 化学性消化是指消化酶对食物的溶解
C. 机械性消化是指消化管肌肉的运动对食物作用
D. 单糖透过消化道黏膜进入血液被吸收
E. 食物的消化仅依赖于机械性消化

9. 下列物质属于胰液成分（　　）
A. 碳酸氢盐　　B. 胰淀粉酶　　C. 胰蛋白酶原
D. 糜蛋白酶原　　E. 盐酸

10. 关于紧张性收缩的叙述正确的是（　　）
A. 是胃肠共有的运动形式　　B. 有利于消化管保持正常的形态和位置
C. 有利于消化液渗入食物中　　D. 当紧张性收缩减弱时,食物吸收加快
E. 是消化管其他运动形式有效进行的基础

11. 可消化糖的消化液是（　　）
A. 唾液　　B. 胃液　　C. 胰液　　D. 胆汁　　E. 小肠液

12. 有助于脂肪消化的消化液是（　　）
A. 唾液　　B. 胃液　　C. 胰液　　D. 胆汁　　E. 小肠液

13. 含有蛋白质水解酶的消化液是（　　）
A. 唾液　　B. 胃液　　C. 胰液　　D. 胆汁　　E. 小肠液

14. 对胰蛋白酶原有激活作用的物质是（　　）
A. 肠激酶　　B. 胃蛋白酶　　C. 胰蛋白酶　　D. 糜蛋白酶　　E. 盐酸

五、问答题

1. 试举例说明含有消化酶的消化液有哪些?
2. 胃液中盐酸有何生理作用?
3. 试述胰液的主要成分及作用。
4. 小肠特有的运动形式是什么?其生理意义?
5. 试述三大营养物质的吸收形式和转运途径。
6. 为什么说小肠是消化和吸收的主要部位?
7. 试述消化器官的神经支配及其作用。
8. 试述高位截瘫患者排便是否正常,为什么?

（蔡凤英）

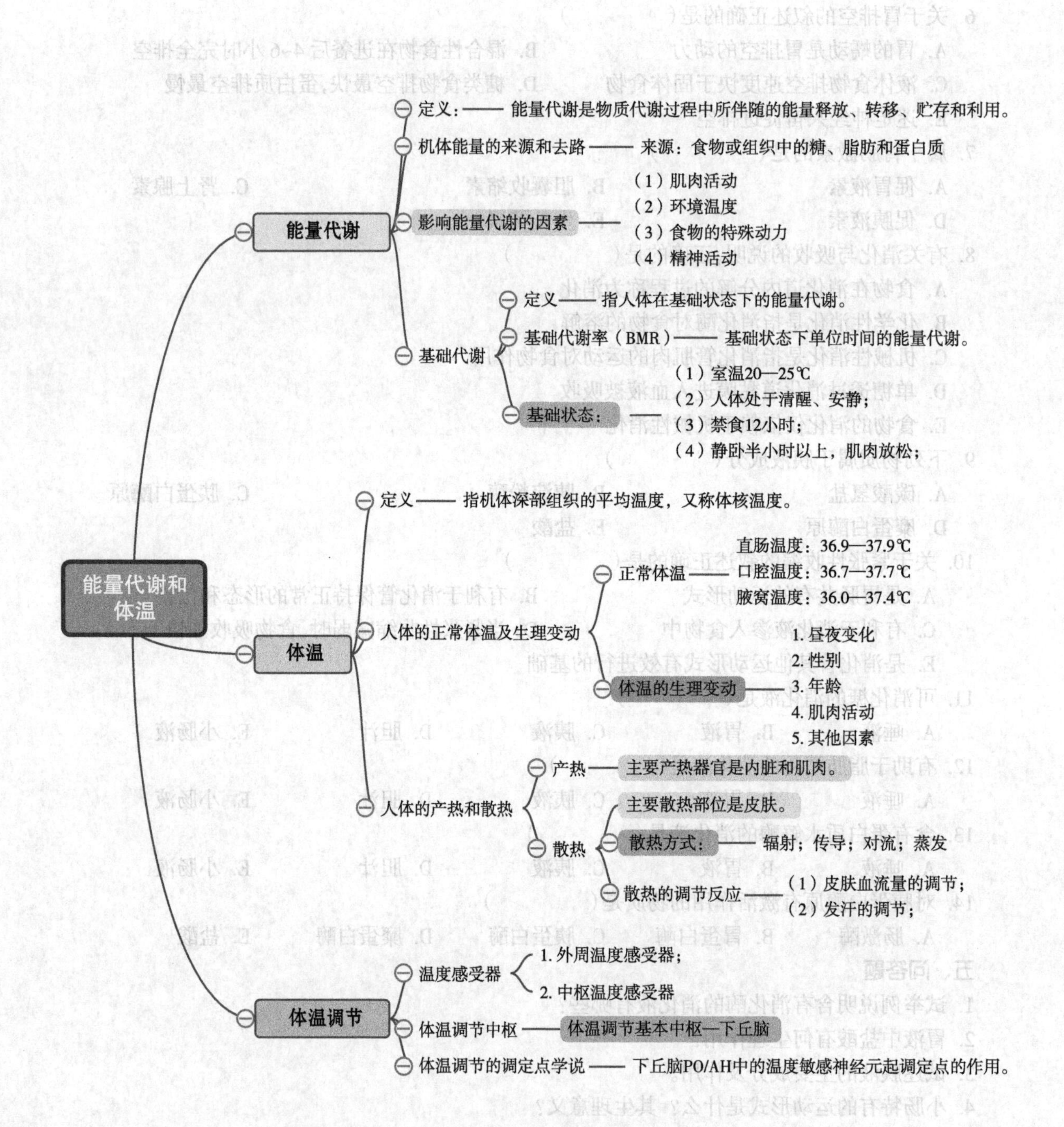

能量代谢和体温
能量代谢
定义：—— 能量代谢是物质代谢过程中所伴随的能量释放、转移、贮存和利用。
机体能量的来源和去路 —— 来源：食物或组织中的糖、脂肪和蛋白质
影响能量代谢的因素
（1）肌肉活动
（2）环境温度
（3）食物的特殊动力
（4）精神活动
基础代谢
定义—— 指人体在基础状态下的能量代谢。
基础代谢率（BMR）—— 基础状态下单位时间的能量代谢。
基础状态：
（1）室温20—25℃
（2）人体处于清醒、安静；
（3）禁食12小时；
（4）静卧半小时以上，肌肉放松；
体温
定义—— 指机体深部组织的平均温度，又称体核温度。
人体的正常体温及生理变动
正常体温
直肠温度：36.9—37.9℃
口腔温度：36.7—37.7℃
腋窝温度：36.0—37.4℃
体温的生理变动
1. 昼夜变化
2. 性别
3. 年龄
4. 肌肉活动
5. 其他因素
人体的产热和散热
产热—— 主要产热器官是内脏和肌肉。
散热
主要散热部位是皮肤。
散热方式： 辐射；传导；对流；蒸发
散热的调节反应
（1）皮肤血流量的调节；
（2）发汗的调节；
体温调节
温度感受器
1. 外周温度感受器；
2. 中枢温度感受器
体温调节中枢 —— 体温调节基本中枢—下丘脑
体温调节的调定点学说 —— 下丘脑PO/AH中的温度敏感神经元起调定点的作用。

（张凤英）

第六章 能量代谢和体温

一、名词解释

1. 能量代谢 2. 基础代谢率 3. 体温

二、填空题

1. 进食后人体产热量比进食前有所________，由食物引起人体额外产生热量的作用称为________。

2. 正常人体温在一昼夜中________时最低，在________时最高，波动幅度一般不超过________。

3. 机体安静时，主要产热器官是________，其中以________产热量最多；运动时________成为主要产热器官。

4. 机体散热的主要部位________，可通过________和________调节散热。

5. 蒸发散热可分为________和________。

6. 调定点学说认为，机体发热是由于________作用，使体温调定点________，致使________活动增强，________减弱，直至体温升高。

三、判断题

1. 肌肉活动是影响能量代谢最明显的因素。 ( )

2. 进食脂肪后的特殊动力作用要大于进食蛋白质的，是因为脂肪含能量较高。 ( )

3. 基础状态下的能量代谢率是机体最低的能量代谢水平。 ( )

4. 当外界温度低于人体皮肤温度时，蒸发散热是唯一的散热方式。 ( )

5. 当体温高于调定点数值时，机体表现为产热大于散热。 ( )

6. 体温是指人体皮肤的平均温度。 ( )

四、选择题

A 型题(每题只有一个正确答案)

1. 对能量代谢影响最为显著的是( )

A. 进食 B. 肌肉活动 C. 环境温度 D. 精神活动 E. 性别

2. 有关基础代谢率叙述错误的是( )

A. 在基础条件下测定的 B. 通常用kJ/(m²·h)表示
C. 是机体最低的代谢水平 D. 临床多用相对值表示
E. 正常值为 ±15%

3. 基础代谢率的正常值是( )

A. ±8% B. ±15% C. ±20% D. ±25% E. ±10%

4. 下列哪项作为衡量能量代谢率的标准( )

A. 体表面积 B. 体重 C. 身高 D. 性别 E. 年龄

5. 机体安静时，能量代谢最稳定的环境温度是（　　）
A. 0~5℃　B. 5~10℃　C. 15~20℃　D. 20~30℃　E. 30~35℃
6. 能量代谢率常用于下列什么病的诊断（　　）
A. 垂体功能低下　B. 甲状腺功能亢进和低下
C. 肾上腺皮质功能亢进　D. 糖尿病
E. 肥胖病
7. 进食后，使机体产生额外热量最多的是（　　）
A. 糖　B. 脂肪　C. 蛋白质　D. 混合食物　E. 维生素
8. 使基础代谢率增高的主要激素是（　　）
A. 糖皮质激素　B. 肾上腺素　C. 雌激素　D. 甲状腺激素　E. 甲状旁腺激素
9. 测定基础代谢率的条件，**错误**的是（　　）
A. 清醒　B. 静卧　C. 餐后 6 小时　D. 室温 25℃　E. 肌肉放松
10. 调节体温的基本中枢位于（　　）
A. 脊髓　B. 延髓　C. 中脑　D. 下丘脑　E. 大脑皮质
11. 有体温调定点作用的温度敏感神经元位于（　　）
A. 脊髓　B. 延髓
C. 视前区 - 下丘脑前部　D. 大脑皮质
E. 下丘脑前部
12. 临床上对高热病人用冰袋、冰帽措施，其散热方式是（　　）
A. 辐射散热　B. 传导散热　C. 对流散热　D. 不感蒸发　E. 发汗蒸发
13. 体温的昼夜间波动**不超过**（　　）
A. 0.1℃　B. 0.3℃　C. 0.5℃　D. 0.8℃　E. 1℃
14. 关于体温正常的生理变动的叙述**错误**的是（　　）
A. 女性基础体温低于男性　B. 老年人略低
C. 女性体温随月经周期而变动　D. 运动时体温升高
E. 体温呈昼夜周期波动
15. 在一昼夜之中，体温最低的时间是（　　）
A. 清晨 2~6 时　B. 晚上 0 点以前　C. 中午 12 时左右
D. 下午 2~6 时　E. 上午 8~12 时
16. 乙醇擦浴降温属于下列哪种散热方式（　　）
A. 传导散热　B. 对流散热　C. 辐射散热　D. 蒸发散热　E. 呼吸散热

B 型题（每题只有一个正确答案）

A. 辐射　B. 传导　C. 对流　D. 蒸发　E. 不感蒸发
1. 平常安静状态下机体主要的散热方式是（　　）
2. 环境温度高于皮肤温度时机体的散热方式是（　　）
3. 给高热患者用酒精擦浴是为了增加（　　）
A. 皮肤　B. 心脏　C. 内脏　D. 汗腺　E. 骨骼肌
4. 运动时人体的主要产热器官是（　　）
5. 安静时人体的主要产热器官是（　　）
6. 人体的主要散热部位是（　　）

X 型题(每题有两个或两个以上的正确答案)

1. 能量代谢指能量的(　　　　)
   A. 释放　B. 转移　C. 利用　D. 贮存　E. 氧化
2. 基础代谢率测定的条件是(　　　　)
   A. 清晨、清醒　B. 空腹 12 小时　C. 平卧
   D. 室温 20~25℃　E. 排除精神紧张、焦虑等
3. 当体温低于调定点时将出现(　　　　)
   A. 皮肤血管收缩　B. 发汗　C. 肾上腺素分泌增加
   D. 寒战　E. 脂肪合成增加
4. 当外界温度低于人体皮肤温度时机体的散热方式有(　　　　)
   A. 辐射散热　B. 传导散热　C. 对流散热　D. 发汗　E. 不感蒸发
5. 下列哪种情况可以使皮肤血流量增多(　　　　)
   A. 冷敏神经元兴奋　B. 热敏神经元兴奋　C. 机体散热增加
   D. 环境温度升高　E. 皮肤冷觉感受器兴奋
6. 女性基础体温(　　　　)
   A. 一般低于男性　B. 排卵前降低　C. 排卵日最低
   D. 排卵后升高　E. 周期性变动与女性激素分泌周期有关

五、问答题

1. 简述影响能量代谢的因素。
2. 何谓基础代谢率？基础状态包括哪些条件？
3. 简述体温及其生理变异。
4. 根据散热原理,临床如何为高热患者降温？
5. 病人发热前往往出现寒战,为什么？

(王笑梅)

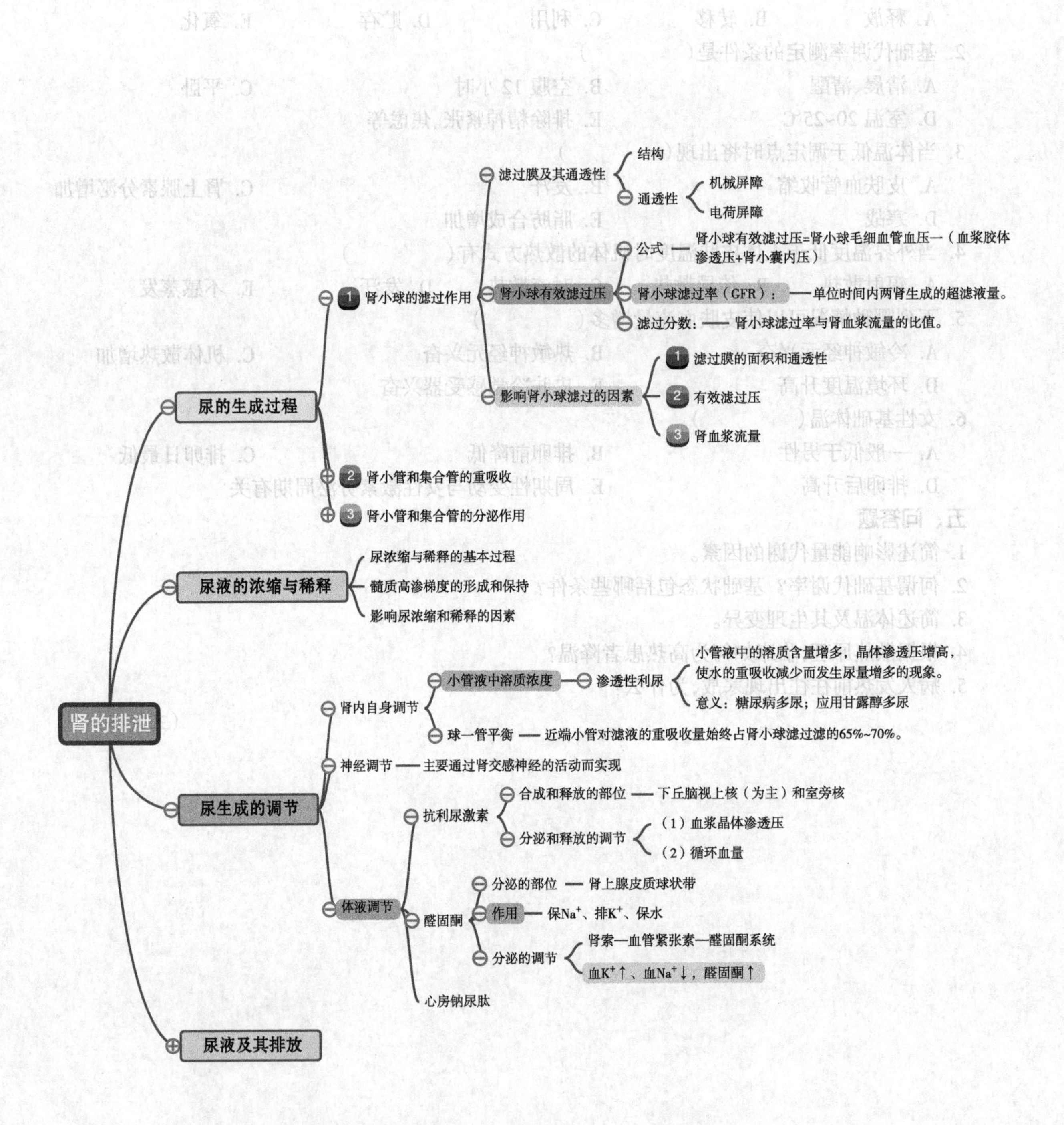
肾的排泄
尿的生成过程
1 肾小球的滤过作用
滤过膜及其通透性
结构
通透性
机械屏障
电荷屏障
肾小球有效滤过压
公式
肾小球有效滤过压=肾小球毛细血管血压－（血浆胶体渗透压+肾小囊内压）
肾小球滤过率（GFR）：
单位时间内两肾生成的超滤液量。
滤过分数：
肾小球滤过率与肾血浆流量的比值。
影响肾小球滤过的因素
1 滤过膜的面积和通透性
2 有效滤过压
3 肾血浆流量
2 肾小管和集合管的重吸收
3 肾小管和集合管的分泌作用
尿液的浓缩与稀释
尿浓缩与稀释的基本过程
髓质高渗梯度的形成和保持
影响尿浓缩和稀释的因素
尿生成的调节
肾内自身调节
小管液中溶质浓度
渗透性利尿
小管液中的溶质含量增多，晶体渗透压增高，使水的重吸收减少而发生尿量增多的现象。
意义：糖尿病多尿；应用甘露醇多尿
球—管平衡
近端小管对滤液的重吸收量始终占肾小球滤过滤的65%~70%。
神经调节
主要通过肾交感神经的活动而实现
体液调节
抗利尿激素
合成和释放的部位
下丘脑视上核（为主）和室旁核
分泌和释放的调节
（1）血浆晶体渗透压
（2）循环血量
醛固酮
分泌的部位
肾上腺皮质球状带
作用
保Na⁺、排K⁺、保水
分泌的调节
肾素—血管紧张素—醛固酮系统
血K⁺↑、血Na⁺↓，醛固酮↑
心房钠尿肽
尿液及其排放

第七章　肾的排泄功能

一、名词解释

1. 肾小球滤过率　2. 滤过分数　3. 肾糖阈　4. 渗透性利尿　5. 球-管平衡　6. 多尿　7. 少尿

二、填空题

1. 尿生成的基本过程是________、________和________。
2. 肾小球有效滤过压 = ________ -（________ + ________）
3. 正常成人每昼夜尿量平均______L，只占原尿量的______%，说明______%的原尿被重吸收。
4. 物质重吸收的主要部位在________。
5. 正常人肾糖阈为________，如果血糖升高超过肾糖阈，尿中就会出现________。
6. NaCl 在髓袢升支粗段通过________转运体被重吸收。
7. HCO_3^- 在近端小管以________形式重吸收。
8. 肾分泌 H^+ 和分泌 K^+ 存在________，故酸中毒时，会引起血钾________。
9. 近端小管对钠和水的重吸收量始终占肾小球滤过量的________%，这一现象称为________。
10. 调节机体水平衡最重要的激素是________，缺乏时会引起尿量明显________。
11. 抗利尿激素的作用是促进________和________重吸收水。
12. 大量饮清水尿量增多称为________；静脉注射甘露醇引起尿量增多属于________。
13. 醛固酮的作用是促进远曲小管和集合管重吸收________，排出________。
14. 骶髓与大脑皮质失去联系后可引起尿________。
15. 骶髓排尿中枢受损时可引起尿________。

三、判断题

1. 皮肤是人体最重要的排泄器官。（　　）
2. 当肾小球肾炎引起滤过面积减小时，会出现少尿。（　　）
3. 输尿管结石会引起肾小囊内压升高，肾小球滤过率增加。（　　）
4. HCO_3^- 在近端小管的重吸收优先于 Cl^-。（　　）
5. 肾小管各段均有重吸收葡萄糖的能力，所以尿中没有糖。（　　）
6. 肾具有排酸保碱的作用，因此尿毒症患者一般都会出现碱中毒。（　　）
7. 如果排出的尿渗透压比血浆渗透压高，就是高渗尿，说明尿液被浓缩了。（　　）
8. 外髓部高渗透压梯度的溶质是 NaCl 和尿素。（　　）
9. 肾髓质渗透压梯度依靠直小血管的逆流倍增作用得以维持。（　　）
10. 抗利尿激素由下丘脑的视上核和室旁核合成。（　　）
11. 大量饮清水尿量增多，是由于 ADH 分泌增多引起的。（　　）

12. 血钾升高或血钠降低,刺激醛固酮的合成与分泌。 (　　)
13. 肾交感神经兴奋,引起尿量增多。 (　　)
14. 糖尿病患者多尿属于渗透性利尿。 (　　)
15. 正常成人一昼夜尿量为零,称为无尿。 (　　)
16. 排尿反射的初级中枢在脊髓骶段,损伤时出现尿失禁。 (　　)
17. 排尿反射属于负反馈。 (　　)

四、选择题

A型题(每题只有一个正确答案)

1. 肾脏不能分泌哪种激素(　　)
   A. 醛固酮　B. 促细胞生成素　C. 肾素
   D. 1,25-二羟维生素 D_3　E. 前列腺素
2. 肾小球不能滤过的物质是(　　)
   A. 葡萄糖　B. 血浆蛋白　C. 氨基酸　D. 无机盐　E. 水
3. 能分泌肾素的细胞是(　　)
   A. 球外系膜细胞　B. 致密斑　C. 球旁细胞
   D. 肾小球内皮细胞　E. 肾小管上皮细胞
4. 肾小球滤过作用的原动力是(　　)
   A. 肾小球毛细血管血压　B. 血浆胶体渗透压　C. 血浆晶体渗透压
   D. 囊内压　E. 原尿晶体渗透压
5. 下列哪种情况下可出现蛋白尿(　　)
   A. 大分子血浆蛋白含量增加　B. 滤过膜面积增大　C. 滤过膜通透性增大
   D. 肾小管分泌增加　E. 肾小球滤过率减小
6. 静脉滴注生理盐水引起肾小球滤过率增加是由于(　　)
   A. 肾小球毛细血管压增高　B. 囊内压下降
   C. 血浆胶体渗透压增高　D. 肾血浆流量增多
   E. 囊内胶体渗透压下降
7. 肾小球滤过率是指每分钟(　　)
   A. 一个肾单位生成的原尿量　B. 一个肾生成的原尿量
   C. 一个肾生成的终尿量　D. 两肾生成的终尿量
   E. 两肾生成的原尿量
8. 滤过分数指下列哪一项的比值(　　)
   A. 肾小球滤过率 / 肾血浆流量　B. 肾血浆流量 / 肾血流量
   C. 肾血流量 / 肾血浆流量　D. 肾小球滤过率 / 肾血流量
   E. 肾血流量 / 肾小球滤过率
9. 下列原尿中哪一种物质可被肾小管全部重吸收(　　)
   A. Na^+　B. H_2O　C. H^+　D. 葡萄糖　E. 尿酸
10. 肾对葡萄糖的重吸收发生于(　　)
    A. 近端小管　B. 髓袢　C. 远端小管　D. 集合管　E. 各段肾小管
11. 近端小管对小管液的重吸收为(　　)
    A. 低渗性重吸收　B. 等渗性重吸收　C. 高渗性重吸收
    D. 受抗利尿激素的调节　E. 受醛固酮的调节

12. 肾小管对 HCO_3^- 的重吸收(　　)
   A. 以 HCO_3^- 的形式吸收　B. 以 CO_2 的形式吸收
   C. 主要在远曲小管进行　D. 滞后于 Cl^- 吸收
   E. 不依赖于 H^+ 的分泌
13. 肾小管主动重吸收的物质**不含**(　　)
   A. 葡萄糖　B. 氨基酸　C. 绝大部分 Na^+
   D. 水　E. K^+
14. 肾小管分泌的物质中**不含有**(　　)
   A. K^+　B. Na^+　C. H^+　D. NH_3　E. 青霉素
15. 肾小管上皮细胞分泌 H^+ 时,能促进(　　)
   A. Na^+ 的分泌　B. HCO_3^- 的分泌　C. NH_3 的重吸收
   D. HCO_3^- 的重吸收　E. K^+ 的重吸收
16. 肾小管对 H^+ 分泌增加**不引起**(　　)
   A. Na^+ 重吸收增加　B. HCO_3^- 重吸收增加　C. NH_3 分泌增加
   D. K^+ 分泌增加　E. Cl^- 排出增加
17. 酸中毒时常伴有高血钾现象是由于(　　)
   A. Na^+-H^+ 交换增加而 Na^+-K^+ 交换减少　B. Na^+-H^+ 交换减少而 Na^+-K^+ 交换增加
   C. Na^+-H^+ 交换和 Na^+-K^+ 交换都增加　D. Na^+-H^+ 交换和 Na^+-K^+ 交换都减少
   E. 以上都不是
18. 肾髓质渗透压梯度的维持依靠(　　)
   A. 近曲小管　B. 髓袢　C. 远曲小管
   D. 集合管　E. 直小血管
19. 静脉注射甘露醇后,引起利尿是由于(　　)
   A. 血浆晶体渗透压升高　B. 血浆晶体渗透压降低
   C. 肾小管液晶体渗透压升高　D. 肾小管液晶体渗透压降低
   E. 血浆胶体渗透压升高
20. 血糖含量大于 180mg/100ml 时引起尿量增多是由于(　　)
   A. 肾小球滤过率增大　B. 血浆晶体渗透压降低
   C. 肾小管液晶体渗透压升高　D. 小血管硬化
   E. 血压升高
21. 抗利尿激素的主要作用是(　　)
   A. 提高远曲小管和集合管对水的通透性　B. 增强髓袢升支粗段对 NaCl 的重吸收
   C. 提高内髓部集合管对尿素的通透性　D. 促进近曲小管对水重吸收
   E. 保 Na^+ 保水排 K^+
22. 调节远曲小管和集合管重吸收水的是(　　)
   A. 血管紧张素　B. 肾上腺素　C. 去甲肾上腺素
   D. ADH　E. 皮质醇
23. 大量饮清水后尿量增加的主要原因(　　)
   A. 醛固酮分泌减少　B. ADH 分泌减少
   C. 血浆胶体渗透压降低　D. 肾小球滤过量增加
   E. 血浆胶体渗透压升高

24. 使抗利尿激素分泌增加的主要原因是（　　）
A. 血浆晶体渗透压升高　B. 毛细血管血压降低
C. 肾小管晶体渗透压升高　D. 肾素分泌增多
E. 循环血量增多
25. 大量饮清水后引起的利尿是由于（　　）
A. 血浆晶体渗透压升高　B. 血浆晶体渗透压降低
C. 血浆胶体渗透压升高　D. 血浆胶体渗透压降低
E. 毛细血管血压降低
26. 渗透性利尿是由于（　　）
A. 肾小管液胶体渗透压升高　B. 肾小管液胶体渗透压降低
C. 肾小管液晶体渗透压升高　D. 肾小管液晶体渗透压降低
E. 毛细血管血压降低
27. 醛固酮的主要作用是（　　）
A. 保 K^+ 排 Na^+　B. 保 Na^+ 排 K^+　C. 保 K^+ 保 Na^+
D. 保 Na^+ 排 H^+　E. 保 K^+ 排 H^+
28. 下列哪种情况可使醛固酮分泌增加（　　）
A. 血钠增加　B. 循环血量增加　C. 肾血流量增加
D. 肾素分泌增加　E. 血钾降低
29. 醛固酮促进 Na^+ 重吸收的部位是（　　）
A. 肾小球　B. 近曲小管　C. 髓袢升支
D. 远曲小管和集合管　E. 髓袢降支
30. 正常成人每 24 小时的原尿量可达（　　）
A. 2L　B. 20L　C. 180L　D. 1800L　E. 10L
31. 每昼夜尿量介于 100~500ml 是（　　）
A. 多尿　B. 少尿　C. 无尿　D. 尿潴留　E. 尿失禁
32. 排尿反射的初级中枢在（　　）
A. 中脑　B. 延髓　C. 腰髓　D. 骶髓　E. 脑桥
33. 高位截瘫病人可出现（　　）
A. 尿频　B. 多尿　C. 少尿　D. 尿潴留　E. 尿失禁
34. 某患者脊髓骶段外伤后出现尿潴留，其机制是（　　）
A. 脊髓初级排尿中枢损伤　B. 排尿反射传入神经受损
C. 初级排尿中枢与大脑皮质失去联系　D. 排尿反射传出神经受损
E. 膀胱平滑肌功能障碍

B 型题（每题只有一个正确答案）

A. 有效滤过压增大，滤过量减少　B. 有效滤过压减少，滤过量减少
C. 有效滤过压增大，滤过量增大　D. 有效滤过压减小，滤过量增大
E. 有效滤过压不变，滤过量不变
1. 血浆胶体渗透压降低时（　　）
2. 毛细血管血压降低时（　　）
3. 囊内压升高时（　　）

A. 囊内压升高　B. 血浆胶体渗透压升高
C. 肾小球滤过膜总面积减少　D. 滤过膜通透性降低

E. 肾毛细血管血压明显下降

4. 注射大剂量去甲肾上腺素引起少尿的主要原因是(　　)
5. 急性失血引起少尿的主要原因是(　　)
6. 输尿管结石引起少尿的主要原因是(　　)
7. 急性肾小球肾炎引起少尿的主要原因是(　　)
   A. 抗利尿激素　B. 醛固酮　C. 肾上腺素
   D. 血管紧张素Ⅱ　E. 肾素
8. 调节远曲小管和集合管对水重吸收的主要因素是(　　)
9. 调节远曲小管和集合管对 Na^+ 重吸收的主要因素是(　　)
10. 可刺激醛固酮分泌的主要因素是(　　)
   A. NaCl　B. KCl　C. 尿素
   D. 葡萄糖　E. NaCl 和尿素
11. 外髓部构成渗透压梯度的溶质是(　　)
12. 内髓部构成渗透压梯度的溶质是(　　)
13. 髓袢升支粗段重吸收的主要溶质是(　　)
14. 在内髓部集合管和髓袢升支细段之间形成再循环的溶质是(　　)

X 型题(每题有两个或两个以上的正确答案)

1. 人体的排泄途径有(　　)
   A. 肾　B. 肺　C. 皮肤　D. 消化道　E. 唾液腺
2. 肾的功能包括(　　)
   A. 排泄功能　B. 调节水平衡　C. 调节电解质平衡
   D. 调节酸碱平衡　E. 产生肾素
3. 原尿与血液在成分上的主要不同是原尿中<u>不含有</u>(　　)
   A. 红细胞　B. 大分子蛋白质　C. 葡萄糖
   D. 尿素　E. 氨基酸
4. 影响肾小球有效滤过压的因素有(　　)
   A. 肾毛细血管血压　B. 血浆胶体渗透压　C. 肾小囊胶体渗透压
   D. 肾小囊内压　E. 肾小球滤过面积
5. 引起肾小球滤过率增加的原因有(　　)
   A. 毛细血管血压升高　B. 血浆胶体渗透压升高
   C. 血浆胶体渗透压降低　D. 滤过面积增大
   E. 肾血浆流量增加
6. 使 Na^+ 重吸收增加的因素有(　　)
   A. 醛固酮分泌增加　B. ADH 分泌增加　C. 肾素分泌增加
   D. 血 Na^+ 浓度升高　E. 血 K^+ 浓度升高
7. 远曲小管和集合管可分泌(　　)
   A. H^+　B. K^+　C. NH_3　D. Na^+　E. Cl^-
8. 肾小管分泌功能正确的描述是(　　)
   A. 不食入 K^+ 也排 K^+　B. 泌 H^+ 可促进 Na^+ 重吸收
   C. 体内酸性代谢产物增多时泌 H^+ 加强　D. Na^+ 主动重吸收促进 K^+ 的分泌
   E. 酸中毒时 K^+-Na^+ 交换占优势

9. 大失血患者出现少尿是由于（　　）
   A. 肾小球血流量改变　　B. 肾小球毛细血管血压改变
   C. ADH 与醛固酮分泌的改变　　D. 血浆胶体渗透压的改变
   E. 血浆晶体渗透压的改变
10. 醛固酮的生理作用是（　　）
   A. 保 Na^+　　B. 排 K^+　　C. 保水
   D. 促进葡萄糖重吸收　　E. 促进肾素分泌
11. 使醛固酮分泌增加的因素有（　　）
   A. 血浆 Na^+ 浓度降低　　B. 循环血量减少　　C. 肾素分泌增多
   D. 血钾浓度降低　　E. 血管紧张素Ⅱ含量增加
12. 引起尿量减少的因素有（　　）
   A. 血浆晶体渗透压减低　　B. 肾小管液晶体渗透压降低　　C. 醛固酮分泌增加
   D. ADH 分泌增加　　E. 肾素分泌增加

五、问答题

1. 简要说明尿生成的基本过程。
2. 影响肾小球滤过的因素有哪些？
3. 给家兔静脉推注 50% 的葡萄糖 20ml，尿量如何变化？为什么？
4. 酸中毒时血钾如何变化？为什么？
5. 为什么糖尿病患者会出现尿糖和多尿症状？
6. 简述抗利尿激素的作用及分泌的调节。
7. 大量饮清水后对尿量有何影响？为什么？
8. 简述醛固酮的作用及分泌的调节。

（张承玉）

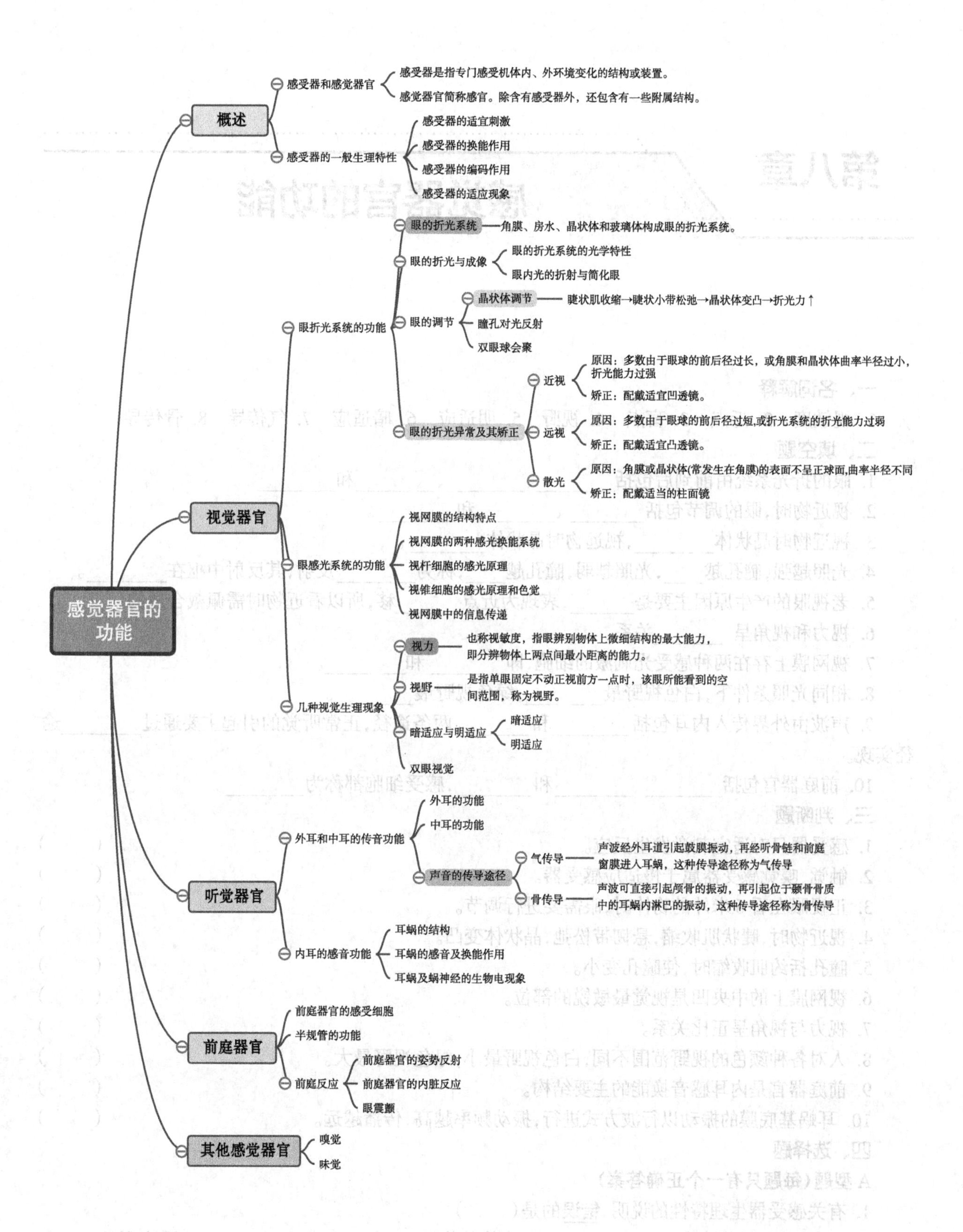
感觉器官的功能
概述
感受器和感觉器官
感受器是指专门感受机体内、外环境变化的结构或装置。
感觉器官简称感官。除含有感受器外，还包含有一些附属结构。
感受器的一般生理特性
感受器的适宜刺激
感受器的换能作用
感受器的编码作用
感受器的适应现象
视觉器官
眼折光系统的功能
眼的折光系统
角膜、房水、晶状体和玻璃体构成眼的折光系统。
眼的折光与成像
眼的折光系统的光学特性
眼内光的折射与简化眼
眼的调节
晶状体调节
睫状肌收缩→睫状小带松弛→晶状体变凸→折光力↑
瞳孔对光反射
双眼球会聚
眼的折光异常及其矫正
近视
原因：多数由于眼球的前后径过长，或角膜和晶状体曲率半径过小，折光能力过强
矫正：配戴适宜凹透镜。
远视
原因：多数由于眼球的前后径过短,或折光系统的折光能力过弱
矫正：配戴适宜凸透镜。
散光
原因：角膜或晶状体(常发生在角膜)的表面不呈正球面,曲率半径不同
矫正：配戴适当的柱面镜
眼感光系统的功能
视网膜的结构特点
视网膜的两种感光换能系统
视杆细胞的感光原理
视锥细胞的感光原理和色觉
视网膜中的信息传递
几种视觉生理现象
视力
也称视敏度，指眼辨别物体上微细结构的最大能力，即分辨物体上两点间最小距离的能力。
视野
是指单眼固定不动正视前方一点时，该眼所能看到的空间范围，称为视野。
暗适应与明适应
暗适应
明适应
双眼视觉
听觉器官
外耳和中耳的传音功能
外耳的功能
中耳的功能
声音的传导途径
气传导
声波经外耳道引起鼓膜振动，再经听骨链和前庭窗膜进入耳蜗，这种传导途径称为气传导
骨传导
声波可直接引起颅骨的振动，再引起位于颞骨骨质中的耳蜗内淋巴的振动，这种传导途径称为骨传导
内耳的感音功能
耳蜗的结构
耳蜗的感音及换能作用
耳蜗及蜗神经的生物电现象
前庭器官
前庭器官的感受细胞
半规管的功能
前庭反应
前庭器官的姿势反射
前庭器官的内脏反应
眼震颤
其他感觉器官
嗅觉
味觉

第八章 感觉器官的功能

一、名词解释

1. 视敏度 2. 近点 3. 盲点 4. 视野 5. 明适应 6. 暗适应 7. 气传导 8. 骨传导

二、填空题

1. 眼的折光系统由前到后包括________、________、________和________。
2. 视近物时,眼的调节包括________、________和________。
3. 视近物时晶状体________,视远物时晶状体________。
4. 光照越强,瞳孔越____,光照越弱,瞳孔越____,称为________反射,其反射中枢在________。
5. 老视眼的产生原因主要是________,表现为近点____移,所以看近物时需佩戴合适的________。
6. 视力和视角呈________关系。
7. 视网膜上存在两种感受光刺激的细胞,即________和________。
8. 相同光照条件下,白色视野最________,绿色视野最________。
9. 声波由外界传入内耳包括________和________两条途径,正常听觉的引起主要通过________途径实现。
10. 前庭器官包括________、________和________,感受细胞都称为________。

三、判断题

1. 感受器只对适宜刺激发生反应。 (   )
2. 触觉、嗅觉感受器属于慢适应感受器。 (   )
3. 正视眼在看6米外的物体时,眼需要进行调节。 (   )
4. 视近物时,睫状肌收缩,悬韧带松弛,晶状体变凸。 (   )
5. 瞳孔括约肌收缩时,使瞳孔变小。 (   )
6. 视网膜上的中央凹是视觉最敏锐的部位。 (   )
7. 视力与视角呈正比关系。 (   )
8. 人对各种颜色的视野范围不同,白色视野最小,绿色视野最大。 (   )
9. 前庭器官是内耳感音换能的主要结构。 (   )
10. 耳蜗基底膜的振动以行波方式进行,振动频率越高,传播越远。 (   )

四、选择题

A型题(每题只有一个正确答案)

1. 有关感受器生理特性的说明,**错误**的是(   )
   A. 对适宜刺激敏感　B. 有换能作用　C. 有适应现象
   D. 各种感受器适应快慢不同　E. 痛觉易适应,有保护作用

2. 正常视物时,物体在视网膜上的成像为(　　)

A. 直立放大实像　B. 直立缩小实像　C. 倒立等大实像
D. 倒立缩小实像　E. 倒立放大的实像

3. 下列结构中,**不属于**眼折光系统的是(　　)

A. 角膜　B. 房水　C. 晶状体　D. 玻璃体　E. 视网膜

4. 由于眼球前后径过短而导致眼的折光能力异常称为(　　)

A. 近视　B. 远视　C. 散光　D. 老视　E. 正视

5. 由于晶状体弹性减弱,视近物时调节能力下降称为(　　)

A. 近视　B. 远视　C. 散光　D. 老视　E. 正视

6. 角膜表面的经纬曲度不一致,物体在视网膜上成像模糊的是(　　)

A. 青光眼　B. 近视眼　C. 散光眼　D. 远视眼　E. 老花眼

7. 视网膜感光最敏锐的部位在(　　)

A. 视神经盘的周围　B. 中央凹　C. 生理性盲点处
D. 脉络膜　E. 节点

8. 视近物时眼的调节主要是(　　)

A. 瞳孔对光反射　B. 瞳孔近反射　C. 晶状体调节
D. 双眼会聚　E. 角膜反射

9. 瞳孔对光反射中枢在(　　)

A. 大脑皮质　B. 下丘脑　C. 中脑　D. 脑桥　E. 延髓

10. 眼的换能装置位于(　　)

A. 虹膜　B. 巩膜　C. 角膜　D. 视网膜　E. 晶状体

11. 与视锥细胞的功能**不相符合**的是(　　)

A. 感光细胞　B. 能分辨颜色　C. 有较高的分辨力
D. 感受强光　E. 对光的敏感度高

12. 有关视杆细胞的说明,**错误**的是(　　)

A. 主要分布在视网膜周边部分　B. 主要接受强光刺激
C. 对光的敏感性较高　D. 司暗光觉,不能分辨颜色
E. 感光物质是视紫红质

13. 按色觉三原色学说,三种视锥细胞特别敏感的颜色是(　　)

A. 红、蓝、紫　B. 红、黄、黑　C. 黑、白、绿　D. 红、绿、蓝　E. 绿、蓝、白

14. 视野大小的顺序依次是(　　)

A. 白蓝红绿　B. 蓝红绿白　C. 红録白蓝　D. 绿白蓝红　E. 红蓝绿白

15. 临床上多见的色盲是(　　)

A. 红绿色盲　B. 黄色言　C. 红色盲　D. 绿色盲　E. 黄蓝色盲

16. 声波感受器是(　　)

A. 鼓膜　B. 基底膜　C. 螺旋器　D. 椭圆囊斑　E. 球囊斑

17. 骨膜或中耳病变可引起(　　)

A. 传音性耳聋　B. 感音性耳聋　C. 神经性耳聋
D. 先天性耳聋　E. 以上都不是

18. 耳蜗微音器电位特征,描述**错误**的是(　　)

A. 是动作电位　B. 变化幅度随刺激强度增大而增大
C. 波形与作用于耳的声波振动形式相似　D. 潜伏期极短

E. 没有不应期

19. 感受旋转运动的结构是(　　)

A. 柯蒂氏器　B. 球囊斑　C. 椭圆囊斑

D. 半规管壶腹嵴　E. 耳蜗

B 型题(每题只有一个正确答案)

A. 神经节细胞　B. 双极细胞　C. 视锥细胞

D. 视杆细胞　E. 色素上皮细胞

1. 传导感光冲动的是(　　)
2. 能感受强光刺激的是(　　)
3. 能感受弱光刺激的是(　　)
4. 支持和营养感光细胞的是(　　)

A. 凸透镜　B. 凹透镜　C. 平镜

D. 柱面镜　E. 以上都不是

5. 近视眼可佩戴合适的(　　)
6. 远视眼可佩戴合适的(　　)
7. 散光可佩戴合适的(　　)
8. 老视眼可佩戴合适的(　　)

X 型题(每题有两个或两个以上的正确答案)

1. 下列叙述中正确的是(　　)

A. 感觉是客观事物在人脑主观的反映　B. 各种感受器的适应快慢相同

C. 内感受器传入冲动引起清晰的感觉　D. 各种感受器都具有换能作用

E. 感受器对适宜刺激最敏感

2. 眼的折光系统包括(　　)

A. 角膜　B. 虹膜　C. 房水　D. 晶状体　E. 玻璃体

3. 视 6 米以内近物时,眼的调节包括(　　)

A. 动眼神经副交感纤维兴奋　B. 悬韧带拉紧

C. 晶状体变凸　D. 瞳孔缩小

E. 两眼会聚

4. 具有感光作用的细胞是(　　)

A. 色素上皮细胞　B. 视锥细胞　C. 双极细胞

D. 视杆细胞　E. 神经节细胞

五、问答题

1. 看近物时,眼的调节包括哪些?
2. 简述近视的形成原因并说明其矫正的方法。
3. 试比较视网膜两种感光细胞的功能有何异同?
4. 以箭头按顺序说明听觉的形成过程。

(张承玉)

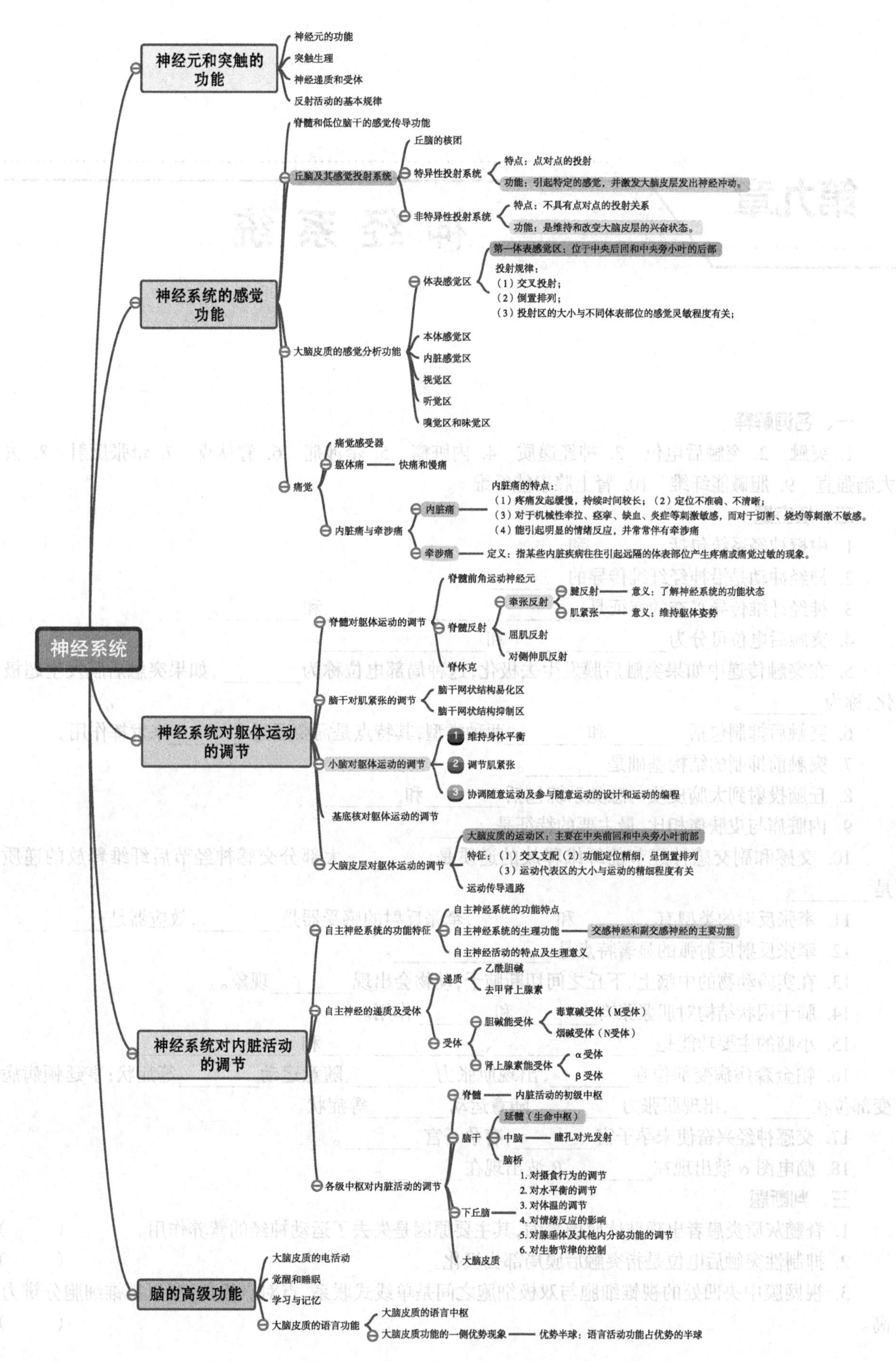

神经系统
神经元和突触的功能
神经元的功能
突触生理
神经递质和受体
反射活动的基本规律
神经系统的感觉功能
脊髓和低位脑干的感觉传导功能
丘脑及其感觉投射系统
丘脑的核团
特异性投射系统
特点：点对点的投射
功能：引起特定的感觉，并激发大脑皮层发出神经冲动。
非特异性投射系统
特点：不具有点对点的投射关系
功能：是维持和改变大脑皮层的兴奋状态。
大脑皮质的感觉分析功能
体表感觉区
第一体表感觉区：位于中央后回和中央旁小叶的后部
投射规律：
（1）交叉投射；
（2）倒置排列；
（3）投射区的大小与不同体表部位的感觉灵敏程度有关；
本体感觉区
内脏感觉区
视觉区
听觉区
嗅觉区和味觉区
痛觉
痛觉感受器
躯体痛
快痛和慢痛
内脏痛与牵涉痛
内脏痛
内脏痛的特点：
（1）疼痛发起缓慢，持续时间较长；（2）定位不准确、不清晰；
（3）对于机械性牵拉、痉挛、缺血、炎症等刺激敏感，而对于切割、烧灼等刺激不敏感。
（4）能引起明显的情绪反应，并常常伴有牵涉痛
牵涉痛
定义：指某些内脏疾病往往引起远隔的体表部位产生疼痛或痛觉过敏的现象。
神经系统对躯体运动的调节
脊髓对躯体运动的调节
脊髓前角运动神经元
脊髓反射
牵张反射
腱反射
意义：了解神经系统的功能状态
肌紧张
意义：维持躯体姿势
屈肌反射
对侧伸肌反射
脊休克
脑干对肌紧张的调节
脑干网状结构易化区
脑干网状结构抑制区
小脑对躯体运动的调节
1 维持身体平衡
2 调节肌紧张
3 协调随意运动及参与随意运动的设计和运动的编程
基底核对躯体运动的调节
大脑皮层对躯体运动的调节
大脑皮质的运动区：主要在中央前回和中央旁小叶前部
特征：（1）交叉支配（2）功能定位精细，呈倒置排列
（3）运动代表区的大小与运动的精细程度有关
运动传导通路
神经系统对内脏活动的调节
自主神经系统的功能特征
自主神经系统的功能特点
自主神经系统的生理功能
交感神经和副交感神经的主要功能
自主神经活动的特点及生理意义
自主神经的递质及受体
递质
乙酰胆碱
去甲肾上腺素
受体
胆碱能受体
毒蕈碱受体（M受体）
烟碱受体（N受体）
肾上腺素能受体
α受体
β受体
各级中枢对内脏活动的调节
脊髓
内脏活动的初级中枢
脑干
延髓（生命中枢）
中脑
瞳孔对光反射
脑桥
下丘脑
1. 对摄食行为的调节
2. 对水平衡的调节
3. 对体温的调节
4. 对情绪反应的影响
5. 对腺垂体及其他内分泌功能的调节
6. 对生物节律的控制
大脑皮质
脑的高级功能
大脑皮质的电活动
觉醒和睡眠
学习与记忆
大脑皮质的语言功能
大脑皮质的语言中枢
大脑皮质功能的一侧优势现象
优势半球：语言活动功能占优势的半球

第九章 神经系统

一、名词解释

1. 突触 2. 突触后电位 3. 神经递质 4. 内脏痛 5. 牵涉痛 6. 脊休克 7. 牵张反射 8. 去大脑强直 9. 胆碱能纤维 10. 肾上腺素能纤维

二、填空题

1. 中枢神经系统包括__________和__________。
2. 神经冲动是沿神经纤维传导的__________。
3. 神经纤维传导兴奋的特征是__________、__________、__________和__________。
4. 突触后电位可分为__________和__________。
5. 在突触传递中如果突触后膜发生去极化,这种局部电位称为__________,如果突触后膜发生超极化,称为__________。
6. 突触后抑制包括__________和__________两种类型,其特点是需要通过__________来发挥作用。
7. 突触前抑制的结构基础是__________。
8. 丘脑投射到大脑皮质的感觉系统包括__________和__________。
9. 内脏痛与皮肤痛相比,最主要的特征是__________。
10. 交感和副交感神经节前纤维释放的递质是__________;大部分交感神经节后纤维释放的递质是__________。
11. 牵张反射的类型有__________和__________,牵张反射的感受器是__________,效应器是__________。
12. 牵张反射反射弧的显著特点是__________。
13. 在实验动物的中脑上、下丘之间切断脑干,动物会出现__________现象。
14. 脑干网状结构对肌紧张有__________和__________作用。
15. 小脑的主要功能是__________、__________和__________。
16. 帕金森病病变部位在__________,出现肌张力__________、随意运动__________等症状;亨廷顿病病变部位在__________,出现肌张力__________、随意运动__________等症状。
17. 交感神经兴奋使未孕子宫__________,有孕子宫__________。
18. 脑电图 α 波出现在__________,β 波出现在__________。

三、判断题

1. 脊髓灰质炎患者出现肢体肌肉萎缩,其主要原因是失去了运动神经的营养作用。 ( )
2. 抑制性突触后电位是指突触后膜局部去极化。 ( )
3. 视网膜中央凹处的视锥细胞与双极细胞之间是单线式联系,点对点投射,所以视锥细胞分辨力高。 ( )

4. 大脑皮质体表感觉投射区面积越大,感觉灵敏度越高。 ( )
5. 特定感觉的产生需要由丘脑特异和非特异感觉投射系统共同作用。 ( )
6. 外伤时,先出现快痛,后出现慢痛,可以明确区分。 ( )
7. 内脏痛与皮肤痛相比,内脏痛的特征是定位不精确,可以出现牵涉痛。 ( )
8. 支配眼外肌的运动单位大,所以能够完成精细的肌肉运动。 ( )
9. 腱反射潜伏期短,只够一次突触接替的时间延搁,属于单突触反射。 ( )
10. 维持躯体姿势最基本的反射活动是屈肌反射。 ( )
11. 脊休克恢复过程中,较复杂的反射先恢复,较简单的反射后恢复。 ( )
12. α 运动神经元支配梭内肌,γ 运动神经元支配梭外肌。 ( )
13. 绒球小结叶损伤,会导致身体平衡障碍,出现步基宽、步态蹒跚等症状。 ( )
14. 交感神经和副交感神经支配同一器官,其作用是相同的。 ( )
15. 参与骨骼肌神经 - 肌接头处兴奋传递的受体属于胆碱能 M 型受体。 ( )
16. 交感神经兴奋时,胃肠道平滑肌运动增强。 ( )
17. 临床应用阿托品,可解除胃肠道平滑肌痉挛,心率减慢,瞳孔缩小。 ( )
18. 普萘洛尔是 β 受体阻断剂,降心率的同时会引起支气管平滑肌痉挛。 ( )
19. 第二级记忆是一个大而持久的贮存系统,其信息不易被遗忘。 ( )
20. 语言活动中枢主要集中在大脑左半球,称为优势半球。 ( )

四、选择题

A 型题(每题只有一个正确答案)

1. 反射活动后发放现象的结构基础是神经元间的( )
   A. 链锁状联系 B. 环状联系 C. 辐射式联系
   D. 聚合式联系 E. 单线式联系
2. 神经元兴奋时,首先产生动作电位的部位是( )
   A. 胞体 B. 树突 C. 轴突 D. 轴突始段 E. 树突始段
3. 动作电位到达突触前膜引起递质释放与哪种离子的跨膜移动有关( )
   A. Ca^{2+} 内流 B. Ca^{2+} 外流 C. Na^+ 内流 D. Na^+ 外流 E. K^+ 外流
4. 神经末梢兴奋与递质释放之间的耦联因子是( )
   A. Cl^- B. K^+ C. Na^+ D. Ca^{2+} E. Mg^{2+}
5. 兴奋性突触后电位是突触后膜对哪种离子的通透性增加引起的( )
   A. K^+ 和 Ca^{2+} B. Na^+ 和 K^+,尤其是 K^+
   C. Na^+ 和 K^+,尤其是 Na^+ D. Na^+ 和 Ca^{2+}
   E. Cl^-
6. 抑制性突触后电位是由于突触后膜( )
   A. Na^+ 内流 B. Na^+ 外流 C. Cl^- 内流 D. Ca^{2+} 内流 E. K^+ 外流
7. 反射活动总和作用的结构基础是神经元间的( )
   A. 链锁状联系 B. 环状联系 C. 辐射式联系 D. 聚合式联系 E. 侧支式联系
8. 兴奋性突触后电位是( )
   A. 动作电位 B. 阈电位 C. 局部电位 D. 静息电位 E. 终板电位
9. 丘脑非特异性投射系统的主要作用( )
   A. 引起触觉 B. 引起牵涉痛 C. 调节内脏的功能
   D. 维持睡眠状态 E. 维持大脑皮质的兴奋状态

10. 丘脑特异性投射系统的主要作用是( )

A. 协调肌紧张　B. 维持身体平衡　C. 调节内脏活动

D. 引起特定的感觉　E. 引起牵涉痛

11. 下列刺激中哪项不易引起内脏痛( )

A. 切割　B. 牵拉　C. 缺血　D. 痉挛　E. 炎症

12. 不属于内脏痛的特征是( )

A. 对烧灼敏感　B. 对切割不敏感　C. 定位不精确

D. 对刺激分辨力差　E. 对缺血敏感

13. 有关牵涉痛的描述错误的是( )

A. 内脏病患引起　B. 有助于临床对疾病诊断　C. 不是体表病变

D. 与过敏反应有关　E. 内脏病患多有较确定在体表痛疼部位

14. 第一体表感觉代表区位于( )

A. 中央前回　B. 中央后回　C. 额叶皮质

D. 中央前回与岛叶之间　E. 枕叶

15. 反射时程的长短主要取决于( )

A. 刺激的性质　B. 刺激的强度　C. 感受器的敏感度

D. 神经的传导速度　E. 反射中枢突触的多少

16. 脊髓前角 α 运动神经元传出冲动增加使( )

A. 梭内肌收缩　B. 梭外肌收缩

C. 腱器官传入冲动减少　D. 肌梭传入冲动增加

E. 梭内肌与梭外肌都收缩

17. 腱反射的效应器是( )

A. 肌腱　B. 肌梭　C. 梭外肌　D. 梭内肌　E. 腱器官

18. 牵张反射的感受器是( )

A. 肌腱　B. 肌梭　C. 梭外肌　D. 梭内肌　E. 腱器官

19. 肌紧张的感受器是( )

A. 肌腱　B. 肌梭　C. 梭外肌　D. 梭内肌　E. 腱器官

20. 哪个部位兴奋,可引起肌紧张增强( )

A. 脑干网状结构的抑制区　B. 大脑皮质运动区

C. 脑干网状结构的易化区　D. 小脑前叶蚓部

E. 大脑皮质感觉区

21. 去大脑强直的原因是脑干网状结构( )

A. 抑制区活动明显增强,而易化区活动相对减弱

B. 抑制区活动明显减弱,而易化区活动相对增强

C. 抑制区和易化区活动同时增强

D. 抑制区和易化区活动同时减弱

E. 以上都有可能

22. 下列哪项不是小脑的功能( )

A. 调节内脏活动　B. 维持身体平衡　C. 维持姿势

D. 协调随意运动　E. 调节肌紧张

23. 支配骨骼肌的躯体运动神经释放的递质为( )

A. 乙酰胆碱　B. 去甲肾上腺素　C. 肾上腺素

D. 多巴胺　　E. 5-羟色胺

24. 肾上腺素能神经纤维末梢释放的递质是（　　）
A. 乙酰胆碱　　B. 肾上腺素　　C. 去甲肾上腺素
D. 多巴胺　　E. 氨基酸

25. 支配心脏的交感神经释放的递质为（　　）
A. 乙酰胆碱　　B. 去甲肾上腺素　　C. 肾上腺素
D. 多巴胺　　E. 5-羟色胺

26. 交感神经兴奋可引起（　　）
A. 瞳孔缩小　　B. 逼尿肌收缩　　C. 肠蠕动增强
D. 心率加快　　E. 支气管平滑肌收缩

27. 副交感神经兴奋可引起（　　）
A. 瞳孔扩大　　B. 糖原分解　　C. 胃肠运动增强
D. 骨骼肌血管舒张　　E. 竖毛肌收缩

28. 副交感神经节后纤维支配的效应器细胞膜上的受体是（　　）
A. α 受体　　B. β_1 受体　　C. β_2 受体　　D. M 受体　　E. N_1 受体

29. 注射阿托品后不会出现（　　）
A. 汗腺分泌减少　　B. 胃肠液分泌减少　　C. 心跳变慢
D. 支气管平滑肌舒张　　E. 胃肠运动减慢

30. 瞳孔对光反射中枢位于（　　）
A. 脊髓　　B. 延髓　　C. 中脑　　D. 脑桥　　E. 下丘脑

31. 下列哪项反射活动中存在着正反馈（　　）
A. 腱反射　　B. 排尿反射　　C. 减压反射
D. 肺牵张反射　　E. 对侧伸肌反射

32. 一般优势半球指的是下列哪项特征占优势的一侧半球（　　）
A. 重量　　B. 运动功能　　C. 感觉功能
D. 语言功能　　E. 皮质沟回数

33. 人类区别于动物的最主要的特征是（　　）
A. 能形成条件反射　　B. 有第二信号系统　　C. 有学习记忆能力
D. 有第一和第二信号系统　　E. 对环境适应能力大

34. 有关脑电波描述错误的是（　　）
A. α 波为慢波，清醒、安静、闭目时出现
B. β 波为快波，觉醒、睁眼、兴奋时出现
C. θ 波为慢波，睡眠、困倦时出现
D. δ 波为慢波，睡眠、深度麻醉及婴儿期出现
E. 脑电波由慢波转化为快波时表示皮质抑制

35. 有关觉醒和睡眠描述错误的是（　　）
A. 觉醒时脑电波一般呈去同步化快波
B. 睡眠时脑电波通常呈同步化慢波
C. 一般成年人每天需要睡眠 7~9 小时
D. 快波睡眠时一般不做梦，血压平稳
E. 慢波睡眠时生长激素释放明显增多，促进儿童生长

B 型题(每题只有一个正确答案)

A. 动作电位　B. 阈电位　C. 局部电位　D. 静息电位　E. 后电位

1. 终板电位是(　　)
2. 兴奋性突触后电位是(　　)
3. 造成膜对 Na^+ 通透性突然增大的临界电位是(　　)

A. 肾上腺素　B. 去甲肾上腺素　C. 乙酰胆碱
D. 多巴胺　E. 5-羟色胺

4. 交感和副交感神经节前纤维释放的递质是(　　)
5. 支配汗腺的交感神经节后纤维末梢释放的递质是(　　)
6. 交感舒血管纤维末梢释放的递质是(　　)
7. 交感缩血管纤维末梢释放的递质是(　　)
8. 大部分交感神经节后纤维释放的递质是(　　)
9. 大部分副交感神经节后纤维释放的递质是(　　)

A. 脊髓　B. 脑干　C. 小脑　D. 基底神经节　E. 大脑皮质

10. 导致去大脑强直的横断部位(　　)
11. 导致运动共济失调损伤的部位位于(　　)
12. 具有发动随意运动的神经元胞体位于(　　)

A. 脊髓　B. 延髓　C. 脑桥　D. 中脑　E. 下丘脑

13. 心血管活动的基本中枢位于(　　)
14. 呼吸运动的调整中枢位于(　　)
15. 体温调节的基本中枢位于(　　)
16. 瞳孔对光反射的基本中枢位于(　　)

X 型题(每题有两个或两个以上的正确答案)

1. 神经纤维传导兴奋的特征有(　　)
   A. 双向性　B. 相对不疲劳　C. 时间延搁　D. 可总和　E. 绝缘性
2. 下列哪些属于化学突触传递的特点(　　)
   A. 易疲劳　B. 对内环境的变化不敏感　C. 单向传递
   D. 可总和　E. 突触延搁
3. 兴奋性突触后电位是后膜的(　　)
   A. 去极化　B. 局部电位　C. 动作电位　D. 超极化　E. 反极化
4. 引起抑制性突触后电位是由于(　　)
   A. 前膜去极化　B. 前膜释放抑制性递质　C. 后膜 Cl^- 内流
   D. 后膜超极化　E. 后膜去极化
5. 自主神经的功能活动特征(　　)
   A. 具有紧张性作用　B. 对同一器官的作用往往相互拮抗
   C. 交感神经作用较广泛　D. 副交感神经作用较局限
   E. 作用与效应器本身的功能状态有关
6. 胆碱能纤维包括(　　)
   A. 支配骨骼肌的运动神经　B. 小部分交感节后纤维
   C. 交感神经节前纤维　D. 大部分副交感节后纤维
   E. 副交感神经节前纤维

7. 应用阿托品后可引起(　　　)
   A. 心跳加快　B. 支气管平滑肌紧张　C. 汗腺分泌增加
   D. 胃液分泌减少　E. 胃肠道平滑肌抑制
8. 交感神经兴奋可引起(　　　)
   A. 皮肤血管收缩　B. 支气管平滑肌舒张　C. 汗腺分泌
   D. 尿量增加　E. 唾液分泌增加
9. 下列哪些组织器官内分布有 M 受体(　　　)
   A. 胃肠道平滑肌　B. 膀胱逼尿肌　C. 支气管平滑肌
   D. 竖毛肌　E. 汗腺
10. 下丘脑的功能有(　　　)
    A. 调节激素的分泌　B. 参与情绪反应　C. 调节体温
    D. 调节进食　E. 调节生物节律
11. 下列哪些属于脊髓反射(　　　)
    A. 排便反射　B. 发汗反射　C. 瞳孔对光反射
    D. 肌紧张　E. 角膜反射

五、问答题

1. 神经纤维兴奋传导和突触传递的特征有何不同?
2. 简述突触传递的过程。
3. 试比较 EPSP 和 IPSP 的异同点?
4. 特异性及非特异性投射系统有何异同点?
5. 内脏痛有哪些特点?
6. 简述小脑的主要功能。
7. 何谓胆碱能纤维?哪些神经纤维属于这类神经纤维?
8. 简述当人体遭遇紧急情况,引起交感-肾上腺髓质系统亢进时,会有哪些表现?
9. 试比较快波睡眠与慢波睡眠有何不同?

(张承玉)

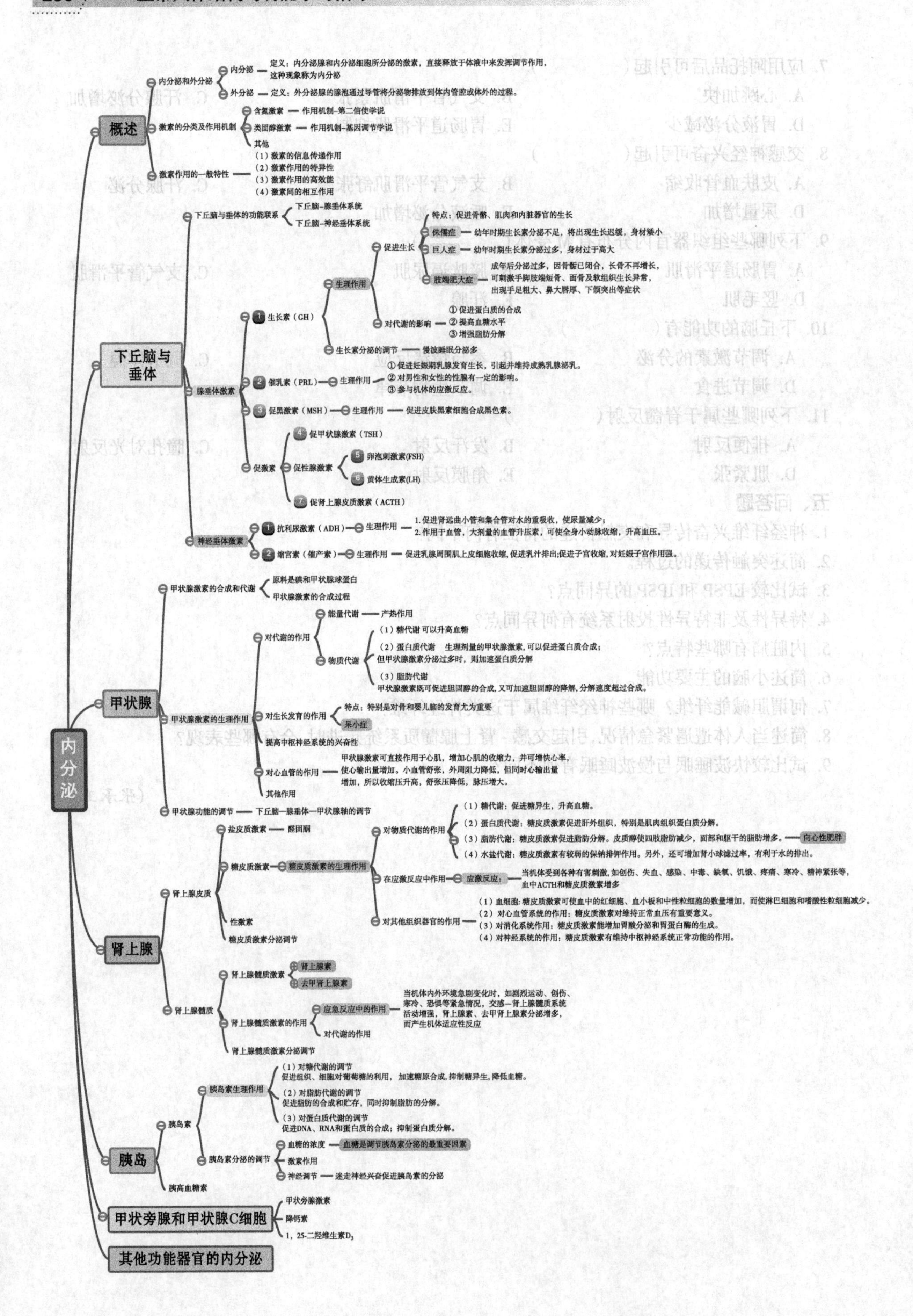
内分泌
概述
内分泌和外分泌
内分泌
定义：内分泌腺和内分泌细胞所分泌的激素，直接释放于体液中来发挥调节作用，这种现象称为内分泌
外分泌
定义：外分泌腺的腺泡通过导管将分泌物排放到体内管腔或体外的过程。
激素的分类及作用机制
含氮激素
作用机制-第二信使学说
类固醇激素
作用机制-基因调节学说
其他
激素作用的一般特性
（1）激素的信息传递作用
（2）激素作用的特异性
（3）激素作用的高效能
（4）激素间的相互作用
下丘脑与垂体
下丘脑与垂体的功能联系
下丘脑-腺垂体系统
下丘脑-神经垂体系统
腺垂体激素
1 生长素（GH）
生理作用
促进生长
特点：促进骨骼、肌肉和内脏器官的生长
侏儒症
幼年时期生长素分泌不足，将出现生长迟缓，身材矮小
巨人症
幼年时期生长素分泌过多，身材过于高大
肢端肥大症
成年后分泌过多，因骨骺已闭合，长骨不再增长，可刺激手脚肢端短骨、面骨及软组织生长异常，出现手足粗大、鼻大唇厚、下颌突出等症状
对代谢的影响
① 促进蛋白质的合成
② 提高血糖水平
③ 增强脂肪分解
生长素分泌的调节
慢波睡眠分泌多
2 催乳素（PRL）
生理作用
① 促进妊娠期乳腺发育生长，引起并维持成熟乳腺泌乳。
② 对男性和女性的性腺有一定的影响。
③ 参与机体的应激反应。
3 促黑激素（MSH）
生理作用
促进皮肤黑素细胞合成黑色素。
促激素
4 促甲状腺激素（TSH）
促性腺激素
5 卵泡刺激素(FSH)
6 黄体生成素(LH)
7 促肾上腺皮质激素（ACTH）
神经垂体激素
1 抗利尿激素（ADH）
生理作用
1. 促进肾远曲小管和集合管对水的重吸收，使尿量减少；
2. 作用于血管，大剂量的血管升压素，可使全身小动脉收缩，升高血压。
2 缩宫素（催产素）
生理作用
促进乳腺周围肌上皮细胞收缩，促进乳汁排出；促进子宫收缩，对妊娠子宫作用强。
甲状腺
甲状腺激素的合成和代谢
原料是碘和甲状腺球蛋白
甲状腺激素的合成过程
甲状腺激素的生理作用
对代谢的作用
能量代谢
产热作用
物质代谢
（1）糖代谢 可以升高血糖
（2）蛋白质代谢 生理剂量的甲状腺激素，可以促进蛋白质合成；但甲状腺激素分泌过多时，则加速蛋白质分解
（3）脂肪代谢
甲状腺激素既可促进胆固醇的合成，又可加速胆固醇的降解，分解速度超过合成。
对生长发育的作用
特点：特别是对骨和婴儿脑的发育尤为重要
呆小症
提高中枢神经系统的兴奋性
对心血管的作用
甲状腺激素可直接作用于心肌，增加心肌的收缩力，并可增快心率，使心输出量增加。小血管舒张，外周阻力降低，但同时心输出量增加，所以收缩压升高，舒张压降低，脉压增大。
其他作用
甲状腺功能的调节
下丘脑-腺垂体-甲状腺轴的调节
肾上腺
肾上腺皮质
盐皮质激素
醛固酮
糖皮质激素
糖皮质激素的生理作用
对物质代谢的作用
（1）糖代谢：促进糖异生，升高血糖。
（2）蛋白质代谢：糖皮质激素促进肝外组织，特别是肌肉组织蛋白质分解。
（3）脂肪代谢：糖皮质激素促进脂肪分解。皮质醇使四肢脂肪减少，面部和躯干的脂肪增多。
向心性肥胖
（4）水盐代谢：糖皮质激素有较弱的保钠排钾作用。另外，还可增加肾小球滤过率，有利于水的排出。
在应激反应中作用
应激反应
当机体受到各种有害刺激，如创伤、失血、感染、中毒、缺氧、饥饿、疼痛、寒冷、精神紧张等，血中ACTH和糖皮质激素增多
对其他组织器官的作用
（1）血细胞：糖皮质激素可使血中的红细胞、血小板和中性粒细胞的数量增加，而使淋巴细胞和嗜酸性粒细胞减少。
（2）对心血管系统的作用：糖皮质激素对维持正常血压有重要意义。
（3）对消化系统作用：糖皮质激素能增加胃酸分泌和胃蛋白酶的生成。
（4）对神经系统的作用：糖皮质激素有维持中枢神经系统正常功能的作用。
性激素
糖皮质激素分泌调节
肾上腺髓质
肾上腺髓质激素
肾上腺素
去甲肾上腺素
肾上腺髓质激素的作用
应急反应中的作用
当机体内外环境急剧变化时，如剧烈运动、创伤、寒冷、恐惧等紧急情况，交感-肾上腺髓质系统活动增强，肾上腺素、去甲肾上腺素分泌增多，而产生机体适应性反应
对代谢的作用
肾上腺髓质激素分泌调节
胰岛
胰岛素
胰岛素生理作用
（1）对糖代谢的调节
促进组织、细胞对葡萄糖的利用，加速糖原合成，抑制糖异生，降低血糖。
（2）对脂肪代谢的调节
促进脂肪的合成和贮存，同时抑制脂肪的分解。
（3）对蛋白质代谢的调节
促进DNA、RNA和蛋白质的合成；抑制蛋白质分解。
胰岛素分泌的调节
血糖的浓度
血糖是调节胰岛素分泌的最重要因素
激素作用
神经调节
迷走神经兴奋促进胰岛素的分泌
胰高血糖素
甲状旁腺和甲状腺C细胞
甲状旁腺激素
降钙素
1，25-二羟维生素D3
其他功能器官的内分泌

第十章 内分泌

一、名词解释

1. 内分泌 2. 激素 3. 允许作用 4. 应急反应 5. 应激反应 6. 侏儒症 7. 呆小症

二、填空题

1. 激素按其化学性质可分为________和________。
2. 神经垂体释放________和________两种激素。
3. 腺垂体分泌的三种促激素是________、________和促性腺激素。
4. 甲状腺激素包括________和________。其中________分泌多。
5. 甲状腺激素能维持________和________的生长发育。
6. 如果食物中长期缺碘，血中________浓度降低，引起________分泌增多，可导致甲状腺肿大。
7. 糖皮质激素对物质代谢的作用，可使血糖________，脂肪________。
8. 大剂量使用糖皮质激素时，可使血细胞中的________和________减少。
9. 生长激素的主要生理作用包括________和________，如果幼年时期分泌不足会引起________。
10. 胰岛素的主要作用是促进________，________和脂肪的合成。
11. 肾上腺髓质嗜铬细胞能合成分泌________和________，二者都是儿茶酚胺的单胺类化合物，统称为________。
12. 体内调节钙磷代谢的三种主要激素是________，________，________。

三、判断题

1. 抗利尿激素是由下丘脑视上核和室旁核的神经元合成，通过下丘脑 - 垂体束运输到神经垂体。（ ）
2. 缩宫素主要作用器官是乳腺和子宫。（ ）
3. 甲状腺功能低下，血中 T_3、T_4 降低，促甲状腺激素的分泌减少。（ ）
4. 糖皮质激素可以提高血管平滑肌对儿茶酚胺的敏感性，增强血管平滑肌紧张性。（ ）
5. 大剂量服用糖皮质激素，可诱发和加剧胃溃疡病。（ ）
6. 胰岛素分泌增加，血糖升高，可出现糖尿。（ ）
7. 当血中糖皮质激素浓度升高时，可抑制腺垂体分泌 ACTH，使 ACTH 合成、分泌减少。（ ）
8. 人在觉醒状态下，GH 分泌较少，进入快波睡眠后，GH 分泌明显增加。（ ）
9. 在应激状态下，催乳素、促肾上腺皮质激素和生长激素的浓度增加。（ ）
10. 临床长期大剂量使用糖皮质激素的病人，可出现肾上腺皮质逐渐萎缩。（ ）
11. 通过交感 - 肾上腺髓质系统活动增强所发生的适应性变化称为应激反应。（ ）
12. 降钙素的分泌主要受血钙浓度的调节，血钙浓度升高时，降钙素分泌减少。（ ）

四、选择题

A 型题(每题只有一个正确答案)

1. 体内大多数由内分泌腺释放的激素转运到靶组织的方式是( )
   A. 神经分泌 B. 腔分泌 C. 旁分泌 D. 远距分泌 E. 自身分泌
2. 促进机体产热最多的激素是( )
   A. 肾上腺素 B. 生长激素 C. 糖皮质激素 D. 甲状腺激素 E. 胰岛素
3. 患儿身体矮小,智力低下是缺乏( )
   A. 生长激素 B. 甲状腺激素 C. 糖皮质激素 D. 雄激素 E. 胰岛素
4. 调节胰岛素分泌的主要因素是( )
   A. 血糖浓度 B. 胃肠道激素 C. 胰高血糖素 D. 肾上腺素 E. 甲状腺素
5. 肾上腺髓质分泌( )
   A. 雄激素 B. 醛固酮 C. 抗利尿激素 D. 肾上腺素 E. 雌激素
6. 糖皮质激素使脂肪分布异常,除外( )
   A. 面部脂肪堆积 B. 颈部脂肪堆积 C. 腹部脂肪堆积
   D. 四肢脂肪堆积 E. 背部脂肪堆积
7. 肾上腺皮质的作用,不含( )
   A. 调节物质代谢 B. 调节生长发育
   C. 可增加对有害刺激耐受力 D. 可直接杀伤细菌抗炎
   E. 增加红细胞
8. 下列哪项不是甲状腺激素的作用( )
   A. 增加机体耗 O_2 量和产热量 B. 生理剂量时促进蛋白质合成
   C. 增强心肌收缩力 D. 增强机体对有害刺激耐受力
   E. 促进婴幼儿脑组织发育
9. 哪项不是糖皮质激素的作用( )
   A. 调节物质代谢 B. 增加机体对有害刺激的耐受力
   C. 对去甲肾上腺素允许作用 D. 提高中枢神经系统兴奋性
   E. 直接杀伤细菌以抗炎
10. 长期大量服用糖皮质激素可引起( )
    A. 血中 ACTH 浓度升高 B. 淋巴细胞数目增加 C. 肢端肥大症
    D. 肾上腺皮质增生 E. 肾上腺皮质萎缩
11. 肾上腺皮质球状带分泌( )
    A. 糖皮质激素 B. 盐皮质激素 C. 雄激素
    D. 雌激素 E. 醛固酮
12. 血液中生物活性最强的甲状腺激素是( )
    A. 碘化酪氨酸 B. 一碘酪氨酸 C. 二碘酪氨酸
    D. 三碘酪氨酸(T_3) E. 四碘酪氨酸(T_4)
13. 甲状腺激素作用错误的是( )
    A. 维持机体生长发育 B. 促进骨骼生长
    C. 促进神经系统发育 D. 幼儿时缺少引起侏儒症
    E. 婴幼儿时缺少引起呆小症
14. 能促进蛋白质分解的激素是( )
    A. 生长激素 B. 雄性激素 C. 糖皮质激素

D. 生理剂量的甲状腺激素　E. 胰岛素

15. 射乳反射与下列哪种激素有关（　）
A. 血糖浓度　B. 催乳素　C. 促甲状腺激素
D. ACTH　E. 缩宫素

16. 影响人体神经系统发育最重要的激素是（　）
A. 雌激素　B. 促甲状腺激素　C. 甲状腺激素
D. 生长激素　E. 糖皮质激素

17. 甲状腺功能亢进时，促甲状腺激素分泌（　）
A. 增加　B. 先增加后减少　C. 减少
D. 先减少后增加　E. 不变

18. 长期使用糖皮质激素治疗，停药时应注意（　）
A. 检查病人血细胞　B. 检查胃黏膜有无损伤
C. 避免各种伤害性刺激　D. 逐渐减量停药
E. 补充蛋白质

19. 呆小症与侏儒症最大区别是（　）
A. 身体更矮　B. 内脏增大　C. 智力低下
D. 肌肉发育不良　E. 身体不成比例

20. 下列不是腺垂体合成分泌的激素是（　）
A. 促甲状腺激素　B. 促肾上腺皮质激素　C. 生长激素
D. 催乳素　E. 缩宫素

21. 幼儿时生长激素分泌不足导致（　）
A. 呆小症　B. 侏儒症　C. 舞蹈症　D. 肢端肥大症　E. 巨人症

22. 生长激素一天的分泌高潮期在（　）
A. 清晨　B. 中午　C. 下午　D. 晚间　E. 慢波睡眠

23. 使血管收缩，外周阻力增加血压升高的激素（　）
A. 肾上腺素　B. 去甲肾上腺素　C. 糖皮质激素
D. 盐皮质激素　E. 生长激素

24. 能促进糖原合成的激素是（　）
A. 生长激素　B. 雄激素　C. 糖皮质激素
D. 生理剂量的甲状腺激素　E. 胰岛素

25. 机体保钠的主要激素（　）
A. 抗利尿激素　B. 生长激素　C. 雌激素
D. 醛固酮　E. 孕激素

26. 降低血糖的激素是（　）
A. 生长激素　B. 胰岛素　C. 肾上腺髓质激素
D. 胰高血糖素　E. 甲状腺激素

27. 关于 ACTH 分泌的调节，错误的是（　）
A. 受下丘脑促皮质激素释放激素的控制　B. 受醛固酮的反馈调节
C. 一般早晨 ACTH 的分泌增多　D. 一般下午 ACTH 的分泌减少
E. ACTH 的分泌受糖皮质激素的反馈调节

28. 向心性肥胖的病因是由于（　）
A. 糖皮质激素分泌过多　B. 醛固酮分泌过多

C. 甲状腺激素分泌过多　　D. 糖皮质激素分泌减少
E. 生长激素分泌过多

29. 在甲状腺手术误伤甲状旁腺时（　　）
A. 血钠降低，血钾升高　　B. 血钠升高，血钾降低
C. 血钙升高，血磷降低　　D. 血钙降低，血磷升高
E. 循环血增多

30. 肾上腺皮质功能不全时（　　）
A. 血钠降低，血钾升高　　B. 血钠升高，血钾降低
C. 血钙升高，血磷降低　　D. 血钙降低，血磷升高
E. 循环血增多

31. 女性，35岁，甲状腺手术后，出现了手足搐搦，是由于损伤了（　　）
A. 甲状腺　　B. 甲状旁腺　　C. 胸腺
D. 肾上腺　　E. 垂体

32. 女性，52岁，失眠多梦，烦躁不安，多汗消瘦，血压高，心率快，此时最可能的原因是（　　）
A. 甲状腺功能亢进　　B. 甲状腺功能低下
C. 肾上腺皮质功能亢进　　D. 甲状腺肿
E. 肾上腺皮质功能低下

B型题（每题只有一个正确答案）

A. 呆小症　　B. 巨人症　　C. 侏儒症
D. 黏液性水肿　　E. 肢端肥大症

1. 成年后生长激素分泌过多会导致（　　）
2. 成人甲状腺功能低下，会导致（　　）
3. 幼年期生长激素过少，会导致（　　）

A. 升高血钙，降低血磷　　B. 使大多数组织的耗氧量和产热量增加
C. 促进糖异升，升高血糖　　D. 抑制糖异升，降低血糖
E. 降低血钙和血磷

4. 甲状腺激素的生物学作用（　　）
5. 糖皮质激素的生物学作用（　　）

A. 一碘酪氨酸　　B. 二碘酪氨酸　　C. 三碘甲腺原氨酸
D. 反三碘甲腺原氨酸　　E. 四碘甲腺原氨酸

6. 生物活性强的是（　　）
7. 血液中含量多的是（　　）
8. 甲状腺素是（　　）

A. 糖皮质激素　　B. 胰岛素　　C. 胰高血糖素
D. 甲状旁腺激素　　E. 醛固酮

9. 降低血糖的激素是（　　）
10. 调节钙磷代谢的激素是（　　）
11. 盐皮质激素是（　　）
12. 具有抗炎、抗毒、抗过敏、抗休克等药理作用的是（　　）

X型题（每题有两个或两个以上的正确答案）

1. 使血糖升高的激素有（　　）
A. 生长激素　　B. 糖皮质激素　　C. 肾上腺素　　D. 胰高血糖素　　E. 甲状腺激素

2. 甲状腺激素的靶器官( )
   A. 神经系统 B. 心血管系统 C. 骨骼 D. 脂肪 E. 生殖系统
3. 神经垂体释放的激素是( )
   A. 催乳素 B. 缩宫素 C. 抗利尿激素 D. 肾上腺素 E. 促甲状腺激素
4. 腺垂体分泌的促激素包括( )
   A. 促肾上腺皮质激素 B. 促黑激素 C. 黄体生成素
   D. 促甲状腺激素 E. 卵泡刺激素
5. 盐皮质激素( )
   A. 促进肾对钠重吸收 B. 促进肾排钾 C. 使水重吸收减少
   D. 分泌过多使血压升高 E. 有糖皮质激素作用但均较弱
6. 胰岛素的作用( )
   A. 使血糖降低 B. 抑制脂肪分解 C. 促进蛋白质合成
   D. 促进钾进入细胞 E. 交感神经兴奋时分泌增加
7. 有关胰岛素作用的叙述,正确的是( )
   A. 促进肝糖原和肌糖原的合成 B. 促进组织对葡萄糖的摄取利用
   C. 促进脂肪合成并抑制其分解 D. 抑制细胞摄取和利用氨基酸
   E. 促进组织蛋白质分解
8. 甲状腺激素的作用是( )
   A. 促进物质氧化 B. 促进耗 O_2 量增加 C. 使产热量增加
   D. 促进糖的吸收 E. 增加糖的利用
9. 生长激素的作用是( )
   A. 促进骨骼生长 B. 促进肌肉生长 C. 促进脂肪分解
   D. 加速蛋白质合成 E. 过量时加强血糖利用
10. 对盐皮质激素分泌调节有影响的是( )
    A. 血钾浓度 B. 血钠浓度
    C. 肾素-血管紧张素-醛固酮系统 D. 促肾上腺皮质激素
    E. 雄激素
11. 在应激反应中,哪种激素可以分泌增加( )
    A. 促肾上腺皮质激素 B. 催乳素 C. 去甲肾上腺素
    D. 生长激素 E. 糖皮质激素
12. 糖皮质激素对血细胞的作用有( )
    A. 红细胞数量增加 B. 血小板数量增多
    C. 淋巴细胞数量增加 D. 浆细胞数量减少
    E. 嗜酸性粒细胞数量减少
13. 肾上腺皮质功能亢进的病人可出现( )
    A. 烦躁不安 B. 失眠 C. 注意力不集中
    D. 精神高度紧张 E. 易出汗
14. 降钙素的作用( )
    A. 靶器官主要是骨 B. 升高血钙、血磷 C. 抑制破骨活动
    D. 增强成骨过程 E. 使尿钙增加

五、问答题

1. 用生理学知识解释侏儒症、巨人症和肢端肥大症的产生。

2. 比较甲状腺激素与生长激素对生长发育作用的异同点及其不足时引起的病症。

3. 饮食中缺碘为什么会引起甲状腺肿大？

4. 试分析临床上长期大量使用糖皮质激素的病人会出现哪些表现？为什么不能突然停药？

5. 何谓应激和应急反应？二者有何区别和联系？

6. 血糖水平主要受哪几种激素调节？简述其对血糖水平的影响。

7. 调节机体钙磷代谢的激素有哪些？它们是如何维持体内钙磷平衡的？

8. 某患者，女性，52岁，最近口渴，多食多饮多尿，消瘦乏力，空腹血糖9.10mmol/L，尿糖阳性，诊断为糖尿病。为什么糖尿病病人会出现高血糖？

9. 某患者，女性，42岁，为“减肥”服用甲状腺素制剂，两个多月后，因心慌气短就诊，发现有甲状腺功能亢进症状。该患者血液的甲状腺功能检查相关激素（T_3、T_4、TSH）会发生哪些变化？为什么？

（冯润荷）

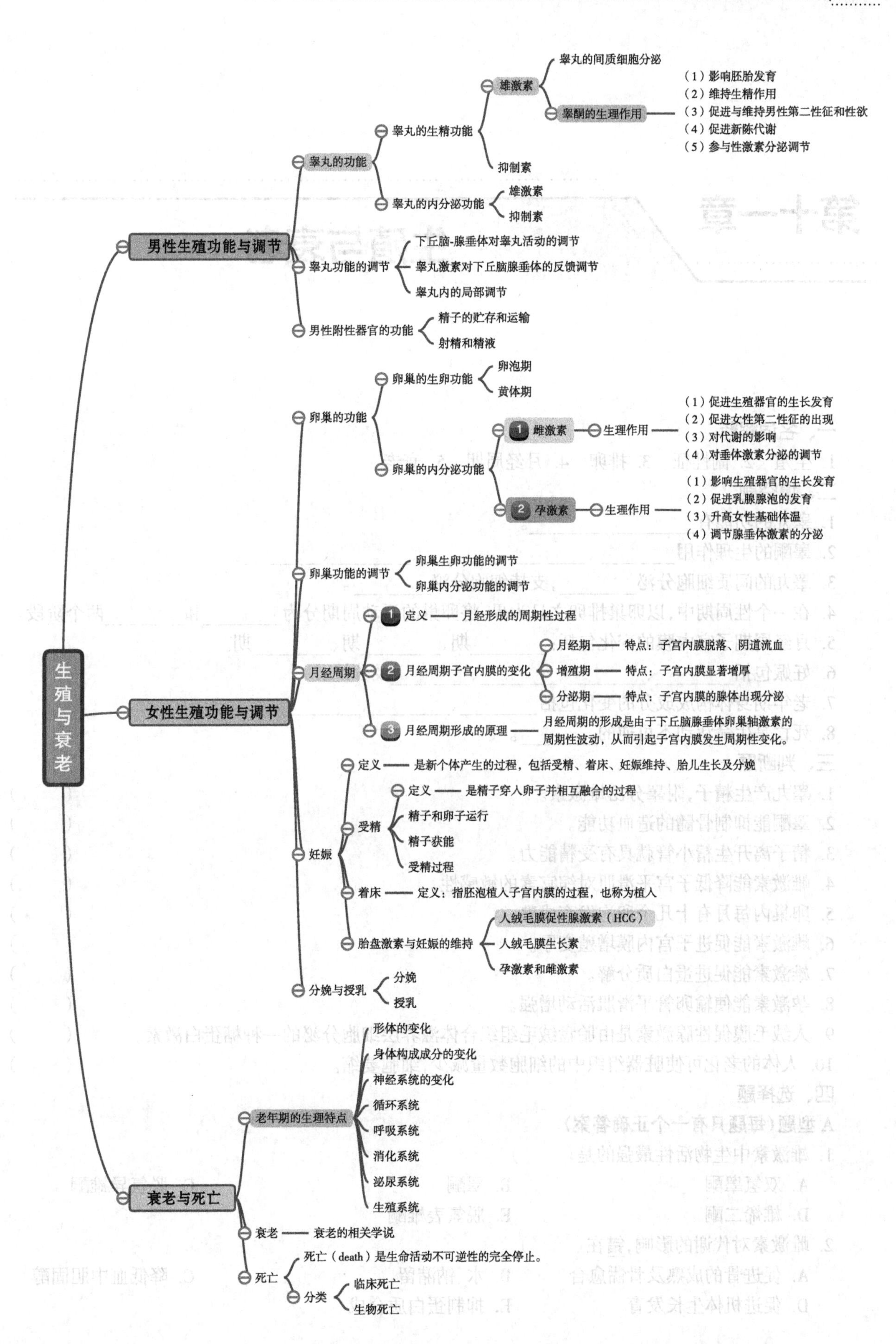
生殖与衰老
男性生殖功能与调节
睾丸的功能
睾丸的生精功能
雄激素
睾丸的间质细胞分泌
睾酮的生理作用
（1）影响胚胎发育
（2）维持生精作用
（3）促进与维持男性第二性征和性欲
（4）促进新陈代谢
（5）参与性激素分泌调节
抑制素
睾丸的内分泌功能
雄激素
抑制素
睾丸功能的调节
下丘脑-腺垂体对睾丸活动的调节
睾丸激素对下丘脑腺垂体的反馈调节
睾丸内的局部调节
男性附性器官的功能
精子的贮存和运输
射精和精液
女性生殖功能与调节
卵巢的功能
卵巢的生卵功能
卵泡期
黄体期
卵巢的内分泌功能
1 雌激素
生理作用
（1）促进生殖器官的生长发育
（2）促进女性第二性征的出现
（3）对代谢的影响
（4）对垂体激素分泌的调节
2 孕激素
生理作用
（1）影响生殖器官的生长发育
（2）促进乳腺腺泡的发育
（3）升高女性基础体温
（4）调节腺垂体激素的分泌
卵巢功能的调节
卵巢生卵功能的调节
卵巢内分泌功能的调节
月经周期
1 定义 月经形成的周期性过程
2 月经周期子宫内膜的变化
月经期 特点：子宫内膜脱落、阴道流血
增殖期 特点：子宫内膜显著增厚
分泌期 特点：子宫内膜的腺体出现分泌
3 月经周期形成的原理
月经周期的形成是由于下丘脑腺垂体卵巢轴激素的周期性波动，从而引起子宫内膜发生周期性变化。
妊娠
定义 是新个体产生的过程，包括受精、着床、妊娠维持、胎儿生长及分娩
受精
定义 是精子穿入卵子并相互融合的过程
精子和卵子运行
精子获能
受精过程
着床 定义：指胚泡植入子宫内膜的过程，也称为植入
胎盘激素与妊娠的维持
人绒毛膜促性腺激素（HCG）
人绒毛膜生长素
孕激素和雌激素
分娩与授乳
分娩
授乳
衰老与死亡
老年期的生理特点
形体的变化
身体构成成分的变化
神经系统的变化
循环系统
呼吸系统
消化系统
泌尿系统
生殖系统
衰老 衰老的相关学说
死亡
死亡（death）是生命活动不可逆性的完全停止。
分类
临床死亡
生物死亡

第十一章 生殖与衰老

一、名词解释

1. 生殖　2. 副性征　3. 排卵　4. 月经周期　5. 衰老

二、填空题

1. 睾丸的功能有________、________。
2. 睾酮的生理作用________、________、________、________、________。
3. 睾丸的间质细胞分泌________，支持细胞分泌________。
4. 在一个性周期中，以卵巢排卵之日为界，将卵巢的活动周期分为________和________两个阶段。
5. 月经周期子宫内膜的变化包括：________期、________期、________期。
6. 妊娠包括________、________、________、________及分娩。
7. 老年期身体构成成分的变化包括________、________、________。
8. 死亡是生命活动不可逆的________。

三、判断题

1. 睾丸产生精子，附睾分泌雄激素。（　　）
2. 睾酮能抑制骨髓的造血功能。（　　）
3. 精子离开生精小管就具有受精能力。（　　）
4. 雌激素能降低子宫平滑肌对缩宫素的敏感性。（　　）
5. 卵巢内每月有十几个卵泡发育成熟。（　　）
6. 雌激素能促进子宫内膜增殖变厚。（　　）
7. 雄激素能促进蛋白质分解。（　　）
8. 孕激素能使输卵管平滑肌活动增强。（　　）
9. 人绒毛膜促性腺激素是由胎盘绒毛组织合体滋养层细胞分泌的一种糖蛋白激素。（　　）
10. 人体的老化可使脏器组织中的细胞数量减少，细胞萎缩。（　　）

四、选择题

A 型题（每题只有一个正确答案）

1. 雄激素中生物活性最强的是（　　）
   A. 双氢睾酮　B. 睾酮　C. 脱氢异雄酮
   D. 雄烯二酮　E. 脱氢表雄酮
2. 雌激素对代谢的影响，**错**在（　　）
   A. 促进骨的成熟及骨骺愈合　B. 水、钠潴留　C. 降低血中胆固醇
   D. 促进机体生长发育　E. 抑制蛋白质合成

3. 雌激素的作用,**不包括**( )
   A. 促进阴道上皮增生 B. 促进阴道上皮角化
   C. 促进阴道上皮合成蛋白质 D. 输卵管上皮增生
   E. 促进排卵
4. 孕激素必须在什么激素作用基础上发挥作用( )
   A. 雌激素 B. 雄激素 C. 生长激素 D. 催乳素 E. 缩宫素
5. 有关孕激素作用**错误**的是( )
   A. 促进子宫腺分泌 B. 降低子宫平滑肌对缩宫素的敏感性
   C. 增强子宫肌细胞的兴奋性 D. 抑制输卵管细胞增生、分泌
   E. 减弱输卵管节律性收缩
6. 成年妇女月经周期平均天数为( )
   A. 1~4 天 B. 5~14 天 C. 28 天 D. 40 天 E. 50 天
7. 有关月经期描述**错误**的是( )
   A. 孕激素减少 B. 雌激素减少 C. 卵已受精 D. 黄体退化 E. 子宫内膜脱落
8. 妊娠期不来月经的原因是( )
   A. 卵已受精
   B. 黄体形成
   C. 血中雌孕激素水平高,负反馈抑制下丘脑 - 腺垂体,抑制卵泡发育
   D. 子宫内膜增厚
   E. 黄体退化
9. 排卵前血中黄体生成素高峰的出现是由于( )
   A. 雌激素的负反馈作用 B. 雌激素的正反馈作用
   C. 孕激素的负反馈作用 D. 孕激素的正反馈作用
   E. 雌、孕激素共同负反馈作用
10. 人绒毛膜生长激素是由( )
    A. 子宫分泌 B. 卵巢分泌 C. 乳腺分泌
    D. 胎盘分泌 E. 肾上腺分泌
11. 胎盘分泌的激素,**不含**( )
    A. 绒毛膜促性腺激素 B. 雌激素 C. 孕激素
    D. 卵泡刺激素 E. 绒毛膜生长激素
12. 从医学和生物学的角度,老年期是( )
    A. 50 岁以后 B. 55 岁以后 C. 60 或 65 岁以后
    D. 70 岁以后 E. 80 岁以后
13. 老年人心脏改变的特点,**除外**( )
    A. 心房增大 B. 心室容积减少 C. 瓣环扩大
    D. 瓣尖增厚 E. 心肌间胶原纤维量减少
14. 老年期神经系统可出现( )
    A. 大脑的体积变小 B. 大脑重量增加 C. 大脑皮质变厚
    D. 脑回缩小变宽 E. 脑脊液减少
15. 老年人呼吸系统衰老的变化是( )
    A. 调节能力减弱 B. 余气量增大 C. 肺活量减少
    D. 呼吸肌力量减弱 E. 以上均是

16. 老年人代谢率降低，怕冷、皮肤干燥、心跳减慢等表现是因为（　　）

A. 性腺萎缩　　B. 甲状旁腺功能减退　　C. 甲状腺功能减退

D. 胰岛功能减退　　E. 消化功能减退

B 型题（每题只有一个正确答案）

A. 雄激素　　B. 雌激素　　C. 孕激素

D. 抑制素　　E. 人绒毛膜生长激素

1. 睾丸的间质细胞分泌（　　）
2. 睾丸的支持细胞分泌（　　）
3. 促进子宫内膜腺体、血管和基质细胞增生（　　）
4. 抑制输卵管细胞增生、分泌，减弱输卵管节律性收缩（　　）
5. 胎盘绒毛组织合体滋养层细胞分泌（　　）

A. 月经期　　B. 增生期　　C. 分泌期　　D. 着床　　E. 受精

6. 从月经开始至出血停止的时期（　　）
7. 从月经停止到排卵的这段时期（　　）
8. 从排卵后到下次月经之前的时期（　　）
9. 胚泡植入子宫内膜的过程（　　）
10. 精子穿入卵子并相互融合的过程（　　）

X 型题（每题有两个或两个以上的正确答案）

1. 睾酮生理作用包括（　　）

A. 刺激男性副性征出现　　B. 维持正常性欲

C. 高浓度刺激精子产生　　D. 促进新陈代谢

E. 参与性激素分泌调节

2. 卵巢可分泌的激素有（　　）

A. 雌二醇　　B. 孕酮　　C. 雌三醇

D. 少量的雄激素　　E. 抑制素

3. 月经周期引起子宫内膜发生周期性变化，包括（　　）

A. 月经期　　B. 增殖期　　C. 分泌期　　D. 排卵期　　E. 排卵后期

4. 妊娠期间不再受孕，是因为（　　）

A. 雌、孕激素水平高　　B. 下丘脑 - 腺垂体系统受抑制

C. 抑制排卵　　D. 促进排卵

E. 雌、孕激素水平低

5. 人绒毛膜生长激素作用（　　）

A. 促进胎儿生长　　B. 调节母体的糖代谢

C. 调节胎儿的糖代谢　　D. 调节胎儿的脂肪代谢

E. 促进蛋白质分解

6. 有关衰老的相关学说（　　）

A. 遗传决定学说　　B. 自由基学说

C. 神经内分泌学说　　D. 免疫学说

E. 有害物质蓄积学说

五、问答题

1. 雄激素有哪些生理作用？
2. 雌激素有哪些生理作用？

3. 孕激素有哪些生理作用？
4. 月经周期中卵巢和子宫内膜有何变化？
5. 试述月经周期形成的原理。
6. 胎盘分泌的激素对妊娠的维持有何意义？
7. 试述老年期组织器官的基本变化特点。
8. 延缓老年生理变化和增强老年保健的因素有哪些？
9. 怎样理解“生命在于运动”？试举例说明运动对机体生理活动的影响。

（冯润荷）

参考答案(部分)

绪　　论

三、判断题

1. ×　2. ×　3. ×　4. √　5. ×

四、选择题

A 型题

1. C　2. D　3. C　4. A　5. B　6. B　7. D　8. C　9. E　10. B
11. B　12. B　13. B　14. B　15. B　16. D　17. A

B 型题

1. A　2. B　3. E　4. D　5. A　6. C

X 型题

1. ABCDE　2. ACD　3. ABD　4. ABCD　5. ACE
6. ABCD　7. ABC　8. ABCD

第一章　细胞的基本功能

三、判断题

1. ×　2. ×　3. ×　4. √　5. ×　6. ×　7. ×　8. √　9. ×　10. √
11. ×　12. ×　13. √　14. ×　15. √

四、选择题

A 型题

1. C　2. D　3. E　4. B　5. C　6. E　7. B　8. B　9. C　10. D
11. A　12. C　13. E　14. D　15. B　16. C　17. D　18. A　19. C　20. C
21. C　22. E　23. E　24. E　25. E　26. C　27. B　28. A

B 型题

1. C　2. D　3. E　4. B　5. D　6. A　7. C　8. B　9. C　10. E
11. A　12. B　13. E　14. D

X 型题

1. ABD　2. ABC　3. ACD　4. ABC　5. ABDE
6. ABC　7. ABCDE

第二章 血液

三、判断题

1. √ 2. × 3. × 4. × 5. × 6. × 7. √ 8. √ 9. × 10. ×
11. √ 12. × 13. × 14. ×

四、选择题

A 型题

1. C 2. B 3. D 4. B 5. C 6. D 7. C 8. B 9. D 10. E
11. B 12. C 13. D 14. D 15. D 16. B 17. E 18. E 19. C 20. A
21. B 22. C 23. B 24. B 25. A 26. D 27. C 28. D 29. C

B 型题

1. A 2. B 3. D 4. C 5. C 6. D 7. B 8. C 9. D 10. C
11. D 12. E 13. B 14. A

X 型题

1. DE 2. ABC 3. ABCD 4. ABCE 5. ABCD
6. ABCDE 7. ABCD

第三章 循 环

三、判断题

1. × 2. × 3. √ 4. √ 5. √ 6. × 7. × 8. √ 9. √ 10. ×
11. √ 12. √ 13. × 14. × 15. √ 16. × 17. √ 18. × 19. × 20. √

四、选择题

A 型题

1. C 2. D 3. E 4. D 5. B 6. D 7. B 8. B 9. C 10. E
11. B 12. A 13. A 14. C 15. C 16. D 17. A 18. A 19. C 20. B
21. D 22. D 23. E 24. B 25. B 26. C 27. C 28. B 29. E 30. A
31. B 32. D 33. D 34. D 35. C 36. C 37. E 38. E 39. D 40. A
41. C 42. C 43. D 44. B 45. B 46. D 47. B 48. D 49. A 50. E
51. A 52. D 53. E 54. B 55. B

B 型题

1. E 2. B 3. D 4. A 5. E 6. B 7. B 8. E 9. B 10. A
11. D 12. C 13. D 14. A 15. A 16. B 17. A 18. B 19. D 20. D
21. A 22. B 23. C

X 型题

1. ACDE 2. BCDE 3. ABDE 4. ABCD 5. ABDE
6. ABC 7. CD 8. BD 9. AB 10. ABCD
11. ABC 12. BD 13. ABCE 14. BDE 15. BCDE

第四章 呼 吸

三、判断题

1. × 2. × 3. √ 4. √ 5. × 6. √ 7. × 8. × 9. √ 10. √
11. × 12. √ 13. × 14. ×

四、选择题

A型题

1. D 2. C 3. B 4. D 5. D 6. D 7. C 8. B 9. D 10. B
11. D 12. A 13. D 14. C 15. B 16. B 17. C 18. D 19. B 20. D
21. C 22. C 23. D 24. C 25. D 26. A 27. D 28. E 29. C 30. A
31. A 32. B 33. B

B型题

1. C 2. A 3. C 4. E 5. E 6. B 7. B 8. D 9. B 10. A
11. C 12. A 13. B 14. B

X型题

1. AB 2. ABCE 3. AC 4. AD 5. ABDE
6. ABCE 7. ACE 8. ADE 9. AD 10. ACD

第五章 消化与吸收

三、判断题

1. × 2. √ 3. × 4. √ 5. √ 6. √ 7. × 8. × 9. × 10. ×
11. √ 12. × 13. √ 14. √

四、选择题

A型题

1. A 2. B 3. A 4. C 5. A 6. D 7. E 8. D 9. E 10. D
11. C 12. D 13. C 14. C 15. A 16. D 17. C 18. D 19. C 20. E
21. C 22. D 23. B 24. E 25. D 26. E 27. A 28. B 29. C

B型题

1. D 2. D 3. A 4. A 5. C 6. E 7. B 8. D 9. A 10. A

X型题

1. CE 2. ABC 3. ABE 4. ABD 5. AC
6. ABCE 7. ABDE 8. ABCD 9. ABCD 10. ABCE
11. AC 12. CD 13. BC 14. AC

第六章 能量代谢和体温

三、判断题

1. √ 2. × 3. × 4. × 5. × 6. ×

四、选择题

A型题

1. B 2. C 3. B 4. A 5. D 6. B 7. C 8. D 9. C 10. D
11. C 12. B 13. E 14. A 15. A 16. D

B型题

1. A 2. D 3. D 4. E 5. C 6. A

X型题

1. ABCD 2. ABCDE 3. ACD 4. ABCE 5. BCD
6. BCDE

第七章 肾的排泄功能

三、判断题

1. × 2. √ 3. × 4. √ 5. × 6. × 7. √ 8. × 9. × 10. √
11. × 12. √ 13. × 14. √ 15. × 16. × 17. ×

四、选择题

A型题

1. A 2. B 3. C 4. A 5. C 6. D 7. E 8. A 9. D 10. A
11. B 12. B 13. D 14. B 15. D 16. D 17. A 18. E 19. C 20. C
21. A 22. D 23. B 24. A 25. B 26. C 27. B 28. D 29. D 30. C
31. B 32. D 33. E 34. A

B型题

1. C 2. B 3. B 4. E 5. E 6. A 7. C 8. A 9. B 10. D
11. A 12. E 13. A 14. C

X型题

1. ABCDE 2. ABCDE 3. AB 4. ABCD 5. ACDE
6. ACE 7. ABC 8. ABCD 9. ABC 10. ABC
11. ABCE 12. BCDE

第八章 感觉器官的功能

三、判断题

1. × 2. × 3. × 4. √ 5. √ 6. √ 7. × 8. × 9. × 10. ×

四、选择题

A型题

1. E 2. D 3. E 4. B 5. D 6. C 7. B 8. C 9. C 10. D
11. E 12. B 13. D 14. A 15. A 16. C 17. A 18. A 19. D

B型题

1. A 2. C 3. D 4. E 5. B 6. A 7. D 8. A

X型题

1. ADE 2. ACDE 3. ACDE 4. BD

第九章 神经系统

三、判断题

1. √ 2. × 3. √ 4. √ 5. √ 6. × 7. √ 8. × 9. √ 10. ×
11. × 12. × 13. √ 14. × 15. × 16. × 17. × 18. √ 19. × 20. √

四、选择题

A 型题

1. B 2. D 3. A 4. D 5. C 6. C 7. D 8. C 9. E 10. D
11. A 12. A 13. D 14. B 15. E 16. B 17. C 18. B 19. B 20. C
21. B 22. A 23. A 24. C 25. B 26. D 27. C 28. D 29. C 30. C
31. B 32. D 33. B 34. E 35. D

B 型题

1. C 2. C 3. B 4. C 5. C 6. C 7. B 8. B 9. C 10. B
11. C 12. E 13. B 14. C 15. E 16. D

X 型题

1. ABE 2. ACDE 3. AB 4. ABCD 5. ABCDE
6. ABCDE 7. ADE 8. ABCE 9. ABCE 10. ABCDE
11. AD

第十章 内分泌

三、判断题

1. √ 2. √ 3. × 4. √ 5. √ 6. × 7. √ 8. × 9. √ 10. √
11. × 12. ×

四、选择题

A 型题

1. D 2. D 3. B 4. A 5. D 6. D 7. D 8. D 9. E 10. E
11. B 12. D 13. D 14. C 15. E 16. C 17. C 18. D 19. C 20. E
21. B 22. E 23. B 24. E 25. D 26. B 27. B 28. A 29. D 30. A
31. B 32. A

B 型题

1. E 2. D 3. C 4. B 5. C 6. C 7. E 8. E 9. B 10. D
11. E 12. A

X 型题

1. ABCDE 2. ABCDE 3. BC 4. ACDE 5. ABD
6. ABCD 7. ABC 8. ABCDE 9. ABCD 10. ABC
11. ABCDE 12. ABDE 13. ABCD 14. ACDE

第十一章　生殖与衰老

三、判断题

1. ×　2. ×　3. ×　4. ×　5. ×　6. √　7. ×　8. ×　9. √　10. √

四、选择题

A 型题

1. A　2. E　3. C　4. A　5. C　6. C　7. C　8. C　9. B　10. D
11. D　12. C　13. E　14. A　15. E　16. C

B 型题

1. A　2. D　3. B　4. C　5. E　6. A　7. B　8. C　9. D　10. E

X 型题

1. ABCDE　2. ABCDE　3. ABC　4. ABC　5. ABCD
6. ABCDE